ケータイの2000年代

成熟するモバイル社会

松田美佐・土橋臣吾・辻　泉――――［編］

東京大学出版会

Keitai in the 2000s:
Maturation of Japanese mobile society
Misa MATSUDA, Shingo DOBASHI, & Izumi TSUJI, editors
University of Tokyo Press, 2014
ISBN978-4-13-050180-4

目 次

序 章　ケータイの 2000 年代

松田美佐

1　はじめに

本書は，携帯電話・PHS・スマートフォンなどのモバイル・メディアの利用実態から，それら「ケータイ」が人間関係や社会にどのような影響を与えたのか，ケータイが日常的に利用される社会とはどのような社会なのかを明らかにすることを課題としている．

ここでいう「ケータイ」とは，1990 年代後半から日本社会に普及し，特有の利用形態や市場・事業者環境により特殊な形に「進化」したものの，2000 年代半ばにはその特殊性から「ガラパゴスケータイ」（以下，ガラケー）と呼ばれるようになったものが中心となる．この「ガラケー」は，2000 年代後半からのスマートフォンのグローバルな普及により，この文章を書いている 2012 年末には近い将来「滅びゆく」メディアと見なされているようだ．しかし，姿を消すことになったとしても，「ガラケー」がもたらしたモバイル・メディアの利用形態やイメージ，人間関係や社会への影響はスマートフォンにも，さらには次の世代のモバイル・メディアにも引き継がれるであろうことは，想像に難くない．その意味では，かつての「ポケットベル」と同じように，「ガラケー」は今，歴史的使命を終え，その地位をスマートフォンに譲りつつあると考えるべきであろう．別の言い方をするなら，「ガラケー」あってこそのスマートフォンであり，モバイル・メディアの存在を前提とした今日の日本社会なのだ．では，「ガラケー」はどのように利用され，1990 年代後半から 2010 年代初めにかけ，どのように社会に影響を与えてきたのか．

このような目的のもと，携帯電話を中心とするモバイル・メディアの利用実態を明らかにするために，モバイル・コミュニケーション研究会は2011年に質問紙調査をおこなった．この調査は，2001年におこなった調査結果との比較検討を可能にすることを念頭に，その後の10年間のモバイル・メディアをめぐる状況の変化を踏まえて企画，実査したものである．この10年間，ケータイの普及率はますます上がると同時に多機能化が進んだことで，日常生活において欠かせないメディアとなった．本調査は，日常生活に深く組み込まれるようになったケータイの利用実態に実証的に迫ることで，定着期を過ぎ，成熟期へと向かうモバイル社会の様相を描き出すことを目的としたものである．

まず，それぞれの調査の概要を紹介しよう．

2011年調査として分析するデータは，元々独立しておこなわれた3つの調査研究結果であり，それらを総合的な視点から比較検討したものである．それぞれの調査研究の詳細は，以下のとおりである．

〈調査1〉2010～2012年度日本学術振興会・文部科学省科学研究費補助金研究（基盤研究（B））「モバイル・メディア社会の将来構想へ向けた社会学的実証研究」（研究代表者：松田美佐）

〈調査2〉2011年度証券奨学財団助成金研究「モバイル・メディア社会における若者文化に関する社会学的実証研究」（研究代表者：松田美佐）

〈調査3〉2011年度電気通信普及財団助成金研究「モバイル・メディア社会の将来構想へ向けた若者の携帯電話利用に関する経年比較研究」（研究代表者：岩田考）

a．調査対象母集団：日本全国の男女
　〈調査1〉30～69歳　〈調査2〉12～19歳　〈調査3〉20～29歳

b．標本数：〈調査1〉2000人　〈調査2〉250人　〈調査3〉250人

c．抽出方法：層化二段無作為抽出法（全国175地点）

d．調査時期：2011年11月24日～12月4日

e．調査方法：調査員による訪問留置法

f．調査実施委託機関：社団法人新情報センター

g．回収結果：〈調査 1〉　有効回答数（率）　1162 人（58.1%）
〈調査 2〉　有効回答数（率）　145 人（58.0%）
〈調査 3〉　有効回答数（率）　145 人（58.0%）
3 調査　計　有効回答数（率）　1452 人（58.1%）

比較対象とする 2001 年調査は，日本全国の男女 12～69 歳 3000 人を対象に，2001 年 11～12 月にかけておこなったものである．抽出方法は層化二段無作為抽出法（全国 200 地点），調査員による訪問留置法でおこない，有効回収数は 1878 人（回収率 62.6%）であった．調査結果は，モバイル・コミュニケーション研究会（2002）にまとめられている．

本書では携帯電話・PHS・スマートフォンすべてを含む総称として「ケータイ」を用いることとし，携帯電話とスマートフォンを区別する必要のある場合には，それぞれ「携帯電話」「スマートフォン」を使う．

携帯電話は 1990 年代半ばの普及当初から「ケータイ」と省略して呼ばれ，PHS を含めた総称としても「ケータイ」が使われてきた（富田ほか，1997；岡田・松田，2002）．一方，2000 年代後半から普及し始めたスマートフォンは，携帯電話の「次」のメディアとして位置づけられ，ケータイとは区別され「スマホ」と呼ばれている．しかし，PHS を含め，3 者をまとめた総称は一般化しておらず，「ケータイ的なメディア」を指す場合，「ケータイとスマホ」「携帯電話とスマートフォン」などと並列されることが多い．だとすると，「ケータイ」という名称は，スマートフォンのさらなる普及によって携帯電話（「ガラケー」と言い換えた方がわかりやすいだろう）が利用されなくなると，一旦は消えてしまうかもしれないが，スマートフォンの次の世代のモバイル・メディアが普及すれば，スマートフォンのみを指す「スマホ」が消え，「ケータイ」が総称として復活する可能性もあるのではないか．

モバイル・メディアを指す日常的な言葉がこのような状況であることに加え，2011 年という一時点ではなく，1990 年代後半から 2010 年代初めという十数年間のモバイル・メディアとその存在を前提とする日本社会を主題とするのであれば，「ケータイ」を総称として使うことが適当であると考える．これからのモバイル・メディアやモバイル社会に引き継がれるのは，他でもなく，先に述

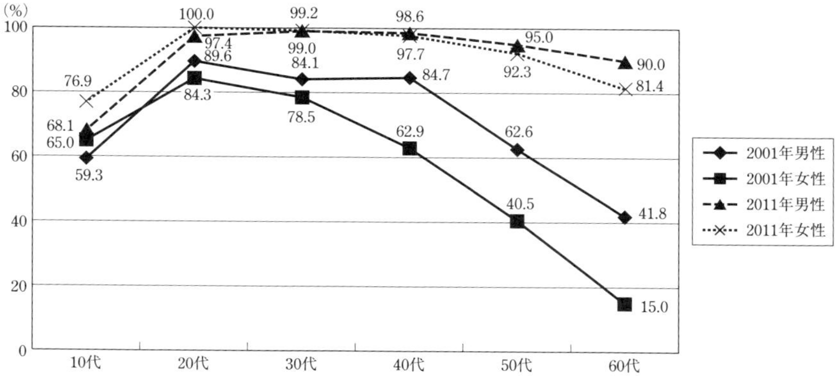

図 1　男女別ケータイ利用率　(2001 年と 2011 年)
2001 年　N=1878　2011 年　N=1452

べたように「ガラケー」と揶揄されるようになったケータイがもたらしたモバイル・メディアの利用形態やイメージ，人間関係や社会への影響なのだから．さらに実際，本書で分析する 2011 年調査において，スマートフォン利用者は 12.1% しかいない．本書の主題は，やはりケータイの利用であり，ケータイのある社会なのだ．

さて，2011 年 11〜12 月の調査時点でのケータイの利用状況から紹介しよう．

いずれかのケータイを利用している人は 91.4% であり，2001 年調査時の 64.6% から大きく増加している．2001 年調査では，年齢，性別，職業によって利用率に差が見られたが，2011 年では性別による差はなくなっている．年齢については，12〜15 歳の 44.3%，65〜69 歳の 21.6% が非利用であるなど利用率の差が見られるが（χ^2 検定，p<.001），その差は小さくなっている（図 1 参照）．職業による利用率の差も残っているが（χ^2 検定，p<.001），2001 年調査で利用率の低かった専業主婦（2001 年 42.7% → 2011 年 88.6%）や無職（35.1% → 81.7%）は大幅に増加している．10 代前半については年齢があがると，ケータイ利用を開始することが予想され，普及率が 9 割を超えたケータイは今や誰もが日常的に利用する生活必需品となっていることがうかがえる．

では，どのような「ケータイ」を利用しているのか．2010 年頃からスマートフォンの普及が話題にのぼることが増えたが，2011 年調査時点で，携帯電話を利用している人は 81.9%，PHS を利用している人は 2.3%，スマートフォンを利用している人は12.1%である（合計が利用者の91.4%を超えるのは，複数利用する人がいるためである）．スマートフォン利用者は女性（10.1%）よりは男性（14.2%）に多く（χ^2 検定，$p<.05$），20代男性で32.1%，女性で29.1%など20代を中心とした年齢層に多い（χ^2 検定，$p<.001$）．職業による利用者割合の違いとしては，フルタイム勤務者（16.5%），学生（13.6%）に多く，無職の人は6.1%，専業主婦は5.2%と少ない（χ^2 検定，$p<.001$）．このような傾向は2001年のケータイ利用－非利用と同じであり，料金負担や新しい機器・サービスへの関心の違いなどから生じるものと推察される．

また，ケータイを複数利用している人は11.3%であり，2001年時点の10.2%と比べて，あまり増加していない．「仕事用とプライベート用に2台を使い分ける」といった利用は一般化しておらず，多くの人は1台のケータイをさまざまな状況で活用している（ただし，30～40代男性の22.2%が複数台利用している）．

2　2000年代のケータイをめぐる状況

ケータイ利用を概観する前に，松田（2003，2008a），岡田・松田（2012）をもとに1990年代後半から2000年代のケータイをめぐる状況を整理しておく．

持ち運びが可能なことで，いつでもどこででも利用可能な電話＝音声メディアとして始まったケータイは，先行メディアであるポケットベル（以下，ポケベル）や競合メディアとなったPHSとの兼ね合いで，1990年代後半にマルチメディア化した．なかでも，今日ケータイの主要な利用用途となっている「メール」は，ポケベルでの文字メッセージ交換を引き継ぐものであり，利用料金の値下げや端末の軽量化，「着メロ」やカメラなど，ケータイのサービスや機能の多様化には，一時期ライバルであったPHSとの競争が大きく貢献した．さらに，1999年にケータイからのインターネット接続サービスが始まると，ケータイからの電子メール利用が広がる一方で，ウェブ利用としては，まずは着メロや待ち受け画面のダウンロードが流行した（モバイル・コミュニケーション研究会，2002）．着メロや待ち受け画面の流行は，ポケベル流行時に若年層で流行・定着した端末のカスタマイズ習慣を引き継いだものである．2000年代半ばまで，日本のケータイからのインターネット利用率の高さは世界的には珍しいものであったが，その普及に貢献したのは，1つは先行メディアとなったポケベルの流行であり，もう1つは通信事業者主導で端末やサービスの仕様が決定され，販売されるという垂直統合型のビジネスモデルであった．

さて，ケータイからのインターネット接続が普及すると，それを前提としたサービスが多く提供されるようになる．2000年代前半から，さまざまな機能やサービス——GPSを利用した位置情報，「着うた」ダウンロード，おサイフケータイなどの電子マネー，ゲーム，QRコードなど——が登場し，さらにケータイのマルチメディア化が進んだが，それらの多くはケータイ単体で利用できるものではなく，インターネット接続が必要なものであった．また，ブログやSNS，掲示板などの利用も増え，ケータイ小説の流行も話題となったが，これらインターネット上での利用者による情報発信・交流も，とくに若年層ではケータイからの利用が主流であった．なお，このような機能やサービスの拡大を後押ししたのは，2003年から始まったパケット定額制である．料金を気にすることなくケータイからインターネットへアクセスする環境が整うことで，ケータイは音声や文字によるコミュニケーション・メディアから，日常生活のあらゆる場面で活用されるマルチメディアへと変わっていったのである．このようなケータイのマルチメディア化に加え，日本では第3世代携帯電話（3G）への移行も早かったため，モバイル・メディアの将来を考える上で「日本のケータイ」は世界的な注目を集めていた．

しかし，2000年代半ばを過ぎると，日本のケータイの「過度な」高機能化が問題視されるようになる．先に述べたように，日本では通信事業者主導で新しい端末やサービスが市場に導入され急速に普及したものの，それは他の国や地域の動向とは大きく異なったものであったのだ．平成19年度版の『情報通信白書』では，1997年には30%以上あったケータイ端末の世界市場における日本メーカーのシェアが2006年には7%を下回ったとのデータが紹介され，先進国から途上国へと携帯電話需要の中心がシフトする中で，日本が第3世代携帯電話において世界市場で優位な立場に立つための方策が必要であるとしている．というのも，第2世代携帯電話において日本が採用しなかったGSM方式がデファクト・スタンダードとなったことが日本の世界市場での孤立を招いたものの，日本では第3世代への移行が他国より早く進んでおり，シェアの

「挽回」が期待できると考えられたのだ.

その一方で，同じく2000年代半ばに日本で進んだのは，パソコンからのインターネット接続のブロードバンド化であり，これによってソーシャル・メディアの利用が拡大した．ソーシャル・メディアとは，個人による情報発信や読み手とのやり取りが容易にできるブログや既存の人間関係をベースとしたつながりを促進するSNSだけではない．Wikipediaのような知識共同制作サイト，YouTubeやニコニコ動画のような動画共有サイト，価格.comや@ cosmeのような消費者による商品評価サイトなど，利用者それぞれが発信する情報が多くの人々に共有され，それが新たな情報の共同作成につながるサイトなども含む．先に述べたように，このようなソーシャル・メディアの利用は，若年層ではケータイからの利用が多かった（補論4も参照）.

このような状況において，2007年に登場したのがiPhoneをはじめとするスマートフォンであった．「インターネット接続ができるケータイ」ではなく，「パソコンの小型版」という位置づけのスマートフォンの登場により[1)]，世界的にもモバイル端末からのインターネット利用が急増する[2)]．「ガラケー」が浸透している日本でも，先に調査データを紹介したように若年層から利用が広がっており，2010年度にはケータイ総販売台数の10%前後にすぎなかったスマートフォンの販売台数は2011年度には40%前後となっている[3)]（総務省，2012）．世帯保有率では，2011年3月は9.7%にすぎなかったが，2012年3月には29.3%，2013年3月には49.5%と急増している（総務省，2013）.

3　2000年代のケータイ利用

では，2000年代にケータイ利用はどう変わったのか．2011年調査の結果を2001年結果と比較しながら概観する.

3.1　多機能の活用

まず，ケータイでのメール利用を見よう．2011年調査では，ケータイ利用者の88.2%がメールを利用しており，2001年の57.7%と比較すると大幅に増加している．ケータイで文字メッセージサービスが開始されたのは1996年で

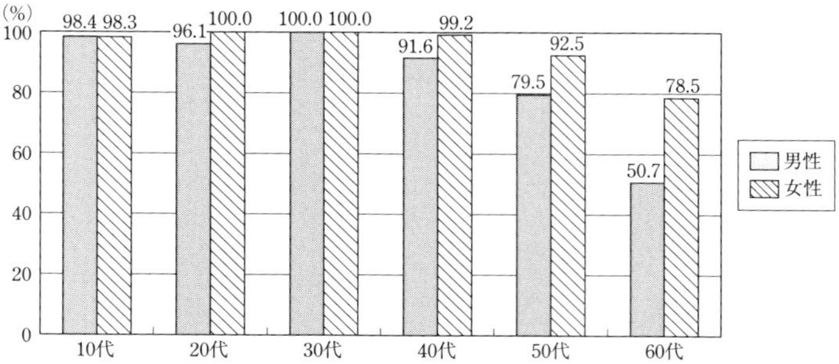

図2　男女別，年代によるケータイ・メール利用率（2011年）
N=1328

表1　ケータイの諸機能利用（2001年と2011年）（%）

	2001年（N=1213）	2011年（N=1328）
時計	76.4	78.3
目覚まし時計	39.1	61.4
電卓	23.2	58.4
住所録	22.3	29.6
手帳・スケジュール管理	15.5	22.7
辞書	15.3	28.0
ゲーム	10.9	18.1
写メールなどの画像のやりとり* **	3.1	18.8
カメラ **	2.4	67.5
テレビを見る（ワンセグ）***	—	20.0
音楽を聴く ***	—	16.7
動画ファイルを再生する ***	—	9.7
GPS（位置情報検索サービス）***	—	8.4
電子マネー ***	—	5.2

*　2011年は「画像・動画のやりとり」
**　2001年の利用率は5%以下だが，2011年の利用率が5%を超えているもの
***　2001年調査項目になかったもの

ある．翌1997年にはJ-PHONE（当時）が電子メールサービスを開始し，ポケベルで文字メッセージ交換をおこなっていた若年層を中心に，ケータイでの文字メッセージ交換が広がった．しかし，本格的に普及するのは，1999年のi-modeをはじめとするケータイからのインターネット接続サービスの開始以降となった．このため，2001年調査では「使っている」「機能はあるが使っていない」「機能がなく使えない」という選択肢を用意したが，「使っている」は57.7%，「機能はあるが使っていない」が28.8%，「機能がなく使えない」は

12.4%という結果であった．2011年調査では，メール利用者に対して，メール送信数を尋ねたところ，「メールはほとんど送信しない」と答えた人が8.3%であった．このような「メールは利用しているものの，受信が中心であると考えられる人」をのぞくと，全体の80.4%がケータイからのメール発信をおこなっていることとなる．やはり，この10年間でケータイからのメール利用が一般化したといえる．メールを利用するのは女性（93.6%）の方が男性（82.7%）より多く（χ^2検定，$p<.001$），50代以降には非利用者が多い（図2）．

次に，ケータイ利用者のうち，ケータイからインターネットを利用している人は52.3%であり，2001年時点での36.9%より増加している．20代を中心とした若年層で利用者が多く，50代以上では利用者が少ない（χ^2検定，$p<.001$）．また，女性（49.5%）より男性（55.1%）に利用する人が多い（χ^2検定，$p<.05$）．

通話やメール，インターネット以外で，ケータイに備わっている機能の利用状況について，2001年と比較したものが表1である．2001年調査で5%以上の利用者がいたサイトについて，多いものから2011年の利用率と併せて示した．2001年の時点でもケータイは，通信以外のさまざまな機能が活用されていたが，2011年にはその傾向はさらに強まり，日常生活のあらゆる場面で活用されていることがわかる．

2000年代を通じてケータイは多機能化，マルチメディア化したが，以上のデータからはそれらの機能を実際に利用する人も増えていったことがわかる．

3.2　ケータイ利用のさらなる日常化

次に，通話やメールがどのように利用されているのか，プライベートでの利用，仕事での利用，家事における利用の順に特徴を見ることとする．

ケータイを使ってプライベートでよく話す相手は「家族」（83.7%），「ふだんよく会う友人」（41.1%），「仕事関係の人」（23.4%），「親せき」（16.5%），「あまり会わない友人」（12.5%）の順であり，カテゴリーが違うため，直接比較はできないものの2001年と似た傾向（同居している相手や日常的に顔を合わせる相手が多い）にある．

メールの相手は「家族」（79.8%），「ふだんよく会う友人」（54.7%），「あまり会わない友人」（29.8%），「仕事関係の人」（18.9%），「親せき」（13.9%）の順であり，通話利用と比べて，いわゆる「友だち」があげられる傾向にある．これは，メールの方が通話よりプライベートで利用されがちなこととメール利用が若年層に多いことが影響していると考えられる．「最近はほとんど会わないが，メールだけで連絡を取り合っている人」がいると答えた人は55.5%であり，その平均人数は5.09人であった．2001年の調査では「いる」と回答した人が65.9%，平均人数が4.53人であったことと比べても大きくは増加していない．

「メールのやりとりだけで，まだ1度も会ったことがない人」がいるのは4.8%であり，平均人数は4.00人（2001年調査では7.9%，平均4.82人），「メールのやりとりから，直接会うようになった人」がいるのは7.3%，平均人数は5.02人（2001年調査では6.6%，3.07人）となっており，いわゆる「メル友」がいる人の割合はあまり変化が見られず，「メル友」の人数も大きな変化はない．「メル友」がいる人の多い10代，20代だけを見ても，「メールのやりとりだけで，まだ1度も会ったことがない人」がいるのは10代で14.8%，20代で7.5%（それぞれ，2001年調査では14.2%，11.3%），メールのやりとりから，直接会うようになった人」がいるのは10代で11.5%，20代で19.5%（同，14.9%，9.9%）であり，この10年間でメール利用は一般化したが，「メル友」が一般化したとは言い難い．

1週間あたりのメール送信数の平均は23.4通であり，2001年の28.2通と大きな差はない．性別では差は見られないものの，年代では10代が68.8通，20代が36.3通であるのに対し，30代以上では19.7通と大きな差がある（F検定，$p<.001$）．このような年代によるメール送信数の違いは，2001年にも見られたものであり（10代で72.2通，20代で30.3通，30代で14.5通），「ケータイ依存」「メール依存」が問題視される10代でのメール送信数は他の年代と比べて極めて多い．松田（2008b）は他者との関係性において自己把握を模索する思春期において，他者との関係性が可視化されるケータイ利用が頻繁になるのは，今日の社会における一種の「通過儀礼」であって，「ケータイ依存」「メール依存」はいずれ「卒業」するものであると主張している．2001年時の10代は，20代となった2011年には，10代の時と比べるとメール送信数が少なくなっており，今回の調査結果はケータイ依存の通過儀礼説を裏づけるものである．

本調査はケータイのプライベート利用に焦点をあてた設問が多いが，いくつかの結果からはケータイの仕事での利用状況がうかがえる．たとえば，2001年の電話番号の登録数は平均55.6件であったが，2011年の連絡先登録は128.8件と大幅に増加している[4]．女性（106.3件）より男性（151.5件）に多く（t検定，$p<.001$），年代では40代でもっとも多く（156.3件），10代（73.9件）や60代（89.2件）は少ない（F検定，$p<.001$）．これは，年齢が上がるほど電話番号登録数が少なかった2001年とは異なる傾向である．男女・年代別で見ると男性では40代後半（226.0件），女性では20代後半（174.5件）が多い．職業別では「フルタイム」（165.0件）に多く，雇用形態では「経営者，役員」（254.6件）や「自営業主・自由業者」（179.7件）に多い．このような結果は，仕事上でもケータイの利用が日常化していることをあらわすものである．

また，ケータイは普及するにつれ，賃金労働などいわゆる「仕事」以外の，プライベートな「業務」においても，日常的に必要不可欠なものとなっている．たとえば，「子どもにはケータイは不要」と考えている保護者であっても，高校生になったら部活などの連絡で必須であると聞いているために，持たせざるを得ないという（Matsuda, 2008）．そこで，仕事以外の集まり（趣味のサークル，習い事など）との連絡や家事にまつわる用件伝達のためのケータイ利用について検討する．

「自分が関係する団体やその団体のメンバーからの連絡用として，メーリングリストに登録する」人は29.8%であり，40代（36.3%）や20代（33.3%）で多く（χ^2検定，$p<.05$），男性（27.0%）より女性（32.3%）に多い（χ^2検定，$p<.05$）．おおむね，年収が高いほど多く，800万以上（39.4%），1000万以上（37.6%）で多い（χ^2検定，$p<.05$）．職業では「専業主婦」（37.1%），「学生・生徒」（36.6%）に多く，「フルタイム勤務」（26.4%）で少ない（χ^2検定，$p<.05$）．このような傾向は，仕事以外の集まり（趣味のサークル，習い事など）に参加することの多さ自体が関係していると推測される．

「自宅に出前や宅配便を届けてもらうために，自分の携帯電話やメールを使う」については性別による差は見られず，20代（44.7%），30代（33.3%）などが多い（χ^2検定，$p<.001$）．「お店からの連絡を，自分の携帯電話やメールにもらう」も同様に性別による差は見られず，20代（61.0%），30代（53.8%）などが多い（χ^2検定，$p<.001$）．20〜30代を中心に，日常生活で必要な連絡にケー

タイが活用されていることがわかる．「家庭に届いた贈り物のお礼を伝えるために，自分の携帯電話から連絡する」も女性が多いものの（女性22.2%，男性16.3%，χ^2検定，$p<.05$），年代では60代と20〜30代で多く，10代で非常に少ない（χ^2検定，$p<.005$）．

次に，家族に関係する連絡についてであるが，家事の主要な担い手である女性に利用が多い傾向にあるのは，2001年と同じ傾向である．「家族が関係する団体やその団体のメンバーからの連絡用として，メーリングリストに登録する」人は7.9%であるが，女性（11.2%）に多く（男性4.0%，χ^2検定，$p<.001$），なかでも40代女性は27.3%，30代女性は14.4%と極めて多い（40代男性は6.1%，30代男性は9.0%）．また，「家族が関係する団体やその団体のメンバーとの連絡用として，自分の携帯電話やメールを使う」も全体では11.3%であるが，女性（13.9%）が男性（8.3%）より多く（χ^2検定，$p<.001$），40代女性（31.3%，同男性14.5%），30代女性（20.0%，同男性7.0%）に目立つ．このような性差は「父」ではなく「母」が子どもの日常生活のマネジメントをおこなっていることを反映しているものであろう．この点については第7章でさらに検討する．

このようにケータイは日常生活のあらゆる面で利用されるようになっているが，それを別の角度からも補足しておこう．

ケータイで電話をかける場所として選ばれるのが多くなったのは自宅（2001年57.8%→2011年78.5%）であり，逆に駅・バス停（同，46.1%→29.7%）や路上・街頭（同，38.2%→26.5%）は減っている．2001年には「外出先だから」使われたケータイが，2011年には「自宅にいても」使われる傾向が強まっているのだ．また，2011年調査では固定電話の利用頻度を尋ねているが，14.9%が「固定電話はまったく使わない」，6.6%は「固定電話をもっていない」と答えており[5)]，利用する人でも，受発信合わせて「1日1回未満」と答えた人が56.6%となっている．なお，総務省編（2011）によれば，一般加入電話の加入数は1997年をピークに減少しており，固定電話とケータイの併用から，ケータイ1つに集中しつつあるようだ．さらに，ケータイ利用者にケータイの必要性を尋ねたところ，「なくてはならないもの」との回答は2001年には24.2%であったのが，2011年には36.7%と増加しており，「あった方がよいもの」は67.7%から56.9%へ，「なくてもよいもの」は7.4%から4.5%へと減っている．

このような結果からも，ケータイが日常生活に組み込まれ，必需品となっていることがうかがえる．

3.3　落ち着くケータイの評価

表2はケータイについての一般的な意見に対して，個人がどのように考えるのか，2001年と2011年の結果を比較したものである．「携帯電話の普及によって犯罪は増加した」「携帯電話の電磁波は怖い」「携帯電話の普及によって公共のマナーが悪くなった」「携帯電話の普及によって人間関係が希薄になった」といったケータイに対するマイナス面の評価について賛成する人は，おおむね減少傾向にある．

興味深いのは「災害が起こったとき，携帯電話は役立つ」「携帯電話は身の安全に役立つ」といったケータイの効用についても「そう思う」と答える人が減っていることである．とくに，「災害が起こったとき，携帯電話は役立つ」については，2001年には「そう思う」が70.6%であったのが，2011年には43.7%と大幅に減少している．これは2011年の東日本大震災の際に，被災地以外でもケータイやメールが輻輳し，利用できなくなったことなどが影響しているものと考えられる．

まとめるならば，2001年と比べると2011年には，ケータイの利点も欠点も支持する人が減っている．これは，ケータイの普及当初はよかれ悪しかれ注目されたケータイが，利用が日常化する中で，その「評価」が落ち着いてきたものと考えられる．

次に，情報化の進展についての一般的な意見に対する考えを尋ねた結果が表3である．こちらについても，多くの項目で「そう思う」との答えが減っている．ケータイに対する評価同様，情報化の進展によるプラス面の評価（「必要な情報が簡単に手に入り，生活が便利になる」）もマイナス面の評価（「情報をうまく利用できる人とできない人の差が広がる」「世の中の仕組みがますます複雑になる」）も「そう思う」は減っている．

ただし，「身近な人とのつきあいやコミュニケーションが密接になる」のみは「そう思う」「まあそう思う」と答える人が増えている．その一方で，「新たな人との出会いやコミュニケーションの機会が増える」については，逆に「あ

表2　ケータイについての一般的な意見に対する考え（%）

		そう思う	まあそう思う	あまりそう思わない	そう思わない	無回答
携帯電話の普及によって犯罪は増加した	2011年	40.4	39.3	16.0	3.4	1.0
	2001年	51.3	32.0	12.4	3.0	1.3
災害が起こったとき，携帯電話は役立つ	2011年	43.7	35.8	14.9	5.0	.6
	2001年	70.6	21.5	5.3	1.6	1.0
携帯電話の電磁波は怖い	2011年	9.4	22.1	47.9	19.6	1.1
	2001年	16.7	28.1	42.4	10.8	2.0
携帯電話は身の安全に役立つ	2011年	23.4	50.2	19.6	5.9	1.0
	2001年	31.2	41.1	20.9	4.6	2.3
携帯電話の普及によって公共のマナーが悪くなった	2011年	36.0	39.7	19.8	3.6	1.0
	2001年	52.9	32.2	10.4	3.0	1.5
携帯電話の普及によって人間関係が希薄になった	2011年	12.4	26.4	46.1	14.3	.9
	2001年	14.4	18.4	50.2	15.1	1.9

2001年 N＝1878　2011年 N＝1452

表3　情報化の進展についての一般的な意見に対する考え（%）

		そう思う	まあそう思う	あまりそう思わない	そう思わない	無回答
情報をうまく利用できる人とできない人の差が広がる	2011年	47.1	40.8	9.9	1.7	.5
	2001年	56.1	31.1	8.5	3.4	.9
世の中の仕組みがますます複雑になる	2011年	31.9	40.5	23.8	3.2	.6
	2001年	40.3	33.8	19.2	5.8	1.0
必要な情報が簡単に手に入り，生活が便利になる	2011年	30.4	51.0	15.3	2.5	.8
	2001年	35.5	41.9	17.1	4.5	.9
身近な人とのつきあいやコミュニケーションが密接になる	2011年	10.7	32.8	45.2	10.7	.6
	2001年	9.7	27.7	47.2	14.3	1.1
新たな人との出会いやコミュニケーションの機会が増える	2011年	10.2	32.4	43.0	13.8	.6
	2001年	12.1	37.3	36.3	13.1	1.2

2001年 N＝1878　2011年 N＝1452

まりそう思わない」と答える人が増えている．2001年から2011年の間の「情報化の進展」はさまざまな面で進んだが，新たな対人関係を構築する面よりも，身近な人との関係を強化する面を意識するようになった人が多くなっているのだ．ケータイが強化するのは身近な親しい人との関係性であると言われており（たとえば，Miyata et al., 2005），また，2000年代半ばからのSNSの流行などもあわせて考えると，この結果は納得できる．

4　おわりに

ここまで2011年の調査結果を2001年の調査結果と比較しながら，2000年代のケータイ利用の変化を概観してきた．12〜69歳を対象とした全国調査結果の経年比較から改めて気づかされるのは，コミュニケーション・メディアをめぐる技術・サービスの変化があまりにも速いことであり，個人化，多様化が進むことで利用の全体像がとらえにくくなっていることである．

たとえば，そもそも2001年にはSNSも動画共有サイトもなかった．通話しか機能のないかつての電話と比べると，2001年のケータイは「マルチメディア」であったが，2011年と比較すると使える機能・用途は限られている．では，2001年のケータイと2011年のケータイは同じメディアとして考えてよいものなのか．2011年のケータイでの通話と電電公社発足以来の目標である積滞の解消と全国自動即時化が実現した1979年の家庭の電話での通話ならばどうだろう．あるいは，2011年の調査結果によれば，SNSの利用者は20代以下では5割近いが，50代以上では3%程度にすぎない．つまり，SNS利用の「影響」を直接的に受けているのは多数派ではない．利用者にはその「影響」は大きく感じられるかもしれないが，社会全体で見ると「影響」が及ぶ範囲はどれほどのものであろうか．その範囲をとらえるには，どのような方法が適切なのであろうか．

これから調査をおこなうなら，若年層についてはスマートフォンからのアプリ利用関連が欠かせない．しかし，アプリはタブレット端末やゲーム機，音楽プレイヤーからも利用可能である．「スマホは買ってもらえないから，iPod touchでLINEをする」という中学生は珍しくない．若年層のモバイル・コミュニケーションをとらえる上では，ケータイやスマートフォンといった電話を祖先に持つメディア端末だけに焦点をあてて調査することでは，実態をとらえることができなくなっているのだ．ならば，先に挙げたのと同じ問題がある．スマホからアプリを利用する経験と音楽プレイヤーでアプリを利用する経験は同じなのか，違うのか．ケータイからのネット利用，スマホからのネット利用，パソコンからのネット利用は同じなのか，違うのか．検討が必要な課題は膨らむばかりである．

以下，各章において2011年調査に参加したメンバーがそれぞれの問題関心からデータを分析，考察をおこなう[6]．

本書は3部構成になっており，「メディア利用の深化」を基調とする第1部では，この10年間に進んだケータイを中心とするモバイル・メディア利用の日常生活への「埋め込み」と，そのことによる日常生活や社会の変化を中心に論じる．第1章「ケータイ・ネットはいかに日常化したか」（土橋臣吾）は，この10年間でケータイ・ネットの利用者が増え，利用頻度が増大しただけでなく，手元にあるがゆえに常時利用されるようになったことをデータから示した上で，それを単なるメディア利用の深化ととらえるのではなく，社会生活の時間性・空間性の変容と結びつけて議論する．続く第2章「モバイルは他のメディアとどう違うのか」（石井健一）では，親しい人との連絡手段としてのモバイル・メディア利用に焦点をあて，この10年間の変化や他メディアとの代替・補完関係について検討する．明らかになるのは，一般的にケータイは友人関係維持に貢献しているが，その意味は世代によって異なっていることだ．第3章「デジタル・デバイドの現在」（辻大介）は，デジタル・デバイドが解消・縮小しておらず，むしろ経済要因に代わって教育要因が壁となっていることを示した上で，市民的参与との関連を検討することでそれが持つ問題性について議論する．

続く補論1と2はケータイからのインターネット利用とパソコンからのインターネット利用の共通点・相違点に焦点をあてるものである．まず，補論1「ケータイユーザーのインターネット利用」（小寺敦之）はコンテンツの側からウェブ利用に焦点をあて，デバイスの変化がウェブ利用に及ぼす影響を考察する．補論2「ネット依存とケータイ依存」（辻大介）は問題視されることの多いネット依存・ケータイ依存について，依存する人の属性や「原因」を明らかにするものである．ケータイはこの10年間に日常生活においてあたりまえの存在となったが，ふだんそのことに気がつかない人でさえ，その必要不可欠性を痛感させられたのは東日本大震災時であった．補論3「緊急時のケータイ利用」（吉井博明）は今回のデータを離れ，津波被災者を対象とした調査結果から東日本大震災時のケータイ利用実態を明らかにし，緊急時のケータイ利用の有効性および限界を浮かび上がらせるものである．

第 2 部は「つながりの変容」が主題となる．ケータイ利用の日常化は個人や個人と他者の関係性に影響を与えているのか．与えているとするならば，それはいったいどのようなものであるのか．まず，第 4 章「SNS は「私」を変えるか」（浅野智彦）は自己のあり方の変容を取り上げ，2000 年代半ば以降普及し，若者を中心にケータイからも活発に利用されているソーシャル・ネットワーキング・サービス（SNS）が自己の多元化とどのように関連しているかを検討する．続く，第 5 章「メディア利用にみる恋愛・ネットワーク・家族形成」（羽渕一代）は恋愛や家族といった親密な関係に，第 6 章「ケータイは友人関係を変えたのか」（岩田考）は若者の友人関係に焦点をあて，それらの関係性の変化とケータイ利用の関連を探っている．若者を中心に利用が広がっているソーシャル・メディアについて，補論 4「ソーシャル・メディアと若者」（辻泉）では，若者に限定し分析することで，その利用実態を紹介し，今後を展望する．第 7 章「ジェンダーによるケータイ利用の差異」（松田美佐）は，同じケータイというメディアが，ジェンダーやライフステージによって多様に利用されていることを明らかにしている．第 8 章「ケータイは社会関係資本たりうるか」（辻泉）は，ケータイからのメールやインターネット利用が社会関係資本を涵養する上で有効であるのか，この 10 年の変化を検討し，その可能性を探っている．

これら 2001 年から 2011 年にかけての変化を実証的にとらえ，分析・考察する諸論考を受けて，終章「モバイルな社会性へ向けて」（土橋臣吾・辻泉）では，モバイルな社会性・公共性のありようを探る．ケータイは個人が私有し，自分の都合に合わせ，好きなときに好きな場所で利用するメディアである．このようなケータイの利用に私的なコミュニケーションを超えた社会性や公共性の領域へ人々を繋ぎ止めていく，あるいは開いていく契機を見出すことは容易ではない．しかし，だからこそ，従来とは異なる社会性・公共性のあり方を探り，モバイル・メディアを前提とした新たな社会像を描く道筋の提示を試みるのである．

第 3 部には 2011 年調査の調査票と単純集計結果および 2001 年調査と 2011 年調査の経年比較結果を掲載している．ケータイが日常的に利用される社会を理解するために，また，今後さらに変化するモバイル・メディアを前提とした社会をとらえるために，あわせてご一読いただきたい．

注

1）ただし，PalmやBlackBerryなどのPDA（携帯情報通信端末）は1990年代後半から販売されていた．

2）平成24年度版の『情報通信白書』は，2011年の世界の携帯電話販売台数に占めるスマートフォンの割合は26.6%であり，5年後の2016年には55.9%まで増加するとのガートナー社の推計を紹介している．

3）ただし，このようなスマートフォンの急速な普及は，1990年代後半から2000年代に定着したケータイの販売・購入「習慣」——販売店で扱われる機種が最新機種中心になるという販売「習慣」と2～3年程度で新機種に買い換えるという購入「習慣」——が後押しするものであり，その意味でもスマートフォンはケータイの延長線上にある．

4）2001年調査では「電話番号」，2011年調査では「連絡先」の登録数を尋ねており，そのまま比較するには留意が必要である．

5）固定電話を「使わない」「持っていない」という回答を合わせると，全体では21.6%であるが，10～20代で44.5%，30～40代で21.2%，50～60代で9.3%である．若年層ほど固定電話を利用しなくなっていることがわかる．

6）執筆には加わっていないが，林香織（江戸川大学）と林真広（大阪大学）も調査の企画・実施に参加した．

参考文献

松田美佐（2003）「モバイル・コミュニケーション文化の成立」伊藤守ほか編『電子メディア文化の深層』早稲田大学出版部，173-194．

松田美佐（2008a）「電話の発展——ケータイ文化の展開」橋元良明編『メディア・コミュニケーション学』大修館書店，11-28．

松田美佐（2008b）「ケータイのある社会」『消費者情報』389，18-19．

Matsuda, M. (2008). Children with Keitai: When Mobile Phones Change from "Unnecessary" to "Necessary", *East Asian Science, Technology and Society: An International Journal,* 2(2), 67-188.

Miyata, K. et al. (2005). The Mobile-izing Japanese: Connecting to the Internet by PC and Webphone in Yamanashi. In Ito, M. et al. (eds.) *The Personal, Portable, Pedestrian: Mobile Phones in Japanese Life*. MIT Press, 143-164.

モバイル・コミュニケーション研究会（2002）『携帯電話利用の深化とその影響』（科学研究費：携帯電話利用の深化とその社会的影響に関する国際比較研究，初年度報告書）.

岡田朋之・松田美佐編（2002）『ケータイ学入門――メディア・コミュニケーションから読み解く現代社会』有斐閣.

岡田朋之・松田美佐編（2012）『ケータイ社会論』有斐閣.

総務省編（2007）『平成19年度版　情報通信白書』ぎょうせい.

総務省編（2011）『平成23年度版　情報通信白書』ぎょうせい.

総務省編（2012）『平成24年度版　情報通信白書』ぎょうせい.

総務省編（2013）『平成25年度版　情報通信白書』ぎょうせい.

富田英典ほか（1997）『ポケベル・ケータイ主義！』ジャストシステム.

第1部

メディア利用の深化編

1 ケータイ・ネットはいかに日常化したか

土橋臣吾

1 ケータイ・ネットの日常化

ケータイをめぐるこの10年でもっとも大きな変化のひとつは，ケータイ経由のネット（以下，ケータイ・ネット．なお，本章でケータイ・ネットあるいはネットという時は，メールとは区別されたウェブ，ウェブサービスのことを指す）利用の本格化だろう．端緒となったのはもちろん，1999年のNTTドコモによるi-modeのサービス開始であり，KDDIのEZweb（同年），ソフトバンク（当時はJ-PHONE）のJ-SKY（2000年）と合わせて，2000年代初頭には，主要キャリアのケータイ・ネットのサービスが出揃うことになる．その後の普及のスピードもきわめて速く，日本のケータイ・ネットの契約数は，2000年に2687万契約だったのが，翌年には4850万，翌々年には5953万と順調に推移し，その後も2007年までは，前年比5%以上の成長が継続する（総務省，2011）．したがって，普及の途上であったとはいえ，モバイル・コミュニケーション研究会の2001年調査の時点でもケータイ・ネットはかなりの範囲で人々の手元にあったといえる．

だが，そうした機器の普及とその利用は必ずしもイコールではなかった．実際，当時のケータイ・ネットの利用率を調査データで確認すると，2001年時点で携帯電話・PHSでネットを利用していた人（i-modeやEZweb，J-SKYなどを通して情報サイト（ネット）を見ていた人）は全体の24%に留まり，ネット機能付きの端末を持ちながらも利用しない人も相当いるなど，その利用の広がりは限定的なものだったことが分かる．当時の中心はあくまでケータイ・メールであり，ケータイ・ネットはその新しさゆえに多くの注目を集めてはいたものの[1]，それは必ずしも利用実態を反映したものではなかったのである（土橋，2003）．だが，以下で見るように，そうした状況はこの10年で徐々に変わっていく．ケータイ・ネットはかつてほどセンセーショナルに語られることはなくなったが，その一方で，私たちの日常生活に確実に浸透していくのである．

これは，ごく単純にはケータイ・ネットのコンテンツやサービスがきわめて順調に拡充していったことの結果だろう．当初その中心にあったi-modeについてまず振り返るなら，通信事業のイノベーションとして今なお高く評価されるビジネスモデル（キャリア課金）とオープンなデファクト標準技術の採用（HTMLの採用）が功を奏し，各種のコンテンツやサービスがその上で大きく育っていった．また，ここ数年に限っていえば，スマートフォンの登場がケータイ・ネットの利用拡大を後押ししており，iPhoneおよびAndroid以降，ケータイ・ネットはパソコン経由のネットに匹敵する機能とユーザー経験を可能にしつつある．ケータイ・ネットはこの10年で技術的にも事業的にも高度に洗練され，ユーザーがケータイ・ネットでできることは順調に拡大してきたのである．

だが，こうした説明だけでは，ケータイ・ネットがこの10年で具体的にどのような存在として私たちの生活に定着したのかは見えてこない．多様なコンテンツのなかで何が利用され，何が利用されなかったのか．人々はそれをどのような状況で利用し，どのような状況で利用しなかったのか．こうした利用の実態に目を向けない限り，ケータイ・ネットが本書全体の関心である「モバイル社会の成熟」プロセスをどのようにたどっていったかは見えてこないのである．言い換えるなら，この間，私たちはケータイ・ネットという新たなメディアを日々の利用を通じて自らの日常に一定の形で埋め込んでいったのであり，ケータイ・ネットの成熟の内実は，そうした日常化のプロセスのなかにこそあるはずなのだ．

こうした問題意識から，以下本章では，ケータイ・ネットの利用実態の変化を2001年調査と2011年調査の比較によって概観していきたい．具体的には，まず次節で利用コンテンツの変化と利用頻度の変化を中心に，ケータイ・ネットが玩具的に使われるだけの存在からメディアとしてより実質的な役割を果たす存在へ進化したことを確認していく．続く第3節では，主にケータイ・ネットの利用状況と利用場所についてのデータを検討することで，ケータイ・ネットがケータイのモバイル性，すなわち，ケータイが移動的なデバイスであることの内実をもっともよく体現する存在になる可能性があることを見ていく．これらを踏まえて最終節では，やや大きな社会的文脈からケータイ・ネットを捉え返し，そこに「モバイル社会の成熟」の方向性を見て取っていきたい．

2　ケータイ・ネットの正常進化

2.1　利用されるサイトの変化

では，ケータイ・ネット利用のこの10年の変化にどのような成熟を見て取ることができるだろうか．まずごく単純に利用率の変化を見ると，調査対象者全体におけるケータイ・ネットの利用率は，2001年の24％から，2011年の48％へと倍増しており，この10年の利用拡大をはっきりと確認できる．とはいえ，それでもほぼ5割の人は利用していないので，ケータイ・ネットの定着といっても，それは今のところ人口の全体を覆うようなものではない．この点については，パソコン経由のインターネットについても同様で（2011年で利用率59％），端末の如何にかかわらず，インターネットに関わることのない層は高齢者を中心に残っている．現在の利用者の加齢と共に利用率は今後も上昇する可能性が高いが，利用率という観点から見れば，ケータイ・ネットは今なおさらなる成熟の余地を大きく残している．

しかしながら，その利用のされ方の変化に視点を移すと，そこにはケータイ・ネットの成熟のイメージが具体的に現れてくる．この点についてまず顕著な変化として指摘できるのは，利用されるサイトの種類の変化である．すべてのジャンルのサイトの利用率については本書補論1表1に示されている通りだが，この10年で利用率に特に大きな増減があったもの（2001年と2011年で15ポイント以上の変化があったもの，およびここ数年で新たに登場したサービスで10％程度以上の利用のあるもの）を抜き出すと表1のようになる．

この表1から読み取れるのは，要するに，ケータイ・ネット利用の中心が遊戯的・玩具的なものから，より実質的な役割を果たす情報ツールとしての利用へと変化していったプロセスである．一見して分かるように，この10年で「着

表1　利用率が顕著に減少／増加したサイト（%）

		2001年（N＝403）	2011年（N＝694）
減少	着メロDLサイト	68.5	15.9
	待ち受け画面サイト	35.2	6.2
増加	検索サイト	20.6	59.1
	ニュース	19.1	40.2
	天気予報	23.1	49.0
	地図	5.7	21.5
	交通機関情報	16.1	32.3
新規	SNS（mixiやFacebook，モバゲータウンなど）	—	22.8
	ブログ，ホームページ（個人が開設しているもの）	—	17.3
	動画共有（投稿）サイト（YouTubeなど）	—	16.7
	Twitter	—	9.7

メロダウンロードサイト」「待ち受け画面サイト」といった端末そのもので遊ぶためのサイトの利用は大幅に減り，逆に，「検索サイト」「ニュース」「天気予報」「地図」「交通機関情報」といった生活情報に関するサイトの利用が大きく拡大するのである．この変化は，「着メロ」と「待ち受け」が2001年調査で他を引き離して利用率の上位1，2位を占めていたサイトであることを考えれば，かなり象徴的なものだと言える[2)]．ケータイそのものと戯れることがネット利用においても前面に出ていた時代は過去のものになり，ケータイ・ネットは日常的な情報ツールとしてより重要な役割を果たすようになったのである．

さらに，もうひとつ見逃せないのが，2000年代半ば以降に登場した新しいウェブサービス利用の広がりである．いずれも2001年調査時点では存在しなかったサービスだが，「SNS（mixiやFacebook，モバゲータウンなど）」はケータイ・ネット利用者の22.8%，「ブログ，ホームページ（個人が開設しているもの）」は同17.3%，「動画共有（投稿）サイト（YouTubeなど）」は同16.7%，「Twitter」は同9.7%の人が利用しており，ソーシャル・メディアを中心とする新たなウェブサービスがケータイでもかなり利用されていることが分かる．特にSNSについては，パソコン系機器からの利用率（12.4%）を大きく上回っており，こうした傾向が続けば，ソーシャル・メディアの利用端末としてのケータイの存在感は今後さらに大きくなっていくものと思われる．

表 2　ケータイ・ネットの利用頻度（%）

	2001 年（N = 438）	2011 年（N = 694）
1 日に 10 回以上	選択肢無	20.7
1 日に数回程度（2001 年調査では「1 日に数回以上」）	11.0	35.9
1 日に 1 回くらい	10.7	6.9
週に数回程度	31.3	13.5
月に数回程度	33.6	14.8
月に 1 回以下	5.5	5.0
ほとんどアクセスしない	7.3	選択肢無

2.2　利用頻度の変化

とはいえ，こうした利用サイトの多様化はある意味では当然予測される変化であり，それだけを見ていても平板なイメージしか結ばないかもしれない．だが，ここでさらに他の変化，すなわちケータイ・ネットの利用頻度の変化を見ると，そこには，たんに多様なサービスが使われるようになった，というだけに留まらない変化があったことが見えてくる．まずは調査データを確認しよう．表 2 に示すように，2001 年から 2011 年にかけてのケータイ・ネットの利用頻度の上昇はかなり極端なものであり，ケータイ・ネットが 10 年前とはまったく異なるスタイルで使われるメディアになったことが分かる．

注目すべきはやはり「1 日に数回程度」以上使う人の大幅な増加だろう．もちろん，そうした人が2001 年当時まったく存在しなかったわけではない．だが，当時主流だったのはやはり，「月に数回程度」（33.6%）あるいは「週に数回程度」（31.3%）という使い方であり，簡単に言えば，使う日もあれば使わない日もあるといった利用スタイルが大勢を占めていた．これに対して，2011 年調査では，「1 日に数回程度」使う人が 35.9%，さらには「1 日に 10 回以上」使う人も 20.7% と，過半数の人が，ケータイ・ネットを毎日，しかも何度も繰り返し使うようになっている．端的に言うなら，ケータイ・ネットはこの 10 年で，時折イレギュラーに使われるだけの存在から，生活により密着した形で使われるメディア，日常のルーチンに溶け込んだメディアになっていくのである．

だとすれば，ケータイ・ネットの成熟はやはり，利用サービスの多様化に還元できるものではなく，日常生活のなかでのメディアとしての位置づけそのものに関わる変化だったと言えるだろう．ケータイ・ネットはこの 10 年でいわ

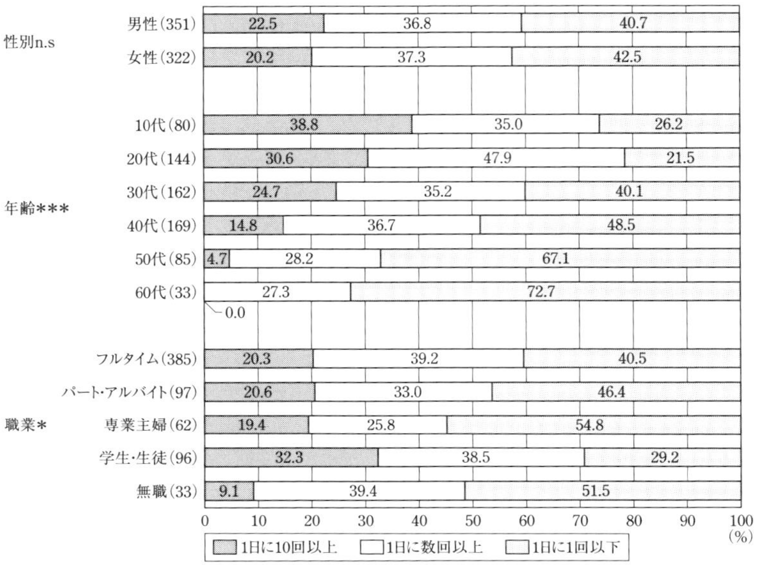

図1　基本属性別のケータイ・ネット利用頻度

χ^2検定　***：p＜.001，**：p＜.01，*：p＜.05，n. s.：no significant

ば常にそこにある存在として，ユーザーの生活に文字通り定着したのである．では現時点で，そうした変化をもっとも如実に体現しているのはどのような人たちだろうか．図1はこの点について，ケータイ・ネットの利用頻度と性別・年齢・職業の関係を示したものである．

もっとも顕著な違いが現れるのは年齢であり，「1日に10回以上」使う人がもっとも多い10代（38.8%），「1日に数回程度」と「1日に10回以上」を合わせた割合では10代をしのぐ20代（合計で78.5%）の高頻度利用が特に目立つ．また，30代，40代においても，「1日に数回程度」以上使う人が半数を超えており，この年代までが，1日に何度も繰り返し使う利用スタイルを主流とする年代だということになるだろう．さらに，職業でも若干ではあるが違いが現れ，「1日に数回程度」以上使う人はやはり若年層を多く含む「学生・生徒」にもっとも多く（70.8%），20代から40代を多く含む「フルタイム」がこれに続く（59.5%）．総じて言えば，若年層および，学校・仕事など家庭外での活動の場を持つ人が高頻度利用になる傾向があると言えるだろう．

表3　サイト利用の有無とケータイ・ネット利用頻度（%）

	各サイトの利用の有無	ケータイ・ネットの利用頻度		
		1日に10回以上	1日に数回程度	1日に1回以下
検索サイト	利用あり（410）	26.8	42.0	31.2
	利用なし（263）	12.9	29.3	57.8
ニュース	利用あり（278）	28.1	42.1	29.9
	利用なし（395）	16.7	33.4	49.9
ゲーム	利用あり（128）	42.2	42.2	15.6
	利用なし（545）	16.5	35.8	47.7
動画共有（投稿）サイト（YouTubeなど）	利用あり（116）	44.8	50.0	5.2
	利用なし（557）	16.5	34.3	49.2
SNS（mixiやFacebook，モバゲータウンなど）	利用あり（157）	46.5	47.8	5.7
	利用なし（516）	13.8	33.7	52.5
ブログ・ホームページ（個人が開設しているもの）	利用あり（120）	45.0	45.8	9.2
	利用なし（553）	16.3	35.1	48.6

こうした高頻度利用者のより具体的な姿を捉えるために，利用頻度と利用サイトの関係についても見ておこう．表3は，全体で利用率が15%以上あるサイトのなかで，そのサイトの利用の有無とケータイ・ネットの利用頻度に有意な関連（χ^2検定，$p< .001$）が現れるものの一覧であり，要するに，高頻度利用者がそうでない人に比べて特に積極的に使っているサイトがどのようなものかを示している．

性質の異なるサイトが含まれているが，本書補論1「ケータイユーザーのインターネット利用」の分析と合わせてみると，この結果の意味をよく理解することができる．確認すると，補論1では，利用コンテンツのクラスタ分析によって，ケータイ・ネットのユーザーを，(1) 10代の学生・生徒を多く含み，音楽・ゲーム・動画共有サイト・SNSを主に使う「娯楽志向型」，(2) 20代女性を中心とし，オンラインショッピング・オークション・料理レシピを主に使う「生活志向型」，(3) 30代以上の有職男性を多く含み，ニュース・スポーツ・天気予報を主に使う「情報志向型」の3つに分類している．結論から言えば，このうち (1) と (3) がここで見てきた高頻度利用者と重なる可能性が高い．

表3を確認しよう．高頻度利用者はまず「検索」「ニュース」「ゲーム」「動画共有サイト」「SNS」「ブログ・ホームページ」の6つを積極的に利用しているが，そのうち「ニュース」の利用は補論1の言う「情報志向型」と重なり，

また「ゲーム」「動画共有サイト」「SNS」の利用は補論1で言う「娯楽志向型」と重なっている．つまり，30代以上の有職男性で「ニュース」に代表される即時性の高い情報を求めてケータイ・ネットを利用する人，さらに，「SNS」を日に何度もチェックし，「ゲーム」や「動画」といった娯楽コンテンツにも関心の高い若年層が高頻度利用者の典型的なプロフィールとして浮かび上がってくるのである[3)]．もちろんこれは，ある典型的なイメージの素描に過ぎないが，ケータイ・ネット利用の高頻度化が，いくつかのライフスタイルと結びつきながら進展していることを窺い知れる．

3　ケータイ・ネットの移動性

3.1　移動的な情報行動の拡大

以上，利用サービスの多様化，利用頻度の上昇という2つの面から，ケータイ・ネットのメディアとしてのあり方の変化を見てきた．総じて言えば，そのいずれにおいても，この10年でより実質的な役割を果たすようになったという意味で，ケータイ・ネットの「正常進化」を確認することができる．そして，同様の含意をもつ変化はまったく別の，しかしケータイ・ネットのもっとも基本的なメディア特性を考える上できわめて重要な点においても見て取ることができる．すなわち，モバイルであるというケータイの特性がネット利用においてどの程度活用されるようになったか，である．

具体的に見ていこう．モバイル・コミュニケーション研究会の調査では，ケータイ・ネットをどのような状況で使うかについて，「外出中に急に情報が知りたくなったとき」「自宅や職場で情報が知りたくなったとき」「ひまで特にすることがないとき」の3つからの複数選択で尋ねている．結論から言うと，この10年で特に伸びたのは「外出中」の利用であり，モバイル・メディアの本領を発揮する形でのネット利用が大きく広がったことを確認できる．つまり，表4にあるように，2001年の時点では，ケータイ・ネットを利用する状況としてもっとも多かったのは「ひまで特にすることがないとき」（64.0％）であり，そのモバイル性が活きる形での利用，すなわち「外出中に急に情報が知りたくなったとき」の利用は35.2％というかなり低い水準に留まっていた．だが，

表4　ケータイ・ネットを利用する状況（%）

	2001年（N＝403）	2011年（N＝694）
外出中に急に情報が知りたくなったとき	35.2	67.1
自宅や職場で，情報が知りたくなったとき	45.7	56.6
ひまで特にすることがないとき	64.0	51.2

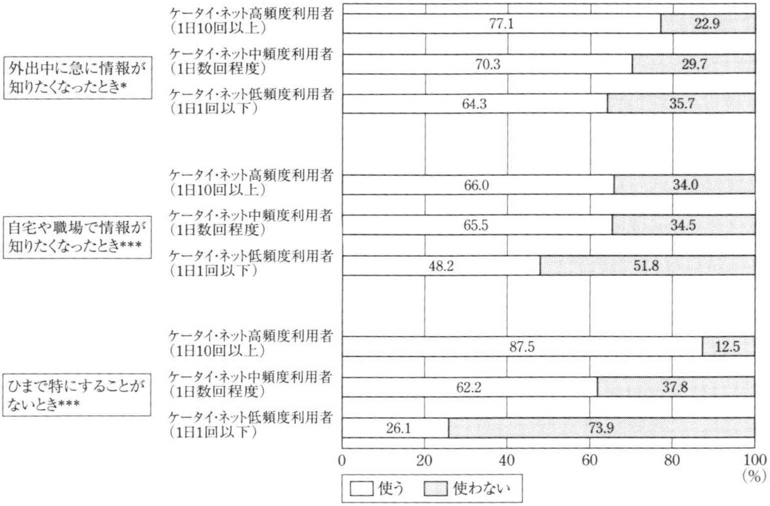

図2　利用頻度別に見たケータイ・ネットを使う状況（2011年）

χ^2検定　***：$p<.001$，**：$p<.01$，*：$p<.05$, n. s.：no significant

2011年調査ではこれがはっきりと逆転する．「ひまで特にすることがないとき」が10ポイント以上減るのに対して，「外出中に急に情報が知りたくなったとき」は67.1%へとほぼ倍増するのである[4)]．

極端な言い方をするなら，2001年当時のケータイ・ネットは，ケータイに装備された機能でありながら，未だ十分にモバイル・メディアではなかった．それはむしろ，この10年の間に，次第にモバイル・メディアになっていったのである．さらに言えば，こうしたモバイルなケータイ・ネット利用は，前節で見たような高頻度利用者だけでなく，低頻度利用者も含めたユーザー全体にある程度定着している可能性が高い．つまり，図2に示されるように，やや微妙な違いではあるが，「外出中」のケータイ・ネット利用は，「自宅や職場で」

や「ひまなとき」のそれに比べて，高頻度利用者と低頻度利用者の差が小さく，ケータイ・ネットと特に親和性の高くない層においても，相対的によくなされる情報行動になっていると推察されるのである．

それぞれ確認すると，まず「外出中」「自宅や職場で」「ひまなとき」のいずれにおいても，そうした状況でケータイ・ネットを使うと答える人がもっとも多いのは，当然ながら高頻度利用者である．だが，特に「ひまなとき」と「外出中」を対比すると分かるように，前者が圧倒的に高頻度利用者に偏るのに対し，後者では利用頻度の違いによる差は相対的に小さくなる．つまり，表4で見たように，2001年から2011年の間に，もっともよくあるケータイ・ネットの利用状況は，「ひまなとき」から「外出中」に移行したが，それは高頻度利用者がもっぱら主導した変化だったというわけではおそらくない．この10年の「外出中」の利用増大は，むしろ低頻度利用者もそうした利用は相当程度行うようになったという事実に下支えされた変化なのである．

だとすれば，私たちはここにケータイ・ネットの社会的定着のもうひとつの形を見て取ることができるだろう．すなわち，各種のサービスを日々繰り返し使うヘビーユーザーが拡大したという意味での定着ではなく，ライトユーザーも含めたより幅広い人々にケータイ・ネットのモバイル性の便益が浸透したという意味での定着である．これは確かに地味な変化だし，そもそもそれがモバイル・メディアの当然の使われ方なので意外性にも乏しい．だが，2001年時点ではまだ潜在的なものに留まっていたケータイ・ネットのモバイル性の便益がこの10年で本格的に享受されるようになったのだとすれば，それはケータイ・ネットの成熟の一端としてやはり重要な事実だろう．しかも，以下で見るように，今日のケータイ・ネットはケータイの他の機能，すなわちメールや通話などと比べても同等あるいはそれ以上に移動的な状況で活用されており，その意味で，ケータイがモバイル・メディアであることの意味をもっともよく体現する存在になりつつある．

3.2 ケータイ・ネットを利用する場所

この点について，まずはごく単純に，日常の様々な場所において通話・メール・ネットのそれぞれがどの程度のユーザーに使われているかを見ていこう．

表5　通話・メール・ネットの屋外の各場所での利用率（2011年）（%）

	通話 (N＝1308)	メール (N＝1171)	ネット (N＝694)
駅・バス停	12.9	17.5	22.0
路上・街頭	29.7	22.0	24.6
自動車の中	26.5	23.6	25.1
電車・バスの中	1.7	22.6	31.4
飲食店・レストラン・喫茶店	5.1	16.4	23.8

モバイル・コミュニケーション研究会の調査では，通話・メール・ネットのそれぞれをどこでよく利用するかについて，具体的な場所を列挙したなかから選択してもらう形で尋ねている．表5は2011年の調査結果から，外出中あるいは移動中の利用に該当する場所を抜き出し，通話・メール・ネットのそれぞれの利用者のうちどの程度の割合の人が各場所で利用しているかを示したものである．

一見して分かるように，すべての場所でもっとも満遍なく使われる傾向があるのはケータイ・ネットであり，実際，5つの場所のうち3つで（駅・バス停，電車・バスの中，飲食店・レストラン・喫茶店），通話・メールの利用率を上回っている．他の2つの場所（路上・街頭，自動車の中）では通話がもっとも使われているが，「路上・街頭」での通話の利用がやや突出しているのを除けば，ネットとの差は大きくはない．もちろん，通話・メールに比べれば，ネットはその利用者自体が少ないので（N＝694），現時点で外出中・移動中のケータイ利用の中心がネットになっているというわけではない．だが，ここで見た通り，少なくともその利用者にとって，ケータイ・ネットは通話・メールと同等以上に外出中・移動中の状況と親和性の高いメディアになっており，今後順調に利用者が拡大すれば，モバイル・メディアとしてのケータイは，電話・メール端末としてのそれ以上に，ネット端末としての色を濃くしていく可能性もある．

実際，こうした予測がある程度現実的なものであることは，別の側面からも指摘できる．以下で見るように，この10年での通話・メールの外出中・移動中の利用の変化を確認すると，いずれもほとんど拡大していないかむしろ減少傾向にあり，モバイルな状況におけるケータイ・ネットの存在感の上昇は，それ自体の台頭によってだけでなく，通話・メール利用の停滞による相対的なも

表6　通話・メールの各場所での利用率の経年変化（%）

	通話		メール		ネット	
	2001年 (N＝1213)	2011年 (N＝1308)	2001年 (N＝700)	2011年 (N＝1171)	2001年	2011年 (N＝694)
駅・バス停	19.7	12.9	21.9	17.5	—	22.0
路上・街頭	46.1	29.7	29.4	22.0	—	24.6
自動車の中	38.2	26.5	23.9	23.6	—	25.1
電車・バスの中	3.0	1.7	20.3	22.6	—	31.4
飲食店・レストラン・喫茶店	9.6	5.1	13.6	16.4	—	23.8

のとしても生じていく可能性があるというわけだ．残念ながら，2001年の調査には，ケータイ・ネットの利用場所に関する質問項目がなかったため，ケータイ・ネットの経年変化を示すことはできないが，通話・メールの各場所での利用率の変化について見ると，表6のような結果になる．

順に確認していこう．まず「路上・街頭」について見ると，通話は2001年の46.1%から2011年の29.7%へ大幅減となっており，メールについても約7ポイント減少している．「駅・バス停」についても傾向は同じであり，通話は19.7%から12.9%へ，メールも21.9%から17.5%へと減少している．さらに，「自動車の中」について見ると，通話はやはり10ポイント以上の減少，メールについては0.3ポイントの減少とほぼ変わらないが，少なくとも増加傾向を見出すことはできない．若干異なる傾向を示すのは，「電車・バスの中」「飲食店・レストラン・喫茶店」であり，メールについてはわずかではあるが増加している．ただし，通話はどちらについてもそもそも2001年時点から利用率が低く，傾向としても減少傾向にある．いずれにせよ，全体として見れば，通話・メールの外出中・移動中の利用はこの間，停滞ないしは減少傾向にあったと言えるだろう．

これをどう考えるかについては，様々な解釈がありうる．すぐに思いつくだけでも，たとえば通話については，公共空間でのケータイでの通話を抑止する規範がこの10年で強まったのかもしれないし，メールについて言えば，普及初期にあったある種の熱が落ち着いた可能性なども考えられる．実際，ケータイ・メールに関する利用者の意識の変化を見ると，「友人からメールが来たら，すぐに返事を出すのが礼儀だと思う」人が2001年の55.0%から2011年には

45.5%に減るなど，どこにいてもメールへの反応を求められるような文化は微妙に退潮しつつある[5)]．今回の調査のみで確定的なことが言えるわけではないが，こうした相対的なものも含めたネットの台頭は，ケータイというメディアそのもの，あるいはその利用文化がネットを中心に再編されていく将来を予感させる．

もちろん，こうした傾向は一過性のものかもしれないし，それこそ，メールへの熱が冷めつつあるのだとすれば，後発のネットに今後同様のことが生じるかもしれない．だがそうだとしても，こうしたネットの台頭によって，モバイルな装置としてのケータイを考えるときに，従来のイメージとは別のイメージが必要になることは確かだろう．つまり，いわば「線」としてイメージされるつながりのメディアとしてだけではなく，あらゆる時と場にネット上に広がる情報のレイヤーを「面」として重ねるメディアとしてケータイを捉える必要性である[6)]．そして，今回の調査時点では未だ普及は初期段階にあったスマートフォン，すなわちネットとの親和性がより高いデバイスが今後さらに拡大していくことがほぼ確実な状況であることを考えるなら，この点はより強調されてよいかもしれない．

4　ケータイ・ネットの時間性・空間性

以上，本章では，2001 年，2011 年調査の経年比較によって，この 10 年のケータイ・ネット利用の変化を概観してきた．すでに何度か述べた通り，それはそのメディア特性をより十全に活かす形で使われるようになったという意味で，ケータイ・ネット利用の「正常進化」のプロセスだったと言える．見てきたように，ケータイ・ネットはこの 10 年で，常に手元にあるというその特徴にふさわしくかなり高頻度で使われるメディアになり，利用されるサービスも各種生活情報からソーシャル・メディアに至るまで相当に多様化する．また，外出中の利用も大きく拡大し，2001 年当時は潜在的なものに留まっていたモバイル・メディアとしてのメリットが本格的に享受されるようになるのである．

では，こうしたケータイ・ネット利用の深化は，現在あるいは今後さらに進んでいくであろう「モバイル社会の成熟」を考える上でどのような示唆を与えてくれるのだろうか．もちろん，すでに見たように，ケータイ・ネットの全体での利用率は2011年の段階でも48％に過ぎず，本章で見てきた変化は，いわば社会の半分で生じているものでしかない．ゆえに，そこにモバイル社会の現在・将来を過剰に読み込むのは明らかに不当だろう．だが，以下で見る通り，ケータイ・ネット利用のこの10年の変化は，たんなるメディア利用の深化というより，むしろ私たちの社会生活そのものの変化と密接に関わっていると見ることも可能であり，その変化のベクトルをそうしたより大きな文脈で検討しておくことには意味があるように思われる．

たとえば，近年，『社会を越える社会学』（Urry, 2000＝2006）などの著作において新たな社会理論を模索しているジョン・アーリの以下のような議論を補助線に引いてみよう．アーリはそこで社会生活のなかでの人々の時間的経験が，集団に共有された同期的な経験から，非同期的かつ個人的な経験へとシフトしていく傾向について論じているが，「瞬間的時間」をめぐるその議論はケータイ・ネットの利用についても相当程度あてはまるように思われる．少し長くなるが引用しておこう．

> 瞬間的時間は，個々人の時間-空間のたどり方が非同期化されることを意味してもいる．人びとの時間の多様性は著しい増大を続け，それは四六時中とはいかないまでも，より長い期間にわたって広がっている．大量消費のパタンが，より多様化，分断化したパタンにとって代わられたことにより，人びとの活動の集合的な組織化，構造化がさらに弱くなっている．時間-空間の非同期化を示す指標は数多くある．すなわち，間食い，つまり決まった食事の時間に同じ場所で家族や同僚と食べずに，ファストフードを消費することが及ぼす影響の拡大．（中略）フレックスタイム制の広がり．ビデオの普及，つまり，テレビ番組が録画，再生，消去できるようになり，家族全員で放送時間通りにある特定の番組を皆で見るという感覚がほとんど失われるなどである．（ibid., P.226-227）

アーリが例示する，間食い，フレックスタイム制，ビデオによるタイムシフト視聴といった事柄とケータイ・ネットのメディア経験を並置すれば，その示唆するところは明らかだろう．アーリによれば，「瞬間的時間」が台頭する社会では，集合的に組織化された従来の時空間的構造の拘束が弱まり，人々がバラバラに自らの必要や欲求を満たすための技術・制度・習慣が拡大する．間食い，フレックスタイム，ビデオはその典型であり，ケータイ・ネットも当然そこに連なる．多くの人々がその時々の情報ニーズをケータイ・ネットで即時的かつ個人的に満たしていくとき，私たちはそれぞれに個人化した非同期的な時間を生きることになるからだ．

重要なのは，アーリのこうした議論が移動という現象――ケータイも当然そこに深く関わる現象――への関心から生まれている点だ．ごく簡単に確認しておこう．アーリの移動論はまず，人・モノ・情報の移動がますます活発になる21世紀的な状況において，社会的なるものは一定の境界に枠付けられた領域としての社会のなかにではなく，それを越える移動のなかにこそ見出されるべきだと主張する．すなわち，「社会としての社会的なもの」から「移動としての社会的なもの」への視座転換である（ibid., P.2）．通信の高度化による情報の瞬時の流通，自動車移動のさらなる拡大，グローバル化のなかでの移民の増加，廃棄物の国境を越えた移動．これらの事象が象徴するように，人・モノ・情報の移動があらゆる場面で拡大する今日，私たちの社会はますます「移動としての社会的なもの」が溢れる社会になろうとしている．アーリの言う移動の社会学は，そこに目を向けようとするのである．

非同期的な経験はそうした社会においてこそ台頭する．人・モノ・情報の移動が激化する社会においては，必然的に「多くの人がひとつところで時間的に共有する経験」は成立しにくくなり，代わって「移動する個人がそれぞれの場所で瞬間的時間を生きる経験」が社会のあり方を特徴づけていくことになるからである．メディアの領域で言うなら，テレビとネットの対比が分かりやすい．たとえば，全国放送のテレビ番組を家庭で視聴するとき，それは「国民」あるいは「家族」というまさに一定の境界に枠付けられた社会集団のなかで共有される同期的経験として享受される．これに対して，ネットを見るときの私たちは，ハイパーリンクというバーチャルな移動のなかで，多様な情報を基本的には他の誰かと共有することなく非同期に経験する[7]．今日のメディア変容はつまり，領域的な社会から移動的な社会へ，同期的な経験から非同期的な経験への変化としても把握できるのである．

さて，以上のように補助線を引くなら，ケータイ・ネットはこうした変化をより鮮明に体現するメディアであり，本章で見てきたこの10年の利用の深化はそれを裏付けるものだったといえる．具体的に確認しておくなら，まず，ほぼ完全にパーソナルな情報行動であるケータイ・ネットの利用が高頻度化したということは，要するに，個人で完結する経験・活動が生活の流れのなかに挿入される頻度が増えたということに他ならず，そうである以上，アーリの言う「個々人の時間–空間のたどり方の非同期化」はそれによって加速したはずだ．また，この10年での外出中・移動中の利用の拡大は，文字通り「移動する個人がそれぞれの場所で瞬間的時間を生きる経験」が，利用者の生活の全域に広がりつつあることを示しており，その点からもケータイ・ネットがこの間，「移動としての社会的なもの」を推し進めてきたことを確認できる．

もちろん，前述したように，こうした変化は今のところ人口の半分において起こりつつあることに過ぎず，それが今後どこまで広がるかについては不明な部分も多い．だが，本章で見てきた経年比較のデータは，少なくとも現在の利用者における変化のベクトルがそうした方向にあることを示しており，ケータイ・ネットが私たちの生活の時空間的なあり方という，ある意味ではきわめて根底的な次元にまで作用する存在になりうることを示唆している[8)]．だとすれば，私たちはここで「モバイル社会の成熟」，より正確に言うならケータイ・ネットから見た「モバイル社会の成熟」について，ひとつのイメージを描くことができるだろう．つまりは，ケータイ・ネットがたんなる情報ツールとしてではなく，アーリの言う意味での移動的な社会を生きるための基本的な生活環境として定着し，それが今後ますます社会の移動性を高めていくという道筋である．

だが，ケータイ・ネットをこのように捉えることが妥当だとすれば，私たちはそこでまた新たな課題を手にすることになるだろう．ケータイ・ネットを生活環境として捉える以上，私たちは個々の具体的な機能についてだけでなくその総体としての力に注目する必要がある．ケータイ・ネットの利用実態を機能ごとに明らかにするだけでなく，「ケータイ・ネットのある生活」そのものへ目を向けねばならないのである．だが，すでにそうなりつつあるように，ケータイ・ネットはほとんど無限に多様な情報行動を促進してしまうメディアであり，その多様性を有意味に記述することは思いのほか難しい．「ケータイ・ネットのある生活」は容易に焦点を結ばないのである．そして実のところ，その難しさはむしろ他ならぬユーザー自身にとってより切実なものかもしれない．きわめて多様な目的に使われうるネットというメディアに常にアクセス可能な社会において，その利用をどのように有意味なものに組織化できるか．本章ではこの点について明確な方向を示すことはできないが，ケータイ・ネットはすでにそうした問いが現実的なものになる段階にまで到達している．

注

1）ケータイ・ネットが新奇な存在として当時どの程度注目を浴びたかについては，たとえば「i モード」が 1999 年の新語・流行語大賞の十傑に選ばれていたことなどが象徴的だろう．そうした社会的な雰囲気のなかで，i-mode を中心とするサービスを日本型の「IT 革命」の切り札とみなすような議論も多く現れた．当時のそうした社会的言説については，松田による整理が詳しい（松田，2002）．

2）2001 年調査でのサイト利用率を確認すると，圧倒的なトップは「着メロダウンロードサイト」の 68.5%，次いで 2 位が「待ち受け画面サイト」の 35.2% となっている．この他に 30% 以上の利用があるサイトはなく，「天気予報」（23.1%），「検索サイト」（20.6%），「ニュース」（19.1%），「ゲーム・占い」（18.9%），「交通機関情報」（16.1%），「音楽」（13.9%），「スポーツ」（13.2%）と続き，その他はすべて 10% 以下となっている（モバイル・コミュニケーション研究会，2002）．

3）ケータイを通じたニュース・コンテンツの受容については，筆者が若年層を対象とした小規模な質的調査によってその一端を記述しており（土橋，2013 予定），そこでは，実際にかなり高頻度にケータイ・ネットにアクセスしつつ，Twitter などのソーシャル・メディア経由でニュースに接触していくパターンなどが明らかになっている．また，そうした情報行動のなかでは各種コンテンツがテレビなどに比べて断片的な形で受容されることになるが，その帰結については「マイクロコンテンツ」という観点からの田端信太郎の論考が特に参考になる（田端，2012）．

4）もちろん，「外出中」に比べれば増加率は低いが，「自宅や職場で」も約 10 ポイント上昇しているので，この間「外出中」のみが伸びたわけではない．また，表 5 で紹介している具体的な利用場所に関する質問項目では「自宅」も選択肢に含まれているので，その結果について付言しておくと，ネットは 74.2%，通話は 78.5%，メールは 89.0% の人が「自宅」でよく使うと答えている．本章で詳しく触れる余裕はないが，ケータイの「自宅」での利用は総じて活発であり，この点については，メディア利用と家庭空間の関係という観点から，別途検討する価値があるように思われる．

5）モバイルな状況での利用とは直接関係しないが，この他にも「ケータイ電話でメールを打つのは，おっくうだ」と感じる人が2001年の21.1％から2011年の30.4％へ増え，さらには，「メールの方が，電話よりも相手に気兼ねせずに連絡できる」と感じる人は逆に，64.9％から51.8％へ減るなど，メールというツールへの意識の変化を確認できる．

6）同様の認識を，たとえば鈴木謙介は「いつでもどこでもネットに繋がる社会になるということは，ありとあらゆる空間がネットの影響を受ける場所になるということ」（鈴木，2012：18）と表現しているが，本章最終節の議論との関連においても，ケータイ・ネットがもたらすそうした空間性・時間性に関する検討は今後さらに重要になると思われる．

7）ただし，ここ数年のウェブ技術の動向はいわゆる「リアルタイム・ウェブ」の可能性を拡大しつつあり，各種の動画生中継サービス（USTREAM，ニコニコ生放送など）や，完全にリアルタイムとは言えないまでも，かなり同期性の高いサービスとなっているTwitterなどはまた別枠で考える必要がある．これらのサービスも含めたウェブサービスのアーキテクチャと時間の関係については，濱野（2008）などを参照．

8）実際，パディ・スキャネルやロジャー・シルバーストーンの一連のテレビ研究に代表されるように（Scannel 1996，Silverstone 1994＝2000），日常生活における時間の編成に対してメディアが果たす根本的な役割については，メディア研究のなかでも常に重要な一領域を成しており，今後そうした研究の文脈のなかでケータイを捉えていくことも興味深い課題となりうる．

参考文献

土橋臣吾（2003）「ケータイインターネット利用の日常性」『情報メディアセンタージャーナル』4，2-10.

土橋臣吾（2013予定）「断片化するニュース経験――ウェブ／モバイル的なニュースの存在様式とその受容」伊藤守・岡井崇之編『ニュース空間の社会学――不安と危機をめぐる現代メディア論』世界思想社.

濱野智史（2008）『アーキテクチャの生態系――情報環境はどのように設計されてきたか』NTT出版.

松田美佐（2002）「モバイル社会のゆくえ」岡田朋之・松田美佐編『ケータイ学入門』有斐閣，205-227.

モバイル・コミュニケーション研究会編（2002）『携帯電話利用の深化とその影響』（科学研究費：携帯電話利用の深化とその社会的影響に関する国際比較研究，初年度報告書（日本における携帯電話利用に関する全国調査結果）.

Scannel, P. (1996). *Radio, Television and Modern Life*. Wiley-Blackwell.

Silverstone, R. (1994). Television, Ontology and the Transitional Object. In *Television and Everyday Life*. Routledge.（土橋臣吾・伊藤守訳（2000）「テレビジョン，存在論，移行対象」吉見俊哉編『メディア・スタディーズ』せりか書房）

総務省（2011）「ICT によって国民生活はどう変わったか」『平成 23 年度版　情報通信白書』(http://www.soumu.go.jp/johotsusintokei/whitepaper/ja/h23/pdf/n1020000.pdf)

鈴木謙介（2012）「インターネットが空間を情報資源化する技術になる——リアルと融合するバーチャル」『アド・スタディーズ』40, 16-21.

田端信太郎（2012）『メディア・メーカーズ——社会が動く「影響力」の正体』宣伝会議.

Urry, J. (2000). *Sociology Beyond Society—Mobilities for Twenty-First Century*. Routledge.（吉原直樹監訳（2006）『社会を越える社会学——移動・環境・シチズンシップ』法政大学出版局）

2 モバイルは他のメディアとどう違うのか

石井健一

モバイル・メディアとは，技術的には無線を使い持ち運びのできる通信機器といえる．しかし，モバイルが利用者にとって持つ意味は必ずしも明らかとはいえない．たとえば，2011年のモバイル・コミュニケーション研究会の調査では，「あなたが携帯電話をかける場所としてどこが多いですか」という問いに利用者の70%が「自宅」であると答えている[1)]．これに対して，「路上・街頭」でケータイをかけるとした回答は27%しかなかった．この数字は，モバイルであっても本当の意味でのモバイル利用は，実はあまり多くないことを示している．モバイル機器の利用に関する研究は多いが，利用者にとっての「モバイル」の特性は必ずしも明らかにされているとはいえない．本章は，モバイルの利用行動のパターンが固定電話など従来のメディアとどのように異なっているのか，また利用者がどのようにモバイルと他のメディアを使い分けしているのかを明らかにすることを目的とする．

ケータイなどのメディアがどのように使い分けされているかについては，すでに先行研究がある．木村（2012：154）は，大学生を対象とした調査結果から「音声通話」「携帯メール」「SNS」「ウェブ日記・ブログ」は，それぞれ，「家族・恋人」「親友・友人」「友人」「知人」と対応しており，この中で携帯メールが最も広い範囲をカバーするものであるとした．また，小寺（2011）も，大学生調査に基づいて「対面」「電話」「メール」を比較し，対人関係の親密度が高まるほど使うメディアの数が増えるという一般的傾向があるとともに，親密度の高い対人関係や深い自己開示が必要なトピックでは電話よりもメールが好まれるとした．

しかし，これらの研究は10〜20代の大学生を対象とした調査結果によるものであることには注意が必要である．図1は，若者の間ではケータイで通話で

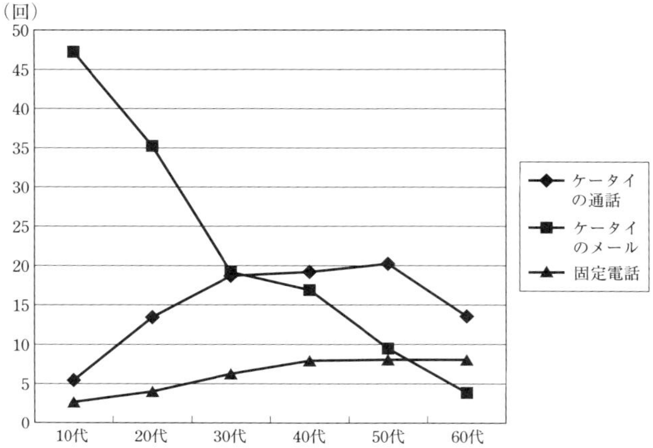

図1　年齢別に見た週当たりの利用頻度（回数）

はなくメールを多く使う傾向があるが，40代以降では通話の方がメールよりも多くなることを示している．このように世代によってケータイの使い方には大きな違いがある．そこで，本章ではモバイル・コミュニケーション研究会の全国調査のデータを用いて，中高年層も含めた幅広い利用者におけるメディアの使い分けを分析することにしたい．

電話の基本的な機能が人と人のつながりを媒介することであるという観点から，本章ではケータイの人間関係における役割に焦点をあてる．ケータイに関する多くの研究が指摘しているのも，ケータイ利用が友人関係を維持・促進する効果である．2001年のモバイル・コミュニケーション研究会の調査結果でも，ケータイの通話とメールを使う人，ケータイの通話のみを使う人，ケータイを使わない人の順に「友だちの数」が多い傾向が報告されている（モバイル・コミュニケーション研究会，2002：76-78）．その中でもケータイメールは，パソコンのメールと比べると，頻繁に会う親しい友人相手に使われやすい傾向がある（Ishii, 2004：52-53; Ishii, 2006）．ケータイが若者の間で友人関係を維持するメディアであることは，世界の多くの地域で共通に見られる現象でもある（Katz & Aakhus, 2002）．図2は，2011年のモバイル・コミュニケーション研究会の全国調査のデータから，「友だちの数」[2] によって，ケータイの利用頻度がどのように異なるのかを見たものである．この図から，「友だちの数」が多い

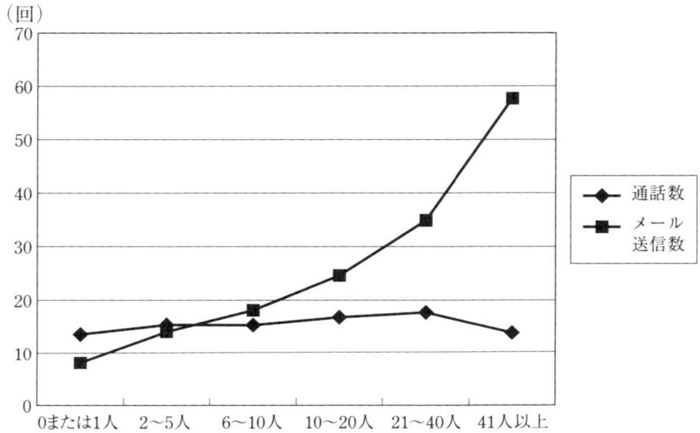

図 2　「友だちの数」別に見たケータイの利用頻度（週当たり回数）

人ほどケータイ・メールを頻繁に使う，ほぼ直線的な関係があるように見える．一方，ケータイの通話頻度は「友だちの数」とは関係が見られない．なぜ，メールの頻度のみが友だちの数と関係があるのだろうか．この点については本章第 4 節で論じる．

本章は以下のような構成になっている．(1) まず，この 10 年間でケータイの位置づけが，親しい人との連絡手段としてどのように変化したのかを考察する．2001 年と 2011 年に実施されたモバイル・コミュニケーション研究会の全国調査データを用いて，固定電話やケータイが親しい人との連絡手段において，どのように変化したのかを見る．(2) 次に若者の間でケータイ・メールの利用が多い理由について分析する．(3) また，2011 年の調査データを用いて，親しい人に連絡する手段としてケータイが使われる要因を分析する．ここでは，ケータイと固定電話など，メディア間の代替・補完関係についても論じる．(4) さらに，友人関係の維持という点に関連して，中高年と若者の間には，ケータイの使い方に大きなギャップがあることを調査データで示す．最後に，これらの分析結果からモバイルの持つ社会的意味について論じる．

1　親しい人への連絡に使うメディアの経時的変化

モバイル・コミュニケーション研究会の全国調査の結果によると，親しい人

表1　親しい相手のタイプごとの連絡に使うメディア（%）

			固定電話	ケータイ通話	ケータイ・メール	PCメール	チャット	FAX	手紙
全体	（N=5634）	2001年	65.0	43.1	22.7	8.0	.3	3.2	6.3
	（N=4536）	2011年	19.5	50.9	46.1	4.0	1.1	.5	2.9
家族（同居以外）		2001年	82.8	38.6	14.7	7.3	.2	.2	8.3
		2011年	42.7	70.3	56.8	3.0	.8	.8	.5
親せき		2001年	90.3	22.2	4.4	2.9	.2	.2	2.8
		2011年	53.3	61.4	28.6	1.0	.5	.5	3.3
恋人		2001年	33.6	88.2	63.9	10.9	1.7	1.7	.8
		2011年	2.4	89.2	88.0	7.2	7.2	7.2	0
友人		2001年	58.6	42.0	26.6	9.1	.3	.3	2.5
		2011年	20.9	62.0	60.8	5.7	1.4	1.4	.4
その他		2001年	61.6	43.6	11.6	5.2	0	0	2.9
		2011年	12.2	62.8	31.1	3.9	0	0	0

への連絡に使われるメディアは，ここ10年で大きく変化している．表1は，親しい人（同居家族を除く3人）[3] について，どういうメディアで連絡しているのかをまとめたものである．

この表からまずわかることは，固定電話の利用の大幅な減少（65.0%→19.5%）とケータイの増加（通話43.1%→50.9%，メール22.7%→46.1%）である．つまり，2001年には，親しい人との連絡の65%で固定電話が使われていたのが，2011年にはこの比率は3分の1以下の19.5%まで下がった．一方，大きく伸びたのがケータイのメールであり，2001年の22.7%から2011年の46.1%へと倍増した．一方，ケータイの通話は7%のわずかな伸びにとどまっている．また，PCメールが使われる比率は8%から4%へと半減している．さらに，以下では分析対象としないが郵便やFAXも大幅に減少している．

次に親しい人との連絡手段に使われるメディアの選択は，どういう要因によるのかを見てみよう．以下では，多変量解析のモデル（ロジスティック回帰分析）を用いて4つのメディア（固定電話，ケータイの通話，ケータイ・メール，PCメール）の選択に働く要因を分析する．

このモデルでは，本人の属性要因（性別，年齢，中高校生，フルタイムかどうか），相手の属性（自分と同性か，年齢），相手との相互作用（面会の頻度，相手までの距離），相手のタイプ（同居以外の家族，親せき，恋人，友人，その他）を説明変数と

表２　親しい人との連絡におけるメディアの選択要因（ロジスティック回帰分析）

(1)　固定電話

		2001 年		2011 年	
		係数	Wald	係数	Wald
本人属性	性別	.481	29.9***	.492	19.6***
	年齢	.046	88.7***	.03	30.6***
	中高校生	1.187	53.0***	2.163	68.7***
	フルタイム	－.781	63.3***	－.786	44.8***
相手	同性	.555	18.6***	.411	5.9*
	年齢	.043	85.8***	.041	78.6***
相互作用	面会頻度	.001	.0	－.01	.2
	距離	－.012	.6	－.026	2.5
相手との関係			88.5***		95.9***
	家族	.598	21.3***	1.112	33.3***
	親戚	.7	20.9***	.949	20.1***
	恋人	－.193	.9	-1.334	4.9*
	友人	－.504	28.8***	－.018	.0
	その他	－.601	10.7**	－.709	7.4**
定数項		-3.342	167.0***	-5.608	205.5***

* $p<.05$,　** $p<.01$,　*** $p<.001$.

して用いる[4)]．表２にその分析結果を示している．ここでは，各メディアの選択にどのような要因が寄与しているのかを見ていく．

(1)　固定電話

固定電話の利用者の特徴は，女性，高齢者および中高校生が多いこと，フルタイムで働いている人は親しい人への連絡に固定電話を使わないということである．また，同性の相手への連絡に使う傾向があり，相手は高齢者であることが多い．家族や親せきの間で使われることが多い．これらの傾向は，2001 年と 2011 年の間で変化がない．唯一，10 年間で変化が認められたのが，友人に対する利用であった．2001 年の時点では，友人に対しては固定電話を使わない傾向があった．これに対して 2011 年では友人相手に固定電話を回避する傾向は見られなくなった．

(2) ケータイの通話

		2001年		2011年	
		係数	Wald	係数	Wald
本人属性	性別	－.652	58.7***	－.151	2.9
	年齢	－.043	116.4***	.001	.0
	中高校生	−2.223	173.2***	−1.435	59.1***
	フルタイム	.576	41.3***	.54	32.9***
相手	同性	－.273	5.7*	.021	.0
	年齢	－.036	97.9***	－.008	3.9*
相互作用	面会頻度	－.009	.3	－.012	.4
	距離	－.044	5.8*	－.018	3.0
相手との関係			28.7***		28.2***
	家族	－.328	7.8**	.064	.2
	親戚	－.551	18.8***	－.397	6.2*
	恋人	1.266	21.6***	1.310	16.0***
	友人	－.190	3.9	－.400	14.1***
	その他	－.198	1.2	－.576	12.4***
定数項		4.3	265.3***	1.42	29.2***

* p<.05, ** p<.01, *** p<.001.

（2）ケータイの通話

ケータイの通話は，2001年の時点では，フルタイムの人，男性，若者の間で多く使われる傾向があった．しかし，2011年には，年齢や性別の差は見られなくなった．また，2001年には家族（同居者以外）の間でケータイの通話を使わない傾向があったが，こういう傾向は2011年には見られなくなった．2001年にはケータイの通話は，距離的に近い人（近くに住んでいる人）によく使われる傾向があったが，2011年にはそのような関係は見られなくなった．中高校生もケータイの通話をあまり使わない傾向があるが，これは親の規制や料金の制限によりケータイを自由に使えない人がいるためと見られる[5)]．また，興味深いことに，2011年には，友人との連絡に（他のタイプと比べて），ケータイの通話を回避する傾向が見られる．つまり，家族や友人と比べると友人にはケータイで話をすることはあまり好まれないといえる．一方，恋人とは2001年と2011年ともにケータイ（通話・メール）が多く使われる傾向が見られる．なお，相手との親しさとメディア選択の関係については，本章の第3節でも分析を行う．

(3) ケータイのメール

		2001年		2011年	
		係数	Wald	係数	Wald
本人属性	性別	.849	72.3***	1.277	159.5 ***
	年齢	- .06	96.0***	- .035	52.8 ***
	中高校生	-1.376	63.5***	-1.93	82.9 ***
	フルタイム	.216	4.0*	.114	1.1
相手	同性	- .413	7.7**	- .295	4.0 *
	年齢	- .057	95.0***	- .044	97.9 ***
相互作用	面会頻度	.004	.0	- .119	29.5 ***
	距離	- .005	.1	.019	2.3
相手との関係			24.3***	0	50.5 ***
	家族	- .046	.1	.032	.1
	親戚	- .687	10.1**	- .519	8.7 **
	恋人	.689	10.2**	.988	9.6 **
	友人	.301	6.4*	.296	7.2 **
	その他	- .257	.8	- .797	19.4 ***
定数項		1.776	39.0***	2.308	62.2 ***

* $p<.05$, ** $p<.01$, *** $p<.001$.

(3) ケータイ・メール

ケータイ・メールは，利用者と相手がともに若い点に特徴がある．また，ケータイの通話とは異なり，女性が多く使う傾向がある．また，メールを送る相手は，親せきが少なく，友人や恋人が多い．他のメディアと比べると，異性の相手との連絡に使われることが相対的に多い．

(4) PCメール

PCメールは，2001年と2011年の間で利用者の特徴が大きく変化している．2001年のPCメール利用者は，若者でフルタイムで働く人が多かった（相手も若い人が多い）．しかし，2011年にはこうした特徴はなくなり，男性が多いという傾向だけが見られる．また，2001年には日常的にあまり会わない人で遠くに住んでいる人に使う傾向があったが，2011年にはこうした傾向も見られなくなっている．

まとめると，2001年から2011年にかけて，親しい人への連絡手段について，以下のような2つの変化があったといえる．

(4) PCメール

		2001年		2011年	
		係数	Wald	係数	Wald
本人属性	性別	.073	.3	－.772	15.2***
	年齢	－.027	13.5***	.015	1.6
	中高校生	-1.05	12.0**	.433	1.3
	フルタイム	.271	3.9*	.137	.4
相手	同性	.201	1.0	.304	.9
	年齢	－.021	9.9**	－.02	3.1
相互作用	面会頻度	－.171	23.1***	－.041	.9
	距離	.047	9.2**	.03	3.5
相手との関係			11.3*		8.9
	家族	.355	2.6	－.292	.7
	親戚	－.375	1.8	-1.142	3.7
	恋人	.637	3.9*	1.017	5.1*
	友人	.401	4.5*	.32	1.9
	その他	-1.018	3.1	.097	.1
定数項		-1.098	7.8**	-2.312	16.5***

* $p<.05$, ** $p<.01$, *** $p<.001$.

第1は，固定電話およびPCメールの利用頻度の減少とケータイの増加である．ここ10年間で「固定」から「モバイル」へという変化があるといえよう．

第2は，親しい人に使うメディアの使い分けのパターンが，変化しているということである．全体的に言うと，2011年においては2001年の時ほど相手によるメディアの使い分けが明確でなくなっている．たとえば，2001年には，ケータイの通話は近くに住んでいる人，若者，相手は家族以外という傾向が見られたが，こうした傾向は2011年には見られなくなった．同様に，2001年には，PCメールは遠くに住んでいる人，あまり会わない人という特徴があったが，こうした特徴も2011年には消失した．ケータイは2001年の時点では友だちの間で使われることが多かったが，2011年の時点では家族とのコミュニケーション手段としても一般的になっている．つまり，メディアの使い分けの消失という傾向は，中高年層へとケータイが浸透してその利用が一般化したことによって生じたためであると考えられる．

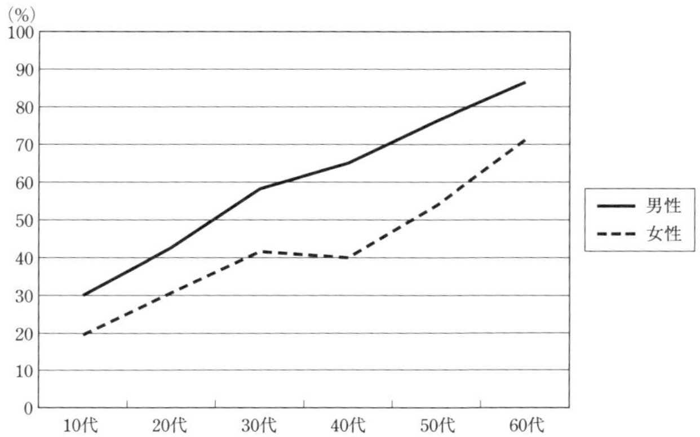

図3　ケータイ利用における通話の占める比率[7)]

2　なぜ若者はメールを多く使うのか

日本人の若者のケータイ利用の特徴の1つが，通話が少なくメールの利用が多いということである．図3はケータイの通話とメールの比率を年層別・性別に求めたものである．年齢が高くなるほど，また男性の方が通話を使う比率が高い（メールを使う比率が低い）傾向が見られる．さらに，こうした傾向は，他の国と比べた時に日本で特に顕著に見られることが，モバイル・コミュニケーション研究会が実施した台湾と日本の国際比較研究で明らかになっている．日本人の若者は台湾の若者に比べると，ケータイでの通話は少なくメールは多い[6)]（Ishii & Wu, 2006）．また，韓国と比較した場合でも同様の傾向がある（吉井，2006）．

なぜ若者は通話ではなくメールを多く使うのであろうか．松下（2012 : 63）は，若者の間でケータイのメールが多く使われる理由として，(1) 公共の場でケータイの通話をすべきでないというマナー意識と，(2) 通話料金が高いことを指摘している．

しかし，モバイル・コミュニケーション研究会の2011年の調査によると，若者の間でのメールの利用の多さを，これらの要因で説明することはできない．表3はケータイ利用における通話の比率（通話数＋メール数における通話の占める

表３　携帯電話利用における通話・メール比率を目的変数とする回帰分析結果

	標準化回帰係数	t 値
利用料金	.028	1.001
世帯収入	− .038	−1.368
フルタイム	.059	1.946
年齢	.405	14.643***
性別	− .179	−5.909***
マナー意識	− .018	− .671
通話回避意識	− .231	−8.271***

R^2=0.293, N=978.

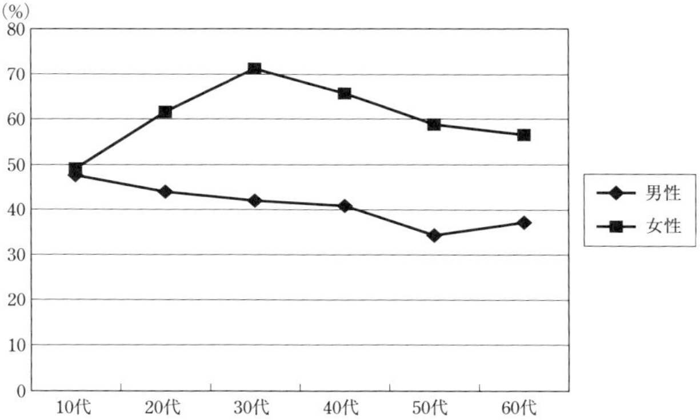

図４　「メールの方が電話よりも気兼ねしない」賛成率

比率）を目的変数として回帰分析を行った結果である．この分析では，毎月のケータイの利用料金，本人の属性として世帯収入，フルタイムの職業かどうか（ダミー変数），性別，年齢に加え，「ケータイの普及によって，公共のマナーが悪くなった」に同意する程度[8]と「メールの方が電話よりも気兼ねしない」[9]を説明変数に加えている．もし，上記の説明が正しいとすると，公共のマナー意識が有意な効果を持つはずである．また，利用料金が高い人ほど，世帯収入が低い人ほど料金を節約するためにメールを多く使う傾向があるはずである．しかし，分析結果はこれらの予想がすべて支持されないことを示している．まず，公共のマナー意識がメールを使う頻度に影響を与えているという傾向は見られない．次に，利用料金と通話比率は統計的に無関係であり，利用料金が高いからといって通話をやめてメールに代えるという傾向はない．しかも回帰係数は統計的には有意ではないがプラスであり，利用料金が高いほど通話をよく使うという予想とは反対の傾向である．また，世帯収入の回帰係数は負であり，これも統計的に有意ではないが収入が高い人ほど通話の比率が有意に低い（メールの比率が高い）ことを示していて，やはり予想とは反対の結果である[10]．つまり，予想とは逆に，収入が高く経済的に余裕がある人ほど，また利用料金が少ない人ほど，通話ではなくメールを多く使う傾向が見られるのである．

一方，回帰分析の推定結果は，通話回避の意識（「メールの方が電話より相手に気兼ねせずに連絡できる」）が強く影響していること，年齢が低いほど，また男性より女性の方が有意に通話が少ないことを示している[11]．つまり，若者のメール比率が高いのは利用料金やマナー意識など他の要因で説明できるものではなく，通話を避けたいという意識と年齢・性別といった利用者の属性それ自体によるものなのである．

多くの変数をコントロールしても年齢が有意な効果として検出されるという分析結果は，若者の間では相互の連絡にはメールを使う「事実上の標準」（de facto standard）の存在を示唆しているといえる．循環論法的になってしまうが，若者の間で友人間の連絡は通話ではなくケータイ・メールを使うべきと考える人が多いので，若者同士ではケータイ・メールの利用が多くなり，ケータイ・メールが「事実上の標準」となっているのであろう．一方，中高年の間にはこうした「事実上の標準」が存在しないので，通話比率が高いのだと考えられる．なお，世代によるケータイの利用パターンの違いについては，次節でもさらに分析を行うことになる．

3 連絡に使うメディアの選択要因

次に，メディアの選択要因を異なるメディア間の関係を考慮しつつ分析することにしたい．メディアの間には代替関係（たとえば，携帯電話を使うことで固定電話を使わなくなる）や補完関係（たとえば，携帯電話の通話を使う人はメールもよく使う）が存在することが予想されるが，こうした関係が存在するかどうかをデータで検証する．また，小寺（2011）の研究結果のように相手との関係の度合いの深さ（相手への自己開示度）によっても選択されるメディアは異なることが予想され，また利用者の年齢も影響を与えていると予想されるので，これらの要因も以下の分析で考慮する．

以下では第1節と同様に2011年の「あなたの親しい3人」との連絡手段をたずねた質問に対する回答を分析する．ここでは，以下のような6つの2値変数（0-1の2つの値だけを持つ変数）を定義する．まず，親しい3人（同居家族を除く）との連絡にこれらの4つのメディアが用いられているかどうかを，利用している場合0，利用していない場合1とする．さらに，本人の年齢で40歳以上を0，未満を1とし，また相手が「悩み事を相談する相手」である場合を0，そうでない場合は1とする．なお，「親しい3人」を累積した4356人において「悩みごとを相談する相手」は34.1%を占めている．

このように6つの変数をすべて2値で定義すると，全部で64通りのパターンが存在することになる（2×2×2×2×2×2＝64）．このうち，各変数が独立に影響していると想定される場合よりも，どういう組み合わせが統計的に多いのかを見るためログリニア分析[12)]を用いた．表4にログリニア分析の結果が示されている．推定された係数がプラスであるとは組み合わせの頻度が各要因が独立に働いている場合よりも多いことを意味し，マイナスは少ないことを意味する．

分析結果では4次以上の効果（4つ以上の変数の組み合わせ）[13)]には有意なものはなかったので，表ではこれらの結果を省略している．3次以下の効果においては，以下の12個の組み合わせが統計的に有意である（表4にも同じ番号を記載）．結果の見方が複雑なので項目ごとに分けて説明する（単独の変数の効果にも有意なものが多くあるが，これは単独の比率が50%と見なせるかどうかの検定に相当し分析上は意味がないので省略する）．

(1) **開示度×固定電話× PC メール**　係数がマイナスであるので，開示度が高い相手（悩み事を相談する相手）に対しては，固定電話と PC メールという組み合わせが少ないことを意味する．

(2) **開示度×ケータイ・メール× PC メール**　係数がマイナスであるので，開示度が高い相手に対しては，ケータイ・メールと PC メールという組み合わせが少ないことを意味する．

表4　ログリニア分析の結果

	係数	Z 値
開示度×固定電話×ケータイ通話	-.046	-.721
開示度×固定電話×ケータイ・メール	-.036	-.568
開示度×ケータイ通話×ケータイ・メール	-.042	-.662
固定電話×ケータイ通話×ケータイ・メール	.103	1.624
(1) 開示度×固定電話× PC メール	-.146	-2.297*
開示度×ケータイ通話× PC メール	-.02	-.321
固定電話×ケータイ通話× PC メール	.022	.351
(2) 開示度×ケータイ・メール× PC メール	-.111	-1.754*
(3) 固定電話×ケータイ・メール× PC メール	.143	2.257*
(4) ケータイ通話×ケータイ・メール× PC メール	.129	2.036*
開示度×固定電話×年齢	.058	.908
開示度×ケータイ通話×年齢	-.014	-.225
固定電話×ケータイ通話×年齢	.013	.201
開示度×ケータイ・メール×年齢	.065	1.018
固定電話×ケータイ・メール×年齢	.089	1.403
(5) ケータイ通話×ケータイ・メール×年齢	-.183	-2.882**
開示度× PC メール×年齢	.000	-.007
固定電話× PC メール×年齢	-.076	-1.194
ケータイ通話× PC メール×年齢	.059	.922
ケータイ・メール× PC メール×年齢	.112	1.768
開示度×固定電話	.112	1.757
(6) 開示度×ケータイ通話	.175	2.761**
固定電話×ケータイ通話	.009	.143
(7) 開示度×ケータイ・メール	.234	3.690***
(8) 固定電話×ケータイ・メール	-.144	-2.267*
(9) ケータイ通話×ケータイ・メール	.443	6.975***
開示度× PC メール	.109	1.725
固定電話× PC メール	.039	.619
ケータイ通話× PC メール	-.035	-.559
ケータイ・メール× PC メール	.032	.503
(10) 開示度×年齢	-.153	-2.409*
(11) 固定電話×年齢	.219	3.457***
(12) ケータイ通話×年齢	.145	2.281*
ケータイ・メール×年齢	-.047	-.737
PC メール×年齢	-.019	-.301
開示度	-.150	-2.368*
固定電話	-.693	-10.921***
ケータイ通話	.134	2.105*
ケータイ・メール	-.008	-.123
PC メール	-1.472	-23.192***
年齢	.343	5.413***

$^{*}p<.05$,　$^{**}p<.01$,　$^{***}p<.001$.

(3) **固定電話×ケータイ・メール×PCメール**　固定電話を使う相手にはケータイ・メールとPCメールの両方を組み合わせて使うことが多いことを意味する.

(4) **ケータイ・通話×ケータイ・メール×PCメール**　この3つの組み合わせが多いことを意味する.

(5) **ケータイ・通話×ケータイ・メール×年齢**　年齢が低い人ではケータイの通話とメールを組み合わせることが多い，逆に言うと年齢が高い人の間では，ケータイの通話とメールの組み合わせが少ないことを意味する.

(6) **開示度×ケータイ・通話**　開示度が高い相手にはケータイの通話を多く使うことを意味する.

(7) **開示度×ケータイ・メール**　開示度が高い相手には，ケータイ・メールを多く使うことを意味する.

(8) **固定電話×ケータイ・メール**　固定電話とケータイ・メールの組み合わせが少ないことを意味する.

(9) **ケータイ通話×ケータイ・メール**　ケータイの通話とメールの組み合わせが多いことを意味する.

(10) **開示度×年齢**　年齢が低い人の方が開示度が高い（悩みを打ち明ける相手が多い）ことを意味する.

(11) **固定×年齢**　年齢が高い人の方が固定電話を多く使うことを意味する.

(12) **ケータイ通話×年齢**　年齢が高い人の方がケータイの通話を多く使うことを意味する.

結果の解釈が難しいものもあるが，次のような点が注目される.

第1は，自己開示度が高い相手とは通話・メールのいずれにせよケータイを使うことが多いという傾向があることである．つまり，親密度の高い相手にほどケータイを使う傾向があるといえる．なお，自己開示度とメディア利用の2次の効果を見ると，推定された係数は，

ケータイ・メール（.234）＞ケータイの通話（.175）＞固定電話（.112）＞PCメール（.039）

という順になっていて，この順番で自己開示度の高い人に使われやすい傾向が

あるといえる．いずれの係数も正であることから，自己開示度が高い相手ほど，多くのメディアを使う傾向もあるといえる．これらの結果は，自己開示度が高いトピックほどケータイの通話よりもメールが好まれるとした小寺（2011）と同様の傾向を示すものである．

第2に，年齢との関係でいうと，40歳以上の人は固定電話にしろケータイにしろ通話をより多く使うということである．一方，統計的に有意な傾向ではないが，ケータイ・メールとPCメールについては，どちらも40歳未満の人が多く使う傾向がある．

第3に，上記（5）の結果からわかることであるが，ケータイのメールと通話について40歳以上と未満では使い方が異なることである．40歳未満では，両者を同じ相手に併用して使う傾向があり，相手によってメールと通話を区別して使う傾向は弱いといえる．これに対して40歳以上では，相手によってメールと通話を使い分けている．つまり，ケータイの通話とメールは40歳以上では代替的に使われているのに対して，40歳未満では補完的に使われているという違いがある．

4　友人関係とケータイ利用

ログリニア分析の結果は，自己開示度が高い相手になるほどケータイ（メール・通話）を多く使う傾向があることを示していた．ここでは，友人関係とケータイ利用について見るため，「友だちの数」を用いることにする．モバイル・コミュニケーション研究会の調査における「日ごろ親しく付き合っている友人の数」を以下では「友だちの数」[14)] とする．なお，若者の友人関係とケータイ利用については本書第6章も参考にされたい．

「友だちの数」と各メディアの利用頻度との相関係数を計算すると表5のようになる．たしかに，ケータイ・メールの送信数と「友だちの数」の間に正の有意な相関が見られる．一方，ケータイ・メール以外のメディアと「友だちの数」の間には有意な相関関係は見られない．ここから，ケータイ・メールが友人関係を維持しているという結論が導けそうである．

しかし，回答者全体の相関を見ることは，実は世代による違いを見落とすこ

表5　「友だちの数」と各種メディアの利用頻度の相関係数

	ケータイ・メールの送信数	ケータイでの通話の頻度	ケータイでのインターネット時間	パソコンでのメール送信数	固定電話の利用頻度
全体（N=1382）	.162***	.013	.010	－.012	.034
年層別の結果					
40歳未満（N=543）	.149***	－.032	.018	－.018	－.026
40歳以上（N=839）	.031	.103**	－.035	.030	.149***

※各メディアを利用していない人は，その頻度を0とおいている．

とになる．表5の下段（年層別の結果）のように40歳で分けて分析すると，「ケータイ・メール送信数」と「友だちの数」の関係は，実は40歳未満にしか見られないことがわかる．つまり，若者の方が友だちの平均人数が多いため，全体の分析結果では若者の傾向が強く表れているのである．より詳しく言うと，40歳未満においては「友だちの数」の平均は12.7人なのに対して，40歳以上では7.3人と1.5倍以上の差がある．40歳未満ではケータイ・メールの送信数が多い人ほど，友だちの数も多いという関係が成り立っている．しかし，この関係は，実は40歳以上では成り立っていない．40歳以上では，友だちの数と有意な相関が見られるのは，ケータイ・メールではなくケータイでの通話と固定電話の通話の頻度である．これらの結果は，友人関係の維持に使われるメディアは40歳を境にして異なっていることを示している．

つまり，モバイルの友人関係の中での位置づけは，世代によって大きく異なっているのである．若者の間では，ケータイ・メールを活用することによって友人関係の維持が図られている．一方，中高年層の間ではケータイ利用の中心はメールではなく通話であり，固定電話もほぼ同じウェイトで友人関係の維持に関係している．つまり，中高年層においては，モバイルか固定かという区別よりも通話をすることが対人関係の維持にとってより重要なのであろう．

次に，ケータイの友人関係の維持という機能についてもう少し分析を進めてみたい．ケータイの特徴は，どこでも連絡できるという点にある．ケータイの多くが自宅で使われていることは事実であるが，移動中に相手と連絡できることが連絡の可能性を増すことは疑いない．こうした特徴は，友だちとの連絡の頻度を密にすることに貢献していると考えられる．このことを検証するため，

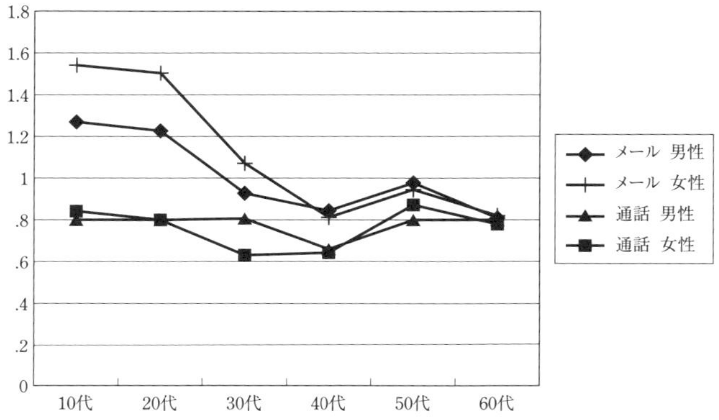

図5　性×年齢別のケータイの外出先利用得点（平均値）

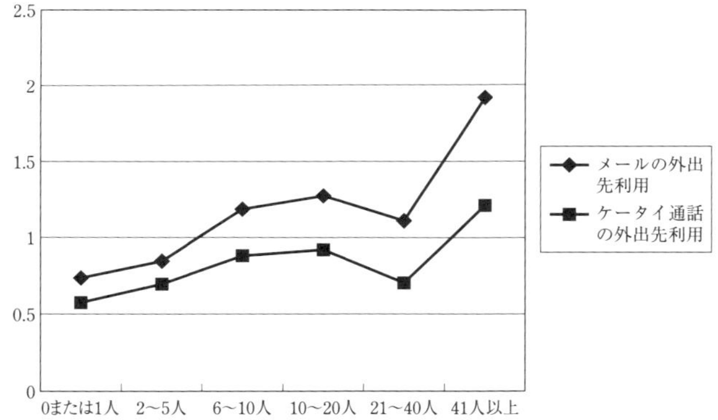

図6　ケータイの外出先利用得点と「友だちの数」

「あなたが携帯電話でメール（通話）する場所としてはどこが多いですか」という質問に対して，「駅・バス停」，「路上・街頭」，「電車・バスの中」，「自動車の中」，「飲食店・レストラン」から選んだ回答数を計算し，これを「外出先利用得点」（通話・メール）と定義する[15]．図5から，若い層ほど外出先で積極的にケータイ・メールを使うという傾向がわかる．一方，通話については年齢による違いはあまり見られない．なお，図2ではメールと通話に分けているが，以下の分析では両者を合計した得点を「外出先利用得点」とする．

興味深いことに，「友だちの数」はケータイの「外出先利用得点」と正の相関関係があり（図6），両者の間には.210という相関係数が得られた．注目さ

表6 「友だちの数」を目的変数とする回帰分析

説明変数	40歳未満（N=487）		40歳以上（N=631）	
	標準化回帰係数	t値	標準化回帰係数	t値
ケータイの通話頻度	.033	.681	.019	.457
ケータイ・メール頻度	.079	1.703	.005	.126
パソコンメール頻度	－.020	－.441	.001	.014
固定電話の通話頻度	－.034	－.728	.118	2.932**
ケータイの外出先利用得点	.201	4.446***	.167	4.214***
性別	－.023	－.511	－.019	－.454
年齢	－.151	-3.134**	.047	1.174
R^2	.089		.048	

れるのは，この相関係数の値は，ケータイ・メールの送信数と友だちの数の相関係数（.162）よりも高いことである．この結果は，単なるケータイの利用頻度より外出先で使うかどうかという利用形態の方が，友だちの数と関係が深いことを示唆するものといえる．

ケータイの外出先利用と友だちの数の関係が擬似相関ではないことを確認するため，「友だちの数」を目的変数とする回帰分析を行った．その結果が表6である．なお，この回帰分析では40歳未満と40歳以上に分け，ケータイの通話数，ケータイ・メールの頻度，パソコン・メールの頻度，固定電話の通話数，外出先でのケータイ利用度，性別，年齢を説明変数に用いた．表6を見ると，40歳未満と40歳以上のどちらの層においても，ケータイの外出先利用が友だちの数と最も強く関係すること，外出先利用を説明変数に用いるとメールの利用頻度や通話頻度は友だちの数とは有意に関係していないことが確認できる[16)]．つまり，この結果は，ケータイ・メールやケータイの通話の頻度ではなく，外出先で友だちとケータイで連絡をとるという利用形態が，友人関係の維持・形成に貢献していることを示しているのである．

5　モバイルの社会的意味

本章の結びとして，分析結果から明らかになったことをまとめ，日本人にとってのモバイルの意味について考えてみたい．

まず，ケータイが友人関係を促進するという一般的な傾向が確認できた．また，自己開示度が高い相手に対しては，ケータイ（メール・通話）が多く使われていた．ただし，ケータイの利用頻度量ではなく，ケータイを外出先で使うかどうかという利用形態の方が，友だちの数とより強く関係していることも見出された．このことは，ケータイの利用頻度が対人関係を促進するというよりは，友だちと途切れなく連絡する利用の仕方が友人関係の維持に貢献していることを示唆している．こうした傾向は，40歳未満・以上のいずれの年齢層においても共通に確認された．

しかし，一方では，ケータイの持つ意味が世代によって異なることも見出された．40歳未満では，ケータイのメールの頻度が友だちの数と関係があるのに対して，40歳以上では固定電話の利用頻度が友だちの数と関係があり，ケータイのメールではなく通話の頻度が友だちの数と相関関係にあった．また，ケータイとそれ以外のメディアの使い分けのパターンも，40歳以上と未満では異なっていて，40歳以上でのみケータイのメールと通話が相手によって使い分けされていた．つまり，40歳未満ではケータイのメールと通話は補完的に使われているのに対して，40歳以上では代替的に使われているという違いがある．ここには，モバイルの意味づけについて世代差が存在するといえよう．

このことは，本章の冒頭で紹介した「デジタルネイティブ」世代とそれ以前の世代の差を反映しているものといえるであろう．さらに，ここではこの問題に関連して，日本ではケータイの「デジタルネイティブ」世代の源流がポケベル世代（1980年代生まれ）にある可能性を指摘したい．日本の若者の間では，ケータイでメールが多く使われていることについては前述したが，通話を回避して文字コミュニケーションを使うという特徴には，日本独特のモバイル文化が反映している可能性がある．90年代半ばに女子高校生を中心に「ベル友」ブームが起きたが[17]，「ベル友」の特徴は匿名的かつ表出的なコミュニケーションを文字を通して行うということにあった．彼らは，電話による通話を避けることにメリットを感じていた（岡田・松田，2012：36）．わずか12文字で伝えるメッセージであることが，ポケベルを「クール」なメディアにしたのである（岡田，1997：87-88）．日本以外の国では，「ベル友」のようなページャーの利用方法は報告されていないので，これは日本独自のモバイル文化といえるであろう（Ishii, 2004）.

図4のグラフを見ると，かつてベル友世代であった30代女性で賛成率が最も高くなっている．この結果は1990年代半ばから文字コミュニケーションを中心として始まったモバイル文化が，ポケットベルからケータイへと機器は変わっても若者の間で底流として続いていることを示唆しているといえる．ただし，このことの本格的な検証は，今後の課題として残されている．

注

1）これは複数選択の質問である．

2）「こちらから会いに行くのに1時間以内で会える友人」と「こちらから会いに行くのに1時間より多くかかる友人」の回答を合計した数を本章では，「友だちの数」として用いる．

3）2011年は「親しい人」を3人，2001年は最大で10人までについて記入してもらっている．今回の分析では，比較のため，2001年分については最初に記入された3人のみを対象としている．表1では，これらの3人を別々に集計しているので，母数（N）がそれぞれ，5634件と4536件になっている．

4）各変数は次のように定義されている．中高校生，フルタイム，相手が同性かどうかは，ダミー変数（該当する場合1，それ以外は0）．相手との面会の頻度は，週当たりの「直接会う回数」，距離は相手の家に行くまでにかかる分数であり，相手のタイプ（同居以外の家族，親せき，恋人，友人，その他）は，それぞれダミー変数である．なお，相手のタイプの係数については，合計が0であるように基準化されている．

5）同様の理由で中高校生は，固定電話をよく使う傾向がある．

6）ただし，パソコンのメールを使う頻度は台湾より日本の若者の方が少ない．

7）1週間あたりの通話数÷(通話数＋送信メール数)によって計算した．

8）「ケータイの普及によって，公共のマナーが悪くなった」に対する回答で，そう思う＝1，まあそう思う＝2，あまりそう思わない＝3，そう思わない＝4と数値化している．

9）この項目に賛成する人は1，それ以外は0とするダミー変数．

10）週当たりメールの送信数÷(週当たりメールの送信数＋週当たり通話数)を目的変数として定義し，回帰分析した結果は，表3のとおりである（フルタイムと性別は，ダミー変数として定義した）．

11）通話回避意識と性・年齢は独立の効果として推定されている．実際，メールの比率が最も高い10〜20代の若者で通話を避ける傾向が最も強いわけではない．通話を避ける意識が最も強いのは30代の女性である（図4）．

12）SPSSのHILOGLINEARを用いて分析した．推定された係数をすべては示していない（4次以上は有意な係数がないので省略）．なお，ここで推定したモデルは飽和モデルである．

13）5次以上（5つ以上の項目の組み合わせ）の効果は，χ^2検定結果により統計的に有意でなかった．

14）質問では1時間以内の人数と1時間以上の人数を分けて聞いているが，ここでは両者を合計した値を用いている．

15）この得点の範囲は，最低0，最高10点である．

16）この結果の解釈であるが，ケータイの外出先での利用傾向が友だちを増やすという方向性のものであるのか，それとも友だちが増えることによってケータイの外出先の利用傾向が増えるのか，因果関係の方向性については断定することはできない．ここで重要なのは，単純なケータイの利用頻度（メールや通話）よりは，こうした外出先の利用傾向が友だちの数と強く結びついているということである．

17）総務省の統計によると1995年にポケットベルの契約者は1061万人に達し，その後毎年ほぼ減少している．

参考文献

Ishii, K. (2004). Internet Use via Mobile Phone in Japan, *Telecommunications Policy*, 28(1), 43-58.

Ishii, K. (2006). Implications of Mobility: The Uses of Personal Communication Media in Everyday Life, *Journal of Communication*, 56(2), 346-365.

Ishii, K & Wu Chyi-In. (2006). A Comparative Study of Media Cultures among Taiwanese and Japanese Youth, *Telematics and Informatics*, 23(2), 95-116.

Katz, J.E., & Aakhus, M.A. (2002). Making Meaning of Mobiles: A Theory of Apparatgeist, In J.E. Katz, & M.A. Aakhus (eds.), *Perpetual Contact: Mobile Communication, Private Talk, Public Performance*. Cambridge University Press, 301-320.

木村忠正（2012）『デジタルネイティブの時代――なぜメールをせずに「つぶやく」のか』平凡社新書.

小寺敦之（2011）「対人関係の親疎とコミュニケーションメディアの選択に関する研究」『情報通信学会誌』29(3)，13-23.

松下慶太（2012）「若者とケータイ・メール文化」岡田朋之・松田美佐編『ケータイ社会論』有斐閣，61-76.

モバイル・コミュニケーション研究会（2002）『携帯電話利用の深化とその影響』（科

学研究費：携帯電話利用の深化とその社会的影響に関する国際比較研究，初年度報告書).

岡田朋之（1997）「ポケベル・ケータイの「やさしさ」」富田英典ほか『ポケベル・ケータイ主義！』ジャストシステム，76-96.

岡田朋之・松田美佐編（2012）『ケータイ社会論』有斐閣.

吉井博明（2006）「多メディア時代におけるメディア選択と影響――日韓台比較を通してみえてくるもの」東京大学大学院情報学環編『日本人の情報行動 2005』東京大学出版会，227-245.

3 デジタル・デバイドの現在

それは今なお問題であるのか

辻 大介

1 デジタル・デバイドはいかなる問題であったか

1999年，アメリカ商務省通信情報報庁は『ネットから落ちこぼれる——デジタル・デバイドを定義する』と題した報告書を公表した（NTIA：National Telecommunication and Information Administration, 1999）．それは，年収，学歴，人種等によって，パソコン所有率やインターネット接続率に大きな格差があるという調査結果を報告するものだった．その格差を指す術語として用いられたのが，「デジタル・デバイド」である．

この報告書は世界的に注目を集め，日本でも2000年当時の森喜朗政権における政策的なアジェンダとなり，学術的あるいは社会評論的な著作も立て続けに公刊された（四元，2000；木村，2001；C & C振興財団，2002など）．同時期に実施された調査では，やはり日本でも性別，年齢，年収，学歴等によって，パソコン所有率やインターネット利用率に差がみられることが確認されている（橋元，2001）．

以来10余年を経た現在，その格差は解消あるいは縮小したのだろうか．また当時，i-mode等のケータイによるインターネット・サービスが，デバイド解消のひとつの鍵になるとも目されていたが，はたしてケータイは実際にそのような役割を果たしてきたのだろうか．本章では，今回2011年と前回2001年におこなわれた調査の結果から，これらの点を検証する．

その作業にとりかかる前に，まずはデジタル・デバイドがいかなる問題として提起されたかを確認しておこう．また，その後の10年間で，問題の捉え方には変化が生じており，新たな論点も提示されている．それについては，次節で概観していくことにしたい.

さて, 先にふれた報告書『ネットから落ちこぼれる』の冒頭には, 当時の商務省長官ウィリアム・M・デイリーによる序文書簡が置かれている (NTIA, 1999). 少し長くなるが, その一部を抜粋しておこう.

> 周知のように, アメリカ人はかつてないほどデジタル・ツールに接続するようになったが, この報告書において証示されているのは, 依然として特定の属性集団間や国内の地域間に「デジタル・デバイド」が存在し, そして多くの場合に, それが拡大しつつあることである. 私たちはそれを警告ととるべきだろう. デジタル経済の基盤的ツールへのアクセスを確保することは, 国家がなしうる最も重要な投資のひとつである. (中略) 情報を配信しコミュニケーションを増進するコンピュータとインターネットに, ますます依拠しつつある社会においては, すべてのアメリカ人にアクセスを保証しなければならない. それは国内経済およびグローバル経済の求めるところであろう. テレコミュニケーション・ツールへのアクセスを整えることは, テクノロジー利用能力をもつ労働力の生産を促し, 合衆国がグローバル経済のリーダーであり続けることを可能にするだろう.

ここにみられるように, デジタル・デバイドは, まずもって経済 (格差) の問題として提起された. 加えて, それは個人や社会集団に関わる問題にとどまらず, 国家のグローバルな経済競争力につながる問題であるという認識も示されている. すなわち, デジタル・デバイドには, 個人・集団間の格差, 国家間の格差という2つの水準が, 相互にからみ合いながら存しているわけだ.

後者の国家間のデバイドについては, ここでの主題からは外れるので多くはふれない (James, 2011; Robinson & Crenshaw, 2010 等を参照). しかしながら, この「国策」的な問題としての側面は, 後述するように, 個人・集団間のデバイドを論じる際にも, ある種のバイアスを与えているように思われる.

1990年代のアメリカ経済は長期にわたる好景気を迎え, IT産業を中核とする経済への転換がそれを支えているとみなされていた. いわゆる「ニューエコノミー」論である. また, 当時のクリントン政権は情報スーパーハイウェイ構想を打ちだしており，デジタル・デバイドはそうした政治的・経済的文脈のもとで問題化された．木村（2005）は，エカテリーナ・ウェルシュらの実証研究を引きながら（Welsh et al., 2001），実際には民族集団とインターネット利用率が強く関連しているとは言いがたいことを示し，デジタル・デバイドが民族的マイノリティへの「政治的パフォーマンス」として用いられた面があることを論じている．

木村（2001）はまた，IT に限らず新たな技術が普及する初期段階では，利用者が限られるがゆえに個人・集団間の差が生じる（普及が進めば差はなくなっていく）可能性があること，そして，アメリカでは所得格差の拡大のほうが IT の普及よりも時期的に先行しており，IT の普及が所得格差を拡大させたとはみなしがたいことを指摘し，デジタル・デバイドを問題として過大評価することに注意を促している．

そもそも，個人の貧富の差がパソコン所有やネットアクセス保有の面でも差を生じるのは当然として，その逆向きの因果関係――ネット利用が経済格差を生む――は確かめられているのだろうか．この点に関する実証研究は，驚くべきことに，きわめて少ない．筆者が見いだせた限りでは，英語論文で 1 篇，日本語論文で 1 篇のみである．

そのひとつ，ポール・ディマジオとバート・ボニコウスキの研究では，2000 年から 2001 年にかけてアメリカでおこなわれたパネル調査のデータを用いて，ネットアクセスの有無や技術的習熟度が所得の向上につながるという分析結果を導いている（DiMaggio & Bonikowski, 2008）．ただし，パネル調査とはいえ短期間であること，転職に関する情報が把握しきれていないこと等の限界がある．また，先述したように 2000 年当時のアメリカのインターネットをめぐる経済的・政治的状況はかなり特殊なものであった．それゆえ，この知見がどこまで一般化しうるものかについては，一定の留保が必要だろう．

日本では，太郎丸（2004）が，2002 年の全国調査データを用いて，ネットを利用し始めてからの期間と個人年収とのあいだに，おおよそ有意な関連が認められないという分析結果を提示している．ネット利用が経済的利得をもたらすとすれば，利用期間が長いほど個人年収は高くなるはずだから，この結果はそれを否定するものと解釈される．ただし，単時点データを用いた分析であるため，これも因果関係を特定するには限界がある．この点はわれわれの今回の調査も同様であり，残念ながら未だ今後の課題とせざるをえない．

このように，ネット利用→経済的利得という因果は，実証的に確認されたというにはほど遠い状況にある．その因果関係は，デジタル・デバイド問題の要をなすはずの論点であるにもかかわらず，むしろ不問の前提となっているのである．

それはおそらく，ネット利用が利得をもたらすという前提が，情報基盤整備の政策を国民にアピールする力の源泉であったからだろう．その前提が疑問視されると，政策の根拠，説得力も弱まってしまう．つまり，アメリカ政府によって最初に提示された「国策」的なデバイド問題の枠組みが，ネット利用→経済的利得という個人・社会集団レベルでの因果関係を不問化するように作用したように思われるのである．

2　デジタル・デバイド論の諸相：「民主主義デバイド」と「ケータイ・デバイド」

デジタル・デバイドがどのような枠組み（フレーミング）で語られてきたかについて，コンチータ・ステュワートらは，1995年から2005年のアメリカとEUの政策文書をテキスト解析にかけた結果から，興味深い知見を報告している（Stewart et al., 2006）．第1に，アメリカとEUとの相違である．アメリカの文書が，機器やインフラへのアクセスを問題とし，政策の受益者を「ヒスパニック」「地方居住者」等の属性別に分けるのに対し，EUでは情報やサービスへのアクセスを問題とし，「社会」「市民」「公衆」といったより包括的な語で政策主題に言及する傾向があった．しかしながら第2に，こうした違いは時を経るにつれて薄れ，両者とも市場や経済に関する問題を政策のキーポイントとして論じるようになっていくという．

ここからも，アメリカで初期に設定された問題の枠組みが，その後の議論を方向づけていったことがうかがえよう．そこではデジタル・デバイドはもっぱら経済（格差）の問題として意味づけられていたわけだが，EUの初期の政策文書の特徴からも示唆されるように，デジタル・デバイドは市民的参与（civic engagement）や公共性にかかわる問題でもありうる．なぜなら，ネットは政治に関する情報に接触したり，ボランティアや市民活動などに関与するツールでもありうるからだ．この側面に着目したデバイド研究も今日にいたるまでに一定の系譜を形づくってきた．

ピッパ・ノリスは，比較的初期の2001年に公刊された著作において，そのような公共性の問題系にデジタル・デバイドを位置づける立場を明確に打ちだしている（Norris, 2001）．その中で彼女は，いくつかの調査の分析結果を示しつつ，ひとつのありうべき可能性を懸念している．政治的関心の高い人びとはネットを利用して，さらに政治に関する知識や参与の度合いを高めていく．他方，関心の低い人びとは政治的なネット利用をおこなわず，低調なままにとどまる．その結果，「民主主義デバイド（democratic divide）」（ibid., p.231）が拡大する，という可能性である．

この点について，ケント・ジェニングスとヴィッキィ・ザイトナーは，特定のコーホート（1965年に高校生だった層）を対象としたアメリカのパネル調査から，ネット普及の前後にあたる1982年と1997年のデータを取りだし，ネット利用が市民的参与にどう影響したかを分析している（Jennings & Zeitner, 2003）．それによれば，1982年に政治的関心や知識，市民的参与度が高かった者ほど，1997年にはネットを利用するようになっており，また，ネットを政治的情報源として活用していた．加えて，ネットを利用し始めることが政治的問題への関心や政治的有効性感覚，市民サークル・地域団体等への参加を高める効果をもつことも確認された．これはネットによる「民主主義デバイド」拡大の可能性を支持する結果といえよう．

より最近では，ルー・ウェイとダグラス・ヒンドマンが2008〜09年に実施されたアメリカのパネル調査データを用いて，ネット利用による政治的な「知識ギャップ（knowledge gap）」（Tichenor et al., 1970）への影響を検討している（Wei & Hindman, 2011）．そこでもやはり，ネット情報の利用が政治的知識の増加につながっていることが認められた．さらにまた，その知識の増加度は低学歴層よりも高学歴層のほうが顕著であり，そうしたネット利用から生じる知識ギャップは，新聞などの既存マスメディアのそれより大きいという知見も得られている．

こうしたネット利用の市民的参与への影響について，パネル調査等によって因果関係を特定できる形で検証した研究はさほど多くないが，たとえば2000年のアメリカ大統領選前後に実施されたダーバン・シャーらのパネル調査データの分析結果からは，ネット上の政治的情報利用がオンライン／オフラインでの政治的議論を増やし，ひいては市民的参与を高めるという効果が確認されている（Shah et al., 2005）．確たる結論が導かれるまでには至っていないものの，これまでにアメリカでおこなわれた調査研究では，おおよそネット利用が市民的参与を高めるという因果関係が支持されていると言ってよいだろう．シェリー・ブリアンヌも，アメリカでの38の調査研究（パネル調査以外も含む）のメタ分析から，平均的には小さな度合いであるものの，ネット利用は市民的参与にポジティブな効果をもつと結論づけている（Boulianne, 2009）．

日本でパネル調査によってネット利用→市民的参与という因果の検証を試みた研究は，残念ながら管見の限り見あたらなかったが[1)]，単時点の調査データからネット利用と市民的参与の関連を検証した研究はいくつかおこなわれている．宮田（2010）は，オンライン調査モニターを対象とした2010年の調査データを用いて，前述のシャーらの研究を参考に因果モデルを設定して分析をおこない，ネット上の政治情報へのアクセスが政治参加を促すという関連を確認している．

小林・池田（2004）もまた，2002年に山梨県で実施した調査をもとに，パソコンでのメール利用が，自治会，PTA，ボランティア団体等のフォーマルな中間集団への参加，および他者への寛容性と関連することを見いだしている．加えて興味深いのは，ケータイでのメール利用には，そのような市民的参与との結びつきが（インフォーマルな中間集団への参加を除いて）認められなかったことだ．そこから小林・池田（2005）は，「若年の低学歴層における携帯電話しか使わない層」の市民的参与が限定され，パソコンによるネット利用層とのあいだで民主主義デバイドが拡大する可能性――「ケータイ・デバイド」――を指摘している[2)]．

ネット普及の初期段階に登場したi-mode等のケータイによるネット接続サービスは，当時はむしろ，デジタル・デバイド解消の鍵になりうるものと期待されていた（たとえば，Nakayama, 2002）．ケータイはパソコンに比べて，すでに普及率も高く，安価に入手でき，キーボード操作能力も要さないため，社会経済的地位の低い層にも利用しやすかったからである．

それに対して木村（2001）は，i-mode 系機器を所有していても，着メロや待ち受け画面以外は情報サービス利用がかなり少ないこと，IT 操作能力を含む情報リテラシーの発達をむしろ妨げる可能性があること等を指摘し，ケータイがデジタル・デバイドの実質的な解消に寄与するかどうかを疑問視していた．小林・池田（2004，2005）の実証研究は，この懸念に対して，別の角度からではあるが，支持を与えるものと言えよう．

ここでもうひとつ興味深いのは，ネットアクセスの機器的・物質的基盤を有しているか否かではなく，ネットを実際に（どう）利用しているかに関するデバイドに注目が寄せられていることである．こうしたデジタル・デバイドの捉え方のシフトは，アメリカをはじめ海外でも，ネット環境のインフラ普及が進むにつれて生じている．このような利用における格差のことを，初期にまず問題にされたアクセス手段の所有の格差とは区別して，「第 2 のデジタル・デバイド（second digital divide）」と呼ぶ向きもある（Attewell, 2001; Hargittai, 2002; Zhao & Elesh, 2007 など）．

そこで次節においても，ネットアクセス機器・環境の所有状況よりむしろ，実際にパソコン／ケータイによってネットを利用しているかに着目して，この 10 年間にデジタル・デバイドが縮小したのかを検証することにしたい．その後，第 4 節では，ケータイによるネット利用と市民的参与との関連――ケータイ・デバイドは民主主義デバイドにつながるか――について，われわれの調査データを用いて分析する．

3　デジタル・デバイドは縮小したか

ピュー財団は，われわれの調査とほぼ同時期，2000 年と 2011 年にアメリカでネット利用率に関する調査をおこなっている（Zickuhr & Smith, 2012）．それをもとに，まずはアメリカにおけるデジタル・デバイドの状況変化を概観しておこう（表 1）．利用率の差の大小をみるには，いくつかの考え方がありうるが，ここではさしあたり利用率の最も高い層と低い層のポイント差でみておく．この見方でいえば，年齢でやや差が拡大している（49 → 53 ポイント差）以外は，

表1　アメリカでのネット利用率の変化（%）

		2000年	2011年
性別	男性	50	80
	女性	45	76
人種	白人	49	80
	黒人	35	71
	ヒスパニック	40	68
年齢	18～29歳	61	94
	30～49歳	57	87
	50～64歳	41	74
	65歳以上	12	41
世帯年収	3万ドル未満	28	62
	3～5万ドル	50	83
	5～7.5万ドル	67	90
	7.5万ドル以上	79	97
学歴	高校卒未満	16	43
	高校卒	33	71
	大学中退	62	88
	大学卒以上	76	94
全体		47 （N=2117）	78 （N=2260）

性別と人種はほぼ横ばい（それぞれ5→4，14→12ポイント差），世帯年収と学歴では縮小しており（51→35，60→51ポイント差），総じて言えばデバイドは縮小傾向にあるとみなせるだろう．

また，この報告書では，ケータイを含むモバイル機器でのネット利用にも注目が寄せられている．その分析によれば，モバイルでのネット利用率には人種間で差はなく，スマートフォン所有率ではむしろアフリカ系・ラテン系アメリカ人のほうが全国平均よりやや高いという．報告書は，こうした分析結果をもって「モバイルの隆盛が〔デジタル・デバイドの：引用者注〕ストーリーを書き換えつつある」（ibid., p.2）と評している．そこには，かつて日本でi-mode等に寄せられたのと同種の期待が認められよう．

このケータイによるネット利用という点では，アメリカに先行していたとも言える日本の現在の状況はどうか．ネットに接続できるケータイは著しく普及したが，それはデジタル・デバイドを縮小したのだろうか．われわれのおこなった調査の結果から検証してみよう．ネット利用の指標として用いるのは，

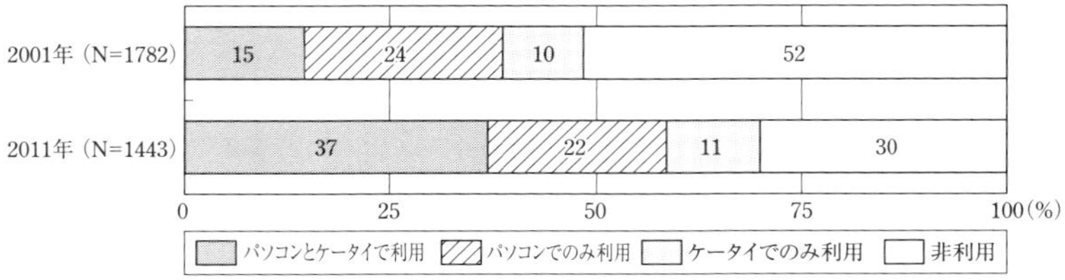

図1 ケータイ・パソコンでのネット利用率の変化
※比率は小数点以下を四捨五入しているため，合計が100%にならない場合がある．

2011年調査では，「パソコン系機器を使って，インターネットを利用」しているか，「自分の携帯電話でインターネットを利用」[3)]しているかという設問であり，2001年調査では，「パソコン系機器を使って，自宅や職場・学校などでインターネットを利用」しているか，「自分の携帯電話・PHSで，i-modeやEZ-web，J-SKYを通じて，情報サイト（ウェブ）を見て」いるかである．以下では，それぞれ「PCネット利用」「ケータイ・ネット利用」と略記する．

まず，この間の全体的な利用率の変化を，図1に示す．ケータイ・ネットの利用率は24%から48%へ，PCネットは39%から59%へ上昇している．両者を合わせたネット利用率は48%から70%へ増加しているが，同時期のアメリカでの利用率の伸び（47%→78%）に比べれば，やや少ない割合にとどまる．また，2011年の特徴としては，ネット利用者の過半数が，ケータイでもパソコンでもネットを利用するようになっていることが挙げられるだろう．

次に，属性ごとのネット利用率を一覧にまとめたものが，表2である．右端の列の「総合ネット利用率」とは，ケータイによる利用かパソコンによる利用かを問わない場合の率を意味している．この総合ネット利用率の最も高い層と低い層のポイント差でみると[4)]，性別と居住都市規模についてはほぼ横ばい（それぞれ11→10，14→13ポイント差），学歴と職状況では縮小傾向にあり（34→29，52→43ポイント差），年齢については，アメリカの場合と同様，やや差が拡がっている（64→68ポイント差）．一方，アメリカと変化傾向が明確に異なるのは世帯年収における差であり，日本の場合は，27→38ポイント差とむしろ拡大する方向にある．

では，こうした利用率の差は，ケータイ・ネットのほうがPCネットよりも縮まっているのだろうか．引き続き，表2からこの点を検討してみよう．結論

表2　属性別にみたケータイ／PCでのネット利用率の変化（%）

		ケータイ・ネット利用率		PCネット利用率		総合ネット利用率	
		2011年	2001年	2011年	2001年	2011年	2001年
性別	男性	51	25	64	44	75	54
	女性	45	24	53	32	65	43
	χ^2=	(5.14)*	(0.09) n.s.	(18.04)***	(28.32)***	(17.60)***	(23.21)***
年齢	10歳代	49	44	74	49	87	70
	20歳代	89	53	73	55	97	76
	30歳代	74	34	74	52	90	65
	40歳代	62	18	71	45	85	52
	50歳代	33	5	57	20	62	23
	60歳代	11	2	25	11	29	13
	χ^2=	(405.80)***	(337.50)***	(229.01)***	(220.26)***	(428.58)***	(390.32)***
学歴	中学・高校卒	39	18	44	23	56	33
	大学（院）・短大・高専卒	60	29	74	57	85	67
	χ^2=	(46.69)***	(24.51)***	(103.00)***	(179.68)***	(109.49)***	(158.21)***
職状況	フルタイム	57	26	67	45	78	56
	パート・アルバイト	45	24	49	25	65	38
	専業主婦	31	9	40	22	46	27
	学生・生徒	53	43	75	58	89	73
	無職	26	9	38	16	46	22
	χ^2=	(73.08)***	(96.56)***	(104.45)***	(139.56)***	(149.63)***	(172.15)***
世帯年収	200万円未満	38	24	34	24	47	39
	～400万円	40	20	44	29	58	38
	～600万円	56	22	68	35	76	45
	～800万円	55	25	75	43	83	52
	800万円以上	51	28	78	57	86	65
	χ^2=	(32.42)***	(7.61) n.s.	(148.13)***	(77.43)***	(115.93)***	(60.59)***
居住都市規模	東京区部・政令指定都市	53	25	66	46	76	54
	人口10万以上の市	48	28	60	40	70	52
	人口10万未満の市	45	22	51	32	63	42
	町村	46	19	54	32	69	41
	χ^2=	(4.88) n.s.	(11.93)**	(19.57)***	(22.17)***	(13.40)**	(23.45)***
	全体	48	24	59	38	70	48
		(N=1445)	(N=1805)	(N=1450)	(N=1852)	(N=1443)	(N=1782)

※「学歴」カテゴリの集計は在学中の者を除く

*** $p<.001$, ** $p<.01$, * $p<.05$ の有意性

表3　ケータイ・ネット／PC ネット利用に関するロジスティック回帰分析の結果

（数値は標準化後の偏回帰係数）	ケータイ・ネット		PC ネット		総合ネット	
	2011 年	2001 年	2011 年	2001 年	2011 年	2001 年
性別ダミー（男 1，女 2）	.03	.02	-.05⁺	-.07**	-.05⁺	-.07**
年齢	-.43***	-.45***	-.32***	-.29***	-.48***	-.41***
学歴（教育年数に換算）	.25***	.08***	.23***	.26***	.28***	.24***
職ダミー　フルタイム	.22***	.19***	.07*	.08**	.12***	.14***
パート・アルバイト	.12***	.10***	.02	-.01	.08**	.03
世帯年収	-.05⁺	.05*	.19***	.14***	.12***	.13***
居住都市規模（大都市 4 ～町村 1）	.05⁺	.04⁺	.07**	.04⁺	.07*	.05*
McFadden's pseudo-R^2	.24***	.23***	.21***	.21***	.34***	.27***
	(N=1271)	(N=1539)	(N=1275)	(N=1575)	(N=1269)	(N=1519)

※ 職ダミーの参照項は「専業主婦」「学生・生徒」「無職」の合併カテゴリ
*** p<.001，** p<.01，* p<.05，⁺ p<.10 の有意性

からいえば，むしろケータイ・ネットのほうが，PC ネットより差の拡がっている面が多くみられる．たとえば 2001 年の時点では，ケータイ・ネットの利用率に，性別と世帯年収による差はみられなかったのが，2011 年には統計的に有意な水準の差に達している．また年齢の面でも，利用率の最も高い層と低い層の差が，51 ポイントから 78 ポイントにまで増えている（PC ネットの場合は 44 → 49 ポイント差）．さらに学歴の面では，PC ネットが 34 → 30 ポイント差と縮小傾向にあるのに対し，ケータイ・ネットでは 11 → 20 ポイント差とむしろ拡大しているのである．

続いて，これらの各属性がどのくらいネット利用の有無につながっているかを，ロジスティック回帰分析によって数量化した結果が，表 3 である．表中の数値は，メナードの計算法によって標準化した偏回帰係数であり（Menard, 2002），値の大小が関連の度合いを表している．たとえば現在の日本では，若い世代ほど学歴が高い傾向にある．そのため，表 2 のようなクロス集計の結果から，若いほどネット利用率が高いことがわかったとしても，それは若年層の学歴の高さがもたらした見かけ上の差であるかもしれない．クロス集計からは，年齢と学歴のいずれがネット利用により強く結びついているのかはわからないのである．ロジスティック回帰分析とは，こうした属性間の相互関連を調整したうえで，各属性とネット利用との，いわば「正味」の関連度を取りだす分析手法のひとつだと考えてもらえばよい．

右端の列の総合ネット利用率に関する結果からみてみよう．2011年は，2001年に比べて，年齢と学歴の係数値がやや上がっていることが目につく．これは，若年層ほど，高学歴層ほど，ネットを利用する傾向が強まっていることを意味する．また，性別，職状況，世帯年収，居住都市規模いずれの係数値も下がっていない．したがって，これらの属性が総体としてネット利用の有無を規定する度合いを表す擬似 R^2 値も，増大の傾向をみせている．つまり，ネット利用の分断溝（デバイド）は依然として残り続けている――むしろ溝が深まっている形跡さえある――ということだ．

PCネット利用に関する分析結果に目を移しても，各属性の係数値（ネット利用との関連度）は，2001年と2011年でほぼ同程度の水準にとどまっている．ケータイ・ネット利用の場合は，学歴の係数値が上がっており，高学歴ほど利用する傾向が強まっていることが，大きな特徴である．もうひとつ注目したいのは，世帯年収だ．係数値は小さいものの，符号の向きが＋から－に逆転しており，これは，かつては年収が高いほどケータイでネットを利用していたのが，年収が低いほど利用する傾向へと変化したことを表す．おそらくは，2001年以降にパケット定額制導入など，ランニングコストの低廉化が進んだことによって，ケータイ・ネット利用が家計状況に大きく左右されにくくなったためだろう．

以上の分析結果を小括しておこう．2001年においてデジタル・デバイドの彼岸には約5割の人びとが取り残されていたが，2011年には3割まで減った．ただし，これはデバイドが解消・縮小したことを必ずしも意味しない．クロス集計の結果（表2）では，年齢と世帯年収によるデバイドは拡大しており，多変量解析の結果（表3）においても，分断の溝がより深まった形跡が認められる．ケータイはネット利用にかかわる経済的コストの障壁を低くすることでデバイドを橋渡しした面をもつが，その経済要因に代わってせり出してきたのが教育要因＝学歴の壁である．学歴による差はPCネットの場合も依然として大きく，今後においてもデバイドの彼岸と此岸を分けるひとつのポイントであり続けるものと思われる．

表4 ケータイ・ネット／PCネットの利用パターン別にみた市民的参加行動の経験率

	ケータイ・ネット	PCネット	経験率(%)
a）社会的，政治的活動のために寄付や募金をした	利用	利用	65
	利用	非利用	54
	非利用	利用	64
［N=1264, χ^2=11.35, p<.01］	非利用	非利用	57
b）政治的，道徳的，環境保護上の理由で，ある商品を買うのを拒否したり，意図的に買ったりした	利用	利用	22
	利用	非利用	11
	非利用	利用	17
［N=1261, χ^2=35.26, p<.001］	非利用	非利用	8
c）社会的，政治的な問題に関する集会や会合，デモに参加した	利用	利用	3
	利用	非利用	2
	非利用	利用	4
［N=1262, χ^2=0.99, n.s.］	非利用	非利用	4

※ 分析対象は20歳以上に限定

4 ケータイ・デバイドは民主主義デバイドをもたらすか

では次に，ネット利用と市民的参与との関連について検討していこう．今回の調査では，市民的参与に関して，「a）社会的，政治的活動のために寄付や募金をした」「b）政治的，道徳的，環境保護上の理由で，ある商品を買うのを拒否したり，意図的に買ったりした」「c）社会的，政治的な問題に関する集会や会合，デモに参加した」の3項目が設問されている．ただし，前回2001年調査では市民的参与に関する設問はなされておらず，残念ながら比較分析はできない．また，以下での分析は，市民的参与という項目の性格を考慮して，さしあたり20歳以上の成人層に対象を限定しておこなうことにしたい．

表4は，上記3項目の行動を「過去1年間にしたことがある」比率を，ケータイ・ネット／PCネットの利用状況別に4つのサブグループに分けて示したものである[5)]．χ^2検定の結果では，c）を除く2項目に有意差が認められた．いずれの場合も，PCネットを利用しているか否かによる差が大きく，ケータイ・ネット利用の有無による差は小さい．つまりこれは，市民的参与について，PCネット利用者とケータイ・ネット利用者（およびネット非利用者）に差があ

表5　市民的参与行動に関するロジスティック回帰分析の結果①

(数値は標準化後の偏回帰係数)		a) 寄付・募金			b) 選択的購買	
	モデル1	モデル2	モデル3	モデル1	モデル2	モデル3
性別ダミー(男性1, 女性2)	.12***	.17***	.10*	.09**	.12*	.19***
年齢	.04	.04	.00	.01	.08	.03
学歴(教育年数に換算)	.05	.06	.05	.05	.06	.03
職ダミー　フルタイム	.00	.09+	-.02	.04	.04	.04
パート・アルバイト	.01	.03	.03	.01	-.04	-.03
世帯年収	.08*	.08+	.05	.05	.00	.07
居住都市規模(大都市4～町村1)	.02	.00	.03	.06*	.06	.07
ケータイ・ネット利用(有1, 無0)	.01			.06+		
PCネット利用(有1, 無0)	.06+			.11**		
ケータイ・ネット利用時間		.02			.02	
ケータイ・メール送信数		.08+			-.03	
PCネット利用時間			-.01			.15***
PCメール送信数			.08+			.03
McFadden's pseudo-R^2	.02***	.04**	.02+	.05***	.02n.s.	.05***
	(N=1149)	(N=503)	(N=607)	(N=1149)	(N=503)	(N=607)

※ 職ダミーの参照項は「専業主婦」「学生・生徒」「無職」の合併カテゴリ
*** p<.001, ** p<.01, * p<.05, + p<.10 の有意性

ること――「ケータイ・デバイド」が「民主主義デバイド」に折り重なっていること――を示す結果と言えよう.

しかしながら, ネット利用者と非利用者には, 前節でみたように, 年齢・学歴等の属性に顕著な違いがある. それらの属性がこうした差をもたらしている, すなわち見かけ上の関連にすぎない可能性も否定できない. ケータイ／PCによるネット利用そのものが, はたして市民的参与に結びついているのだろうか.

この点について, 諸属性を統制変数に投入したロジスティック回帰分析によって検証した結果が, 表5のモデル1である. なお, c) は経験率がかなり低いため, 分析からは除外した. 分析結果をみると, a) 寄付・募金, b) 政治的・道徳的・環境保護上の理由による商品の選択的購買, いずれについても, PCでネットを利用しているほうが経験率が高くなるという関連が有意に認められる(ただし, a) については有意性は10%の参考水準). 一方, ケータイでのネット利用は, a) とは無関連, b) とは10%水準の関連であり, PCネット利用に比べて市民的参与との結びつきは弱い.

同じく表5のモデル2は, ケータイ・ネット利用者を対象として, ケータイ

表6　市民的参与行動に関するロジスティック回帰分析の結果②

（数値は標準化後の偏回帰係数）		a）寄付・募金 モデル4	a）寄付・募金 モデル5	b）選択的購買 モデル4	b）選択的購買 モデル5
性別ダミー（男性1，女性2）		.18***	.10*	.12*	.15***
年齢		-.02	-.02	.04	-.04
学歴（教育年数に換算）		.06	.02	.06	.01
職ダミー	フルタイム	.06	-.02	.04	.03
	パート・アルバイト	.00	.04	.00	-.02
世帯年収		.10*	.05	.03	.04
居住都市規模（大都市4～町村1）		.02	.05	.07	.09*
ケータイ利用開始年		-.05		-.03	
PCネット利用開始年			-.09*		-.10*
McFadden's pseudo-R^2		.04**	.02*	.02n.s.	.04**
		（N=554）	（N=649）	（N=554）	（N=649）

※ 職ダミーの参照項は「専業主婦」「学生・生徒」「無職」の合併カテゴリ
*** p<.001，** p<.01，* p<.05，+ p<.10 の有意性

によるネット利用時間とメール送信数を独立変数に投入したものだ[6)]．ここでも，a）とケータイ・メール送信数に10%水準の関連がみられるにとどまる．一方，モデル3は，PCネット利用者を対象に同様の分析をおこなったものだが，a）とPCメール送信数に10%水準，b）とPCネット利用時間に0.1%水準の有意な関連が認められる．概して，PCネット利用のほうがケータイ・ネット利用より市民的参与につながっている傾向がみてとれよう．

さて，ネット利用が市民的参与を促す効果をもつとすれば，利用期間が長い＝利用し始めたのが早いほど，市民的参与の各項目の経験率が高くなることが予想される．そこで次に，利用開始年を独立変数に投入して分析してみよう．ただし，今回の調査では，ケータイ・ネットではなく，ケータイそのものの利用開始年しかたずねていない．そのため，対象をケータイ・ネット利用者に限定し，ケータイ利用開始年をケータイ・ネット利用開始年の近似指標として用いることとした．また，i-modeのサービスが開始された1999年以前にケータイを利用し始めた場合は，すべて1999年に値を変換する処理をおこなった．

表6が，そのケータイ利用開始年（モデル4），および，PCネット利用開始年（モデル5）を用いた分析結果である．ここでも，PCネットの場合には，利用開始年が早いほど，a）もb）も経験率が高くなるという関連が有意に認め

られるのに対して，ケータイの場合はいずれも有意水準に達していない．表5と同様，PCネット利用のほうがケータイ・ネット利用より市民的参与との関連度が大きいことをうかがわせる結果である[7)]．

くり返しになるが，これらの関連はあくまで単時点の調査データの分析から導かれたものであり，PCネット利用が市民的参与を促すという因果関係を必ずしも意味するものではない．ただし，因果の向きがどうであれ，現状としてデジタル・デバイドが——より精確にはケータイ・デバイドが——民主主義デバイドでもあることは，おおよそ確認できたと言ってよいだろう．前節でみたように，PCネットを利用するか否かには，依然として学歴と世帯年収が深くかかわっていた．つまり，社会経済階層の差がデジタル・デバイドに折り重なっているのだ．それゆえ，ここで確認されたPCネット利用と市民的参与との関連が，前者→後者という向きの因果関係であったとすれば，民主主義デバイドは社会経済的な格差に沿った形でさらに拡がることになるだろう．

5　現在，デジタル・デバイドはいかなる問題であるのか

スマートフォンの急速な普及にともない，従来型のケータイ，いわゆる「ガラケー」は確実に過去のものとなりつつある．スマートフォンは，「ガラケー」よりはるかにパソコンに近い機能をもつ．それゆえ，スマートフォンの普及が進めば，上にみてきたようなケータイ・ネットとPCネットの差——ケータイ・デバイド——もまた，過去の話にすぎなくなっていくのではあるまいか．

このように考える向きもあるだろう．しかし，そう簡単にデバイドが解消されるとは思えない．スマートフォンが機器としてパソコンと同等の機能を備えていることと，そのパソコン的な機能が実際に利用されるかどうかは，別問題である．実際，今回の2011年調査でも，ケータイ利用者のうち，ネットを利用しているのは5割強にすぎない（そのケータイのほとんどはネットアクセスが可能な機種だろうが）．たとえスマートフォンをもつようになったとしても，従来のケータイ的な使い方しかしないことは十分に考えられよう．ネット利用に照準する「第2のデジタル・デバイド」（本章第2節参照）の場合，機器所有の変化がデバイド状況の変化に直結するわけではないのである．

ならば，今後もデバイド状況が続いていく，あるいは拡大していく可能性があることは認めるとしよう．だとして，その何が問題なのか．「第1のデジタル・デバイド」で問題とされたのは，ネットアクセス手段の所有に，社会経済的背景による格差が存することであった．言い換えるなら，ネットに関する「機会の不平等」が問題であったわけだ．だが，そうした機会の不平等は，かつてよりは縮小している．ネットを利用しないのは，その必要や欲求がないからだろう．要するに，それは社会問題ではなく，あくまで当人の問題にすぎないのではあるまいか．

実際，第3節で紹介したピュー財団の2010年調査によれば，ネットを利用しない理由として最も多いのは「単に関心がない」であり，非利用者の31%がそう答えている（Zickuhr & Smith, 2012：7）．「アクセス手段がない」は6%にすぎない．おそらく日本でも似たようなものだろう．利用したいのに機会・手段が与えられないのだとすれば，それは確かに問題であるかもしれない．だが，そもそも利用したいと思わない・必要を感じないから利用しないだけだとすれば，そのどこに問題があるのか．その結果，たとえ経済的不利益や社会的排除を被ることになったとしても，それは当人の「自己責任」ではないか．

これに対しては，何をもって不公正（unfair）な不平等とみなすか，倫理学的な立場によっても答えが分かれるだろう．ただ，社会経済的な格差に沿ってデジタル・デバイドが走り，それが民主主義の分断線（デバイド）にもつながるとすれば，そこには単に個人の「自己責任」に帰すことのできない問題が伏在しているように思う．

筆者が2011年に首都圏と関西圏の大学生を対象におこなった調査では，PCネット利用時間が長いほど，「貧富の差は大きくても，自由に競争し，成果に応じて分配される社会」に肯定的であるという相関が弱いながらも認められた[8)]．つまり，PCネットを活発に利用する者ほど，社会経済的格差に容認的な態度をもつということだ．翻って，その社会経済的格差はまた，第3節でみたように，PCネット利用を規定してもいた．ここには，ネット利用と社会経済的格差が，互いに互いを強めあう循環的プロセスの可能性が認められよう．

そこで想定されているのは，社会経済的格差⇄ネット利用という2者間の相互増幅過程ではない．社会経済的地位の高い層が→ネットを活発に利用し→市民的参与を強め→その格差容認的な態度が政治に反映され→社会経済的格差が拡がり→デジタル・デバイドが拡がり→民主主義デバイドが拡がり→……という，ネット利用・社会経済的地位・政治的関与の3者からなる循環過程である．

情報・コミュニケーションの分断線と，社会経済的な分断線と，政治的・市民的関与の分断線とが折り重なり，これまで以上に溝を深めていく．現在，デジタル・デバイドは，そのような社会の分断可能性の問題としてある．そのことを確認して，この章を閉じることにしたい．

注

1）ただし，市民的参与を促すとみなされる社会関係資本については（Putnam, 2000 = 2006），宮田加久子らの研究グループが山梨県で実施したパネル調査のデータを用いて，ネット利用の効果を分析している．その結果が示すところによれば，ネット利用が社会関係資本におよぼす効果は限定的であり，パソコンでのメール利用がネットワークサイズとオンライン上の一般的信頼を高める以外には，オンライン・コミュニティの参加にもケータイでのメール利用にも有意な効果は認められていない（宮田，2008；Miyata & Kobayashi, 2008）．

2）是永（2011）もまた，2011年におこなわれた全国調査データの分析結果から，パソコンでのサイト閲覧時間が長いほど，政治的有効性感覚が強いという関連を見いだしている．一方，ケータイによるサイト閲覧時間は政治的有効性感覚と有意な関連をもっていない（ibid., p.263）．

3）なお，ここでの「携帯電話」にはPHS，スマートフォンも含まれる．調査票においてもその旨を注記してある．

4）以下，本文中で記述するポイント差の数値は原データから計算したものである．表2には小数点以下を四捨五入した比率（%）を記載しているため，表中の数値をもとにポイント差を計算すると，四捨五入の丸め誤差の影響により，本文中で記述されている数値と完全に一致しない場合がある．

5）過去1年間に「a）社会的，政治的活動のために寄付や募金をした」の経験率が高いのは，調査年の3月11日に発生した東日本大震災の被災者・被災地への寄付・募金のためだろうと考えられる．

6）ケータイ・ネット利用時間については，1日5.5時間以上のケースを一括して5.5時間と扱う外れ値処理をおこなった．同様に，ケータイ・メール送信数は170通以上，PCネット利用時間は1日7時間以上，PCメール送信数は120通以上を外れ値処理した．

7）もっとも，先述したとおり，この分析に用いたのは，ケータイそのものの利用開始年からケータイ・ネット利用開始年の近似を試みた変数であるため，それによって係数値が本来より下がっている可能性も考えられる．この点は今後の課題とせざるをえない．

8）「働いた成果とあまり関係なく，貧富の差が少ない社会」と対置させ，日本はいずれの社会を目指すべきと思うかを5段階で回答させる形式で設問した．この設問変数とPCネット利用時間変数とのスピアマンの順位相関係数はρ =.09（$p<.05$，N＝756）であった．また，興味深いことに，ケータイ・ネット利用時間については，PCネット利用時間とは逆に，負の相関が認められた（ρ =-.11，$p<.01$，N＝757）．この調査は，2010〜2013年度日本学術振興会・文部科学省科学研究費補助金研究（基盤研究C）「オンライン／オフラインの社会関係資本が大学生の就職に及ぼす効果に関する調査研究」（研究代表者：辻大介）の一環としておこなわれたものである．

参考文献

Attewell, P. (2001). The First and Second Digital Divide, *Sociology of Education*, 74(3), 252-259.

Boulianne, S. (2009). Does Internet Use Affect Engagement? A Meta-Analysis of Research, *Political Communication*, 26, 193-211.

C & C 振興財団編（2002）『デジタル・デバイド――構造と課題』NTT 出版.

DiMaggio, P., & Bonikowski, B. (2008). Make Money Surfing the Web? The Impact of Internet Use on the Earnings of U.S. Workers, *American Sociological Review*, 73(2), 227-250.

Hargittai, E. (2002). Second-Level Digital Divide: Differences in People's Online Skill, *First Monday*, 7(4) (http://firstmonday.org/htbin/cgiwrap/bin/ojs/index.php/fm/article/view/942/864, 2013年1月31日アクセス)

橋元良明（2001）「日本のデジタル・デバイド」東京大学社会情報研究所編『日本人の情報行動2000』東京大学出版会，173-192.

James, J. (2011). Are Changes in the Digital Divide Consistent with Global Equality or Inequality? *The Information Society*, 27(2), 121-128.

Jennings, M.K., & Zeitner, V. (2003). Internet Use and Civic Engagement: A Longitudinal Analysis, *Public Opinion Quarterly*, 67(3), 311-334.

木村忠正（2001）『デジタルデバイドとは何か――コンセンサス・コミュニティをめざして』岩波書店.

木村忠正（2005）「デジタルデバイドの実像」橋元良明・吉井博明編『ネットワーク

社会』ミネルヴァ書房，102-133.

小林哲郎・池田謙一（2004）「インターネットは社会参加を促進するか――PC・携帯電話の社会的利用の比較を通して」『平成15年度情報通信学会年報』39-47.

小林哲郎・池田謙一（2005）「もう一つのデバイド――「携帯」デバイドの存在とその帰結」池田謙一編『インターネット・コミュニティと日常世界』誠信書房，47-66.

是永論（2011）「政治意識と情報行動――テレビ視聴と私生活志向の関連を中心に」橋元良明編『日本人の情報行動2010』東京大学出版会，257-273.

Menard, S. (2002). *Applied Logistic Regression Analysis*. Sage.

宮田加久子（2008）「情報メディアがソーシャル・キャピタルに及ぼす影響」稲葉陽二編『ソーシャル・キャピタルの潜在力』日本評論社，143-169.

宮田加久子（2010）「インターネット利用が政治参加に及ぼす効果――情報源と議論の場としてのインターネット」『情報通信学会誌』28(3)，43-52.

Miyata, K., & Kobayashi, T. (2008). Causal Relationship between Internet Use and Social Capital in Japan, *Asian Journal of Social Psychology*, 11，42-52.

Nakayama, S. (2002). From PC to Mobile Internet: Overcoming the Digital Divide in Japan, *Asian Journal of Social Science*, 30(2), 239-247.

Norris, P. (2001). *Digital Divide: Civic Engagement, Information Poverty, and the Internet Worldwide*. Cambridge University Press.

NTIA (1999). *Falling Through the Net*. (http://www.ntia.doc.gov/legacy/ntiahome/fttn99/contents.html，2013年1月31日アクセス)

Putnam, R.D. (2000). *Bowling Alone: The Collapse and Revival of American Community*. Simon & Schuster.（柴内康文訳（2006）『孤独なボウリング――米国コミュニティの崩壊と再生』柏書房）

Robinson, K.K., & Crenshaw, E.M. (2010). Reevaluating the Global Digital Divide: Socio-Demographic and Conflict Barriers to the Internet Revolution, *Sociological Inquiry*, 80(1), 134-162.

Shah, D.V. et al. (2005). Information and Expression in a Digital Age: Modeling Internet Effects on Civic Engagement, *Communication Research*, 32(5), 531-565.

Stewart, C.M. et al. (2006). Framing the Digital Divide: A Comparison of US and EU Policy Approaches, *New Media & Society*, 8(5), 731-751.

太郎丸博（2004）「社会階層とインターネット利用――デジタル・デバイド論批判」『ソシオロジ』48(3)，53-66.

Tichenor, P.J. et al. (1970). Mass Media Flow and Differential Growth in Knowledge, *Public Opinion Quarterly*, 34, 159-170.

Wei, L., & Hindman, D.B. (2011). Does the Digital Divide Matter More? Comparing the Effects of New Media and Old Media Use on the Education — Based Knowledge Gap, *Mass Communication and Society*, 14, 216-235.

Welsh, E. et al. (2001). The Truth about the Digital Divide, In B. Compaine (ed.), *The Digital Divide: Facing a Crisis or Creating a Myth?* MIT Press.

四元正弘（2000）『デジタルデバイド——情報格差』エイチアンドアイ.

Zhao, S., & Elesh, D. (2007). The Second Digital Divide: Unequal Access to Social Capital in the Online World, *International Review of Modern Sociology*, 33(2), 171-192.

Zickuhr, K., & Smith, A. (2012). *Digital Difference* (http://pewinternet.org/~/media/Files/Reports/2012/PIP_Digital_differences_041312.pdf, 2013 年 1 月 31 日アクセス)

補論
1

ケータイユーザーのインターネット利用

利用コンテンツから見る現状と展望

小寺敦之

ケータイをめぐるこの10年の大きな変化のひとつに，インターネット利用の増加と一般化が挙げられる．ケータイからインターネットを利用するユーザーは，2001年調査の36.1％から，2011年調査には52.3％へと伸長した．「パソコン系機器（以下，パソコンとする）を使ってインターネットを利用する」という割合（58.7％）には及ばないものの，ケータイによるインターネットアクセスは人々の日常生活に溶け込んでいると見てよい．私たちは，パソコンとケータイという両手段によって，いつでもどこでも世界中の情報や人々とつながる環境を手に入れたのである（ケータイのネット利用の変遷については第1章参照）．

では，インターネット利用における両デバイスの用いられ方にはどのような違いがあるのだろうか．例えば，ケータイからのアクセス，あるいはパソコンからのアクセスが目立つコンテンツというのは存在するだろうか．また，ケータイとパソコンの両方を使っている人はこれらをどのように使い分けているのだろうか．

メディアの使い分けについては，メディアの機能分析，あるいは利用と満足研究の分野で多くの研究蓄積がある．日本でも，紙新聞-電子新聞（福田，1997；橋元，2005），テレビ-ワンセグ放送（川上，2010），テレビ-動画共有サイト（橋元ほか，2010；小寺，2012）などでこの問題が提起されているが，インターネット利用におけるケータイとパソコンの使われ方に関する検討は見られない．だが，両者の関係性を探ることは，デバイスの違いが利用の在り方に影響を与えるのかを示すだけでなく，スマートフォンやタブレット端末の普及によってインターネット利用にどのような変化が生じるのかというモバイル社会の将来像を考える出発点としても有用な試みになると思われる．

以上の観点から，本補論では，ユーザーの側からアプローチした第3章を補完する形で，コンテンツの側からケータイユーザーのインターネット利用を捉え，その利用実態と将来性について検討したい．

(1) 利用サイトの比較

インターネット利用におけるデバイスの使い分けを考える出発点として，まず2011年調査における「ケータイでアクセスするサイト」と「パソコンでアクセスするサイト」を比較してみる（表1）．

双方から多く利用されているのは，「検索サイト」「ニュース」「天気予報」「地図」「交通機関情報」といった情報収集に関係するサイトである．なかでも「天気予報」「交通機関情報」のように外出先で必要とされる情報については，ケータイからのほうが多く利用されているようである．これらのサイトについて言えば，デバイスの違いというよりも必要とされる状況が利用傾向に少なからず影響を及ぼしていることが分かる．

ケータイとパソコンで大きな違いが見られたサイトもある．ケータイからのアクセスが多いものとしては，「着メロダウンロードサイト」「待ち受け画面サイト」「ケータイ小説」といったケータイ向けコンテンツに加えて，「SNS（mixiやFacebookなど）」や「Twitter」といった他者との交流に使われるコンテンツがあげられる．全体的にケータイはパソコンと肩を並べるには至っていないが，これら交流コンテンツは日本におけるケータイ利用が他者との交流を基盤として展開してきたことを物語っているようにも見える．つまり，日本のケータイは若者のコミュニケーションツールとして発展してきた部分が大きく（岩田ほか，2006；岡田・松田，2012；富田ほか，1997），現在のインターネット利用もその流れの中で捉えることができるというわけである．

一方，パソコンからのアクセスが多いコンテンツとしては，「料理・レシピ」「レジャー・旅行関連」「オンラインショッピング」「転職・求人情報」「オークション」「動画共有サイト（YouTubeなど）」など，細やかな検索を必要としたり，多くのデータをやり取りしたりするものがあげられる．キーボード入力を前提とするインタラクティブ性，大きな画面での概覧性，そして大容量のデータ通信といった技術的要素がこれらのコンテンツの利用条件となっており，そ

表1　デバイス別の利用サイト比較（%）

	ケータイから	パソコンから
検索サイト	59.1	74.6
ニュース	40.2	46.4
天気予報	49.0	36.2
着メロダウンロードサイト	15.9	2.1
音楽	14.0	18.6
スポーツ	13.1	17.7
料理・レシピ	11.5	20.6
待ち受け画面サイト	6.2	1.8
ゲーム	18.6	17.0
占い	2.3	2.3
地図	21.5	34.0
テレビ番組関連	4.3	8.3
レジャー・旅行関連	11.0	29.0
映画（館）情報	11.7	15.8
交通機関情報	32.3	27.3
チケット予約	8.1	15.1
株取引	1.3	3.4
出会い・友達	.9	.9
バンキング	2.6	7.5
オンラインショッピング	12.4	30.4
レストラン予約	4.2	3.9
転職・求人情報	1.7	4.1
オークション	8.4	13.8
ケータイ小説	4.5	1.3
マンガ	1.9	3.3
動画共有サイト（YouTubeなど）	16.7	31.8
アダルトサイト	1.7	3.4
SNS（mixiやFacebookなど）	22.8	12.4
ブログ，ホームページ（個人開設）	17.3	19.3
Twitter	9.7	6.3
プロフィールサイト	1.9	.6
ウェブメール	6.1	6.1

れがケータイからの利用の阻害要因になっていることも示唆される．

概して，ケータイからは娯楽や交流を目的としたものが，パソコンからはより実用的なコンテンツが多く利用される傾向にある．興味のあるコンテンツであれば利用媒体は問われないということはなく，各コンテンツの性質に適合したデバイスが使用されていると言えそうである．

(2) ケータイとパソコンの使い分け

上述の比較は，あくまでもケータイとパソコンの両デバイスから利用されているサイトを単純に比べたものに過ぎない．2011年調査によると，インターネットへのアクセスは「ケータイのみで（16.7%）」「パソコンのみで（27.7%）」「両方から（55.5%）」という形で行われており，半数以上のインターネット利用者がケータイとパソコンの両方を使用していることが示されている．つまり，両デバイスがどのように使い分けられているかを明らかにするためには，ケータイとパソコンの両方からインターネットにアクセスしているユーザーの利用実態を知る必要がある．

表2は「両方から利用」と回答した人に限定して，ケータイとパソコンの利用コンテンツの割合を示したものである．

「SNS（mixiやFacebookなど）」「Twitter」といったコミュニケーションを目的としたコンテンツ，あるいは「ニュース」「天気予報」といった外出先で必要とされるようなコンテンツはケータイとパソコンの「両方で利用」される傾向が高いものの，全体を通して「両方で利用」と回答されたサイトは必ずしも多くない．むしろ，ケータイからアクセスするサイト，パソコンからアクセスするサイトの区分がかなり明確であるように見受けられる．

（1）と同様に，「着メロダウンロードサイト」「待ち受け画面サイト」「ケータイ小説」のようにケータイに特化したサイト，あるいは「プロフィールサイト」「ゲーム」のようにケータイ向けサービスが盛んなサイトを除けば，やはり多くのコンテンツが「パソコンのみで」利用されている．インターネットの発展は，検索の多様化・複雑化や，多彩なリッチデータの使用を伴うものであり，ケータイの画面サイズや操作性では対応できないものになっていると思われる．したがって，専用コンテンツの利用を除くと，ケータイからのインターネットアクセスが，パソコンからのアクセスを補完するレベルに至っているかも疑問であり，また人々のインターネット利用の拡大に寄与しているとの評価も留保せざるを得ないような状況にあると言えそうである．

ただし，大学生が「就職活動のためにスマートフォン」を買い求めるように，

表2　ケータイ・パソコン重複利用者の両デバイスの使い分け（%）

	ケータイのみで利用	パソコンのみで利用	両方で利用
検索サイト	8.7	30.4	61.0
ニュース	19.0	32.9	48.1
天気予報	41.6	18.9	39.5
着メロダウンロードサイト	87.0	5.2	7.8
音楽	25.0	56.3	18.8
スポーツ	20.8	40.8	38.3
料理・レシピ	25.4	56.0	18.7
待ち受け画面サイト	67.6	17.6	14.7
ゲーム	39.9	33.3	26.8
占い	40.9	45.5	13.6
地図	24.4	46.2	29.5
テレビ番組関連	21.7	63.3	15.0
レジャー・旅行関連	7.3	63.8	28.8
映画（館）情報	23.5	43.7	32.8
交通機関情報	36.9	22.4	40.8
チケット予約	12.0	61.5	26.5
株取引	4.8	57.1	38.1
出会い・友達	33.3	55.6	11.1
バンキング	8.9	71.4	19.6
オンラインショッピング	7.1	68.7	24.2
レストラン予約	36.2	44.7	19.1
転職・求人情報	11.1	75.0	13.9
オークション	9.3	56.7	34.0
ケータイ小説	69.0	20.7	10.3
マンガ	37.5	50.0	12.5
動画共有サイト（YouTubeなど）	7.5	60.8	31.6
アダルトサイト	10.3	65.5	24.1
SNS（mixiやFacebookなど）	36.1	16.7	47.2
ブログ，ホームページ（個人開設）	25.5	39.9	34.6
Twitter	30.9	14.7	54.4
プロフィールサイト	72.7	18.2	9.1
ウェブメール	39.3	34.4	26.2

スマートフォンやタブレット端末の展開，あるいは高速回線の普及は，この状況に大きな変化をもたらす可能性がある．パソコンのモバイル化がコンテンツ利用の境界線を曖昧にするのか，あるいは両者に何らかの差別化が生じるのかは今後も追っていくべき課題ではあるが，では単純にスマートフォンやタブレ

ット端末の普及がパソコンと同等の利用状況を生み出すと考えてよいものだろうか．最後に，ケータイのインターネット利用とライフスタイルとの関係を見ることでその将来性を推測してみたい．

(3) ケータイユーザーのインターネット利用

個別コンテンツの利用者属性については，各コンテンツ事業者が発表する資料を含め多くの調査が行われているが，いずれもが表層的な情報の提示に止まっており，それらのコンテンツ利用が人々のライフスタイルとどのように関わっているかについての総合的な知見を見出すには至っていない．だが，多彩なコンテンツ利用の中にも一定の傾向を見ることができるならば，それは今後のインターネット利用がどのようなものになっていくかを考える材料になると思われる．そこで，以下では，飽戸（1999）のライフスタイル分析に倣い，ケータイからのインターネット利用とライフスタイルとの関係について検討する．すなわち，コンテンツの利用傾向によってケータイユーザーを分類して，それぞれのグループがどのような人々によって構成されているのかを捉えていくというわけである．

ケータイ・サイトの利用コンテンツを，因子分析によって「交流」「ニュース」「ショッピング」「レジャー」「エンタテイメント」の5タイプに分類し，それぞれの因子得点を変数としたクラスタ分析でケータイからインターネットにアクセスすると回答したユーザーを分類した結果，ケータイユーザーを4グループに分けることができた（表3）．利用コンテンツ自体が少なく，目立った特徴がない「非活性型」が最も多いという弱点はあるものの，「娯楽志向型」「生活志向型」「情報志向型」と名付けた残りのグループには比較的明瞭な特徴が見出せた．

「音楽」「ゲーム」「動画共有サイト（YouTubeなど）」といったエンタテイメントコンテンツや「SNS（mixiやFacebookなど）」のような交流コンテンツを利用の中心に据える「娯楽志向型」は，圧倒的に就学中の未成年層に多い．パソコンからのウェブアクセスは低調で，「着メロダウンロードサイト」「待ち受け画面サイト」といったケータイ向けコンテンツの利用が多いのもこのグループの特徴である．端的に言えば，社会情報や生活情報にほとんど関心を払うこ

表3　利用コンテンツのクラスタ分析結果（上）とライフスタイルとの関係（下）

	交流	ニュース	ショッピング	レジャー	エンタメ
娯楽志向型（n＝87）	.940	-.155	-.299	.141	1.467
生活志向型（n＝86）	.881	.283	2.574	.616	-.026
情報志向型（n＝208）	-.209	1.195	-.300	.057	-.280
非活性型（n＝313）	-.365	-.829	-.425	-.246	-.215

	娯楽志向型	生活志向型	情報志向型	非活性型
主な利用コンテンツ	音楽 ゲーム 動画共有サイト SNS	オンラインショッピング オークション 料理・レシピ	ニュース スポーツ 天気予報	—
デモグラフィック要因	— 10歳代 小学校～高校 仕事なし	女性 19～30歳 — —	男性 31歳以上 大学・大学院 仕事あり	— — — —

となく，ケータイを玩具のように所持・利用しているグループと言える．

「料理・レシピ」「映画（館）情報」「オンラインショッピング」「レストラン予約」「オークション」といった実用的コンテンツを多く利用する「生活志向型」は，女性の比率が高く，年齢層も19～30歳代が多い．後述の「情報志向型」に比べるとパソコンからのアクセスが多いとは言えないが，その一方で「ニュース」「天気予報」「交通機関情報」といったニュースサイトや，「SNS（mixiやFacebookなど）」「ブログ，ホームページ（個人開設）」「動画共有サイト（YouTubeなど）」といったエンタテイメントや交流に関するサイトの利用も幅広く見られ，他のグループよりも利用コンテンツの散らばり方は多彩である．ケータイからのインターネット利用に多様性を与えており，ケータイを日常生活における秘書的位置付けでフル活用しているグループであることが推察される．

「ニュース」「天気予報」「スポーツ」「交通機関情報」のようなコンテンツ利用が中心となる「情報志向型」は男性に多く，30歳代以上の幅広い年齢層が該当する．大学卒業以上の学歴を有し，就業者の割合が高い．このグループの大きな特徴は，上述した一部のコンテンツを除くと，ケータイからのインターネット利用は概して低調であり，他方でパソコンのインターネット利用がかなり高いことである．インターネットへのアクセスはパソコンを主力としており，ケータイはあくまでも補助的な役割に過ぎないグループであることが示されている.

「非活性型」は，ケータイからのインターネット利用自体が低調で，上記3グループに分類されるほど明確な傾向を示さなかった利用者を指す．限定的なコンテンツのみを利用しているユーザーであると推測され，性別・年齢層・学歴・就業・パソコンからの利用コンテンツといった全ての項目で特徴的な要素は見出せなかった.

もちろん，ここで示されたライフスタイルとの関連性は，調査データから導き出された傾向であり，「情報志向型」に属する女性や，「娯楽志向型」に属する年輩者も少なからず存在する．だが，ケータイからアクセスされるサイトという分析軸で利用者を分類すると，利用コンテンツはライフスタイルと非常に強い関わりを持っていることが改めて明確になった．若年層にとって，ケータイは仲間同士のコミュニケーションツール，あるいは玩具のような位置付けに過ぎないかもしれないが，実用的な利用が必要となる立場，多様な情報が必要となる立場に進むと，ケータイの使われ方は自分の生活に合わせる形でそれまでと別物になっていくのである.

第3章や第7章でも指摘されているように，ケータイ利用の在り方は，人々のライフスタイルと強い関わりを持っている．本補論では，利用コンテンツの違いからその様相を捉えてみた．ケータイでどのようなサイトにアクセスする必要があるか，あるいはどのようなサイトに関心を持つ生活を送っているのかが大きな規定因であるということは，ケータイの使われ方は私たちの社会生活を映し出したものに過ぎないことを意味する．(2) で指摘したように，スマートフォンやタブレット端末によって利用コンテンツの在り方が変化する可能性はある．だが，上述した社会的要因が変わらず規定力を持ち続けるのであれば，デバイスやインターフェイスの変化によって人々のインターネット利用の在り方が大きく変わる可能性は低い．少なくとも，ケータイや通信の技術が進化して，インターネットが多様化・複雑化したとしても，ユーザーの側が技術に利用傾向を合わせるようになるとは考え難い．その意味では，スマートフォンやタブレット端末が人々のライフスタイルに革新的な影響を与えるというよりも，私たちがそれらの新しい技術に何をさせようとするのかが未来のモバイル社会の姿に影響を及ぼすと言えよう.

参考文献

飽戸弘（1999）『売れ筋の法則——ライフスタイル戦略の再構築』筑摩書房.

福田充（1997）「インターネット時代における電子新聞の利用実態とその影響——インターネット利用者調査から見た新聞利用の変容」『情報通信学会年報』9, 79-91.

橋元良明（2005）「現状はニュースサイトと補完関係——利用動向調査から読む新聞への影響」『新聞研究』642, 15-18.

橋元良明ほか（2010）「ネット動画視聴，周囲のネット利用者環境，ワンセグテレビがテレビ視聴時間に及ぼす影響—— 2009年全国情報行動調査より」『東京大学大学院情報学環情報学研究（調査研究編）』26, 1-26.

岩田考ほか（2006）『若者たちのコミュニケーション・サバイバル——親密さのゆくえ』恒星社厚生閣.

川上孝之（2010）「携帯ワンセグ放送と地上波テレビ放送の代替・補完の可能性——携帯電話による視聴状況・評価からの考察」『白山社会学研究』17, 73-84.

小寺敦之（2012）「動画共有サイトの「利用と満足」——「YouTube」がテレビ等の既存メディア利用に与える影響」『社会情報学研究』16(1), 1-14.

岡田朋之・松田美佐（2012）『ケータイ社会論』有斐閣.

富田英典ほか（1997）『ポケベル・ケータイ主義！』ジャストシステム.

補論 2

ネット依存とケータイ依存

辻 大介

「ネット依存」あるいは「ネット中毒」という語は，インターネットの普及とともに，一般にも広く認知されるようになった．原語は“internet addiction”であり，北米，ヨーロッパを中心に研究が進められ，アジア圏ではとりわけ韓国，中国において日本以上に問題が深刻視されている．

一方，日本ではケータイへの依存も，比較的初期の普及段階から問題にされてきたが，ネット依存に比して国際的な注目度は薄く，また，ネット依存の下位カテゴリーとして類比的にとらえられることも多い．しかしながら，本書の多くの章でも分析されているように，パソコンによるネット利用とケータイによるそれには，機器の特性や利用の文脈，利用者の属性等に由来する違いが少なからずみられる．そのことからすれば，パソコンを介したネット利用への依存（以下では，これを指して単に「ネット依存」と表記する）と，ケータイへの依存にも，関連要因に差があるのではないだろうか．

このことを検討した日本での実証研究はきわめて少ない．また，それらの数少ない研究も，調査対象が大学生（坂西，2011）や，特定のSNS利用者（橋元ほか，2011）に限られ，サンプルの代表性・信頼性の面で必ずしも十分とは言えない．そこで以下では，無作為抽出による今回の2011年全国調査のデータを用いて，ネット依存とケータイ依存に関連する要因の分析をいくつかおこなってみることにしたい．

(1) ネット依存／ケータイ依存の尺度の構成

ネット依存に関する研究は数多いものの，その定義および測定手法については，いまだ研究者間でも少なからず異同がある（Byun et al., 2009）．ここでは，緩やかな定義として，「個人の心理・情緒の状態，および勉学・仕事・社交上の相互行為が，メディアの過度の利用によって損なわれている」(Beard, 2005) こととし，比較的よく用いられるヤング（Young, 1998=1998）の設問等を参考に，ネット依存／ケータイ依存の程度を測るため，次の4項目をパラレルな形で設定した．

a）インターネットが／ケータイが原因で，仕事や勉強，家事がおろそかになることがある
b）予定していたよりも多くの時間，インターネットを利用して／ケータイに触ってしまいがちだ
c）体や心によくないと思っていても，時間に見境なくインターネットを利用して／ケータイに触ってしまいがちだ
d）インターネットが／ケータイが原因で，睡眠不足になることがある

いずれも調査票では「あてはまる」〜「まったくあてはまらない」の4件法で回答を求め，各3〜0点を割り当てて，単純加算して合成尺度を構成した．したがって，いずれの尺度も最大値は12点，最小値は0点になる．クロンバックのα係数は，ネット依存尺度，ケータイ依存尺度ともに.89で，十分な水準の信頼性が確認された．

パソコンによるネット利用者（以下，「PCネット利用者」）833名におけるネット依存尺度スコアの平均値は3.44（標準偏差3.37），ケータイ・ネット利用者680名におけるケータイ依存尺度スコアの平均値は3.17（標準偏差3.18）である．最頻値はいずれも0点で，PCネット利用者の31.2%，ケータイ・ネット利用者の31.8%が，これに該当した．スコアが11点以上の場合，すなわち4項目中少なくとも3項目に「あてはまる」と回答している場合は，かなり依存傾向の強い者とみなせようが，これに該当するのは，PCネット利用者の4.2%，ケータイネット利用者の3.1%であった．

(2) ネット依存／ケータイ依存と性・年齢・学歴の関連

つづいて，性・年齢・学歴が，これらの依存傾向とどう関連するかをみてみよう．

表1　ネット依存／ケータイ依存に関する重回帰分析の結果（1）

（数値は標準化後の偏回帰係数）	ネット依存	ケータイ依存
性別ダミー（男性1，女性2）	.02	.11**
年齢	-.37***	-.44***
学歴（教育年数に換算）	.12***	-.09**
adj. R^2	.12***	.24***
*** p<.001，** p<.01 の有意性	（N=808）	（N=661）

ネット依存尺度スコアの平均値は，男性3.37点，女性3.53点で，有意な差は認められない．一方，ケータイ依存尺度スコアは，男性2.68点に対して，女性3.69点と1ポイントも高く，女性の方がより依存的な傾向にある（t検定の結果，0.1%水準の有意差）．

年齢については，ネット依存尺度との相関はr=-.33，ケータイ依存尺度とはr=-0.47であり，いずれも若いほど依存度が高いという傾向がみられる（0.1%水準の有意性）．

学歴については，大学卒以上（短大・高専卒含む）と高校卒以下（中学卒含む）で比較した場合，ネット依存尺度スコアはそれぞれ3.26点，3.59点であり，有意な差はみられない．だが，ケータイ依存尺度スコアは，大卒以上の2.67点に対して，高卒以下では3.63点と，1ポイント近く高くなっている（0.1%水準の有意差）．

以上の，性・年齢・学歴（教育年数に換算）を独立変数に投入し，ネット依存／ケータイ依存それぞれの尺度スコアを従属変数とした重回帰分析をおこなった結果が，表1である．係数値は標準化後のものであり，それぞれの属性変数がどのくらい依存傾向に関連しているか，その度合いの大小を表している．

ネット依存とケータイ依存，それぞれの関連属性を比較すると，2つの特徴が指摘できよう．1つは，平均値の単純比較でも認められたように，ケータイ依存は女性の方が強くなる傾向にあるが，ネット依存は性別と無関連なことである．もう1つは，ケータイ依存は学歴が低いほど強くなる一方で，ネット依存は学歴が高いほど強くなるという，逆向きの関連がみられることだ．パソコン（によるネット利用）が高学歴者の，ケータイが低学歴者のメディアであることは，それらへの依存傾向にも反映されると言えるだろう．

表2　ネット依存／ケータイ依存に関する重回帰分析の結果（2）

（数値は標準化後の偏回帰係数）	ネット依存	ケータイ依存
性別ダミー（男性 1，女性 2）	.01	.09**
年齢	−.29***	−.38***
学歴（教育年数に換算）	.10***	−.11**
関心ある情報をあれこれ探すのが好きだ	.16***	.06
仲間に自分がどう思われているか気になる	.15***	.18***
adj. R^2	.16***	.27***
*** $p<.001$，** $p<.01$ の有意性	（N=799）	（N=652）

(3) コンテンツへの嗜癖か，関係性への嗜癖か

次に，パソコンとケータイによるネット利用の文脈・コンテクストの違いに注目した分析をおこなってみたい．一般に，パソコンによるネット依存は，情報探索・収集やゲーム，動画など，情報コンテンツの娯楽性に嗜癖する（addict）側面が注目されがちで，しばしばギャンブル依存にもなぞらえられる．他方，ケータイ——とりわけケータイ・メール——の利用で注目されてきたのは，たとえばメールが途切れると友人から悪く思われたのではないかと不安になるような，対人関係への嗜癖である（羽渕，2002；辻，2008 など）．それはケータイが，まさに携帯電話という対人的コミュニケーションのメディアから出発し，また，24 時間個人に密着して関係を取りもちうるという利用の文脈とも関係していよう．

ネット依存とケータイ依存において，こうした情報コンテンツへの嗜癖と関係性への嗜癖という側面は，それぞれどのくらい認められるのだろうか．この点を今回の調査データから検討するにはいくぶん限界もあるのだが，試行的に「関心ある情報は多少苦労しても自分であれこれ探すのが好きだ」「仲間に自分がどう思われているかが気になる」という 2 項目を用いて，重回帰分析をおこなってみた結果が，表 2 である（性・年齢・学歴はここでは統制変数として投入している）．

ネット依存には，「情報を探すのが好き」も「仲間にどう思われているか気になる」も有意に関連しているが，ケータイ依存については，前者の情報探索欲求とは関連が認められない（有意確率は $p=.08$ の参考水準にとどまる）．ケータイ依存は，パソコンによるネット依存とは異なり，情報コンテンツへの嗜癖と

いう色合いが薄く，もっぱら関係性への嗜癖に彩られていると言えそうだ．

また，ネット依存の場合も，その内実は一枚岩的にとらえられるものではなく，コンテンツに嗜癖するクラスターと，関係性に嗜癖するそれに，分かれるものなのかもしれない．今後，より詳細な実証研究の進められるべき課題であろう．

参考文献

Beard, K. W. (2005). Internet Addiction: a Review of Current Assessment Techniques and Potential Assessment Questions, *CyberPsychology & Behavior*, 8 (1), 7-14.

Byun, S. et al. (2009). Internet Addiction: Metasynthesis of 1996-2006 Quantitative Research, *CyberPsychology & Behavior*, 12(2), 203-207.

羽渕一代（2002）「ケータイに映る「わたし」」岡田朋之・松田美佐編『ケータイ学入門』有斐閣，101-121.

橋元良明ほか（2011）『ネット依存の現状——2010年調査』（総務省・安心ネットづくり促進協議会共同研究報告書）.

坂西秀美（2011）「インターネット依存と心理的要因——パソコンと携帯電話の比較」『臨床心理学研究』9，141-161.

辻大介（2008）「ケータイは公共性の敵か——若者の親密な関係性をめぐる問題化の構図」羽渕一代編『どこか〈問題化〉される若者たち』恒星社厚生閣，95-112.

Young, K. S. (1998). *Caught in the Net: How to Recognize the Signs of Internet Addiction and a Winning Strategy for Recovery*. John Wiley.（小田嶋由美子訳（1998）『インターネット中毒——まじめな警告です』毎日新聞社）

補論
3

緊急時のケータイ利用

東日本大震災時の情報ニーズとケータイ利用

吉井博明

100年前に起きたタイタニック号の沈没事故は，無線通信を有効に利用していれば回避できた事例として人々の記憶に深く残っている．また，関東大震災のときに起きたデマとそれに伴う朝鮮人虐殺という忌まわしい事件は，ラジオ放送が実用化されていれば防げたかもしれないと言われている．このように無線通信は，その実用化初期から災害や事故などの緊急事態における有効性が強く認識されていた．この無線通信の技術にコンピュータの技術が加わった史上最強のモバイル端末がケータイである．もちろん，ケータイの時代に入った現在でも，そのもっとも基本的な役割は緊急時の情報収集・伝達である．2011年3月11日に発生し，2万人近くの犠牲者を出した東日本大震災はケータイの実力，有効性を試す絶好の機会であった．ケータイは期待された緊急時の役割を十分に果たすことができたのであろうか．ここでは，東日本大震災の津波被災者を対象にした調査結果を引用しつつ，ケータイが実際にどのように使われたのか，その利用実態と有効性および限界について分析する．

(1) 災害の時期区分とケータイ

災害時に必要とされる情報は時期によって異なるので，時期ごとに必要とされる情報とケータイによって提供されるサービスの対応関係を示す必要がある．まず地震発生の直前には，ほとんどのケータイ端末に標準装備されている，緊急地震速報によって大きな揺れが来ることを知ることができる．大きな揺れに襲われた直後は，揺れによる被害を心配し，家族等の安否を知りたい人が多く，ケータイの通話やメール，場合によってはTwitter等のSNSを通じて安否を知らせたり，入手しようとする．また，大津波が来襲する前には気象庁が発表

表1 災害の時期区分とケータイによって入手・提供が可能なサービス

時期	必要情報	ケータイによる提供サービス
地震来襲直前	緊急地震速報	受信機能標準装備
直後～津波来襲まで （避難期）	安否情報 大津波警報	通話，メール，SNS ワンセグ，SNS，エリアメール等
避難・救助期	安否・居所情報	通話，メール，SNS
避難場所等 （避難生活期）	被害関連情報等 生活情報	ワンセグ，SNS，通話，メール ワンセグ，SNS，通話，メール

する大津波警報をワンセグ放送やSNS，メールなどを通じて入手することが可能である．津波からの避難が遅れ，建物の上階や屋上に取り残された場合は，ケータイの通話やメール，SNSなどを通じて救助を要請することができる．さらに，津波の危険を避けて安全な場所に避難した後は，避難者同士で情報交換したり，ケータイを含むさまざまなメディアにアクセスすることによって，家族の安否や地域の被害，余震の見通し等の必要な情報を入手しようとする．避難生活をする上で必要な救援物資等の情報をケータイから入手し，友人等へ提供することもなされる（表1）．

以下，既存のいくつかの調査結果[1)]に基づき，ケータイが災害の時期ごとに必要とされる情報の受発信に実際にどの程度の役割を果たしていたのか見ていくことにする．

(2) 地震来襲直前：緊急地震速報の入手とケータイ

2007年から本格運用が始まった緊急地震速報は，今回，多くの被災地住民が受け取ることに成功している．被災3県を対象とした調査（内閣府1，2012）によれば，緊急地震速報を受け取ることができた人は，35.1%（災害情報研究会（2012）によると33.2%）に達している．入手ルートを見ると，もっとも多かったのが「携帯電話で見聞きした」人の15.4%で，テレビの7.5%，ラジオの10.2%を上回っている．この事実は，今回の災害でケータイが緊急時通報に非常に有効に機能したことを示している．しかし，図1に示したように，ケータイからの入手率は年代差が大きく，30歳代以下では，3割を超しているのに対して，60歳代では12.1%，70歳代では3.9%と激減してしまう．緊急地震速報という危険回避を促す情報の入手が，ケータイの機種や利用リテラシーに依存

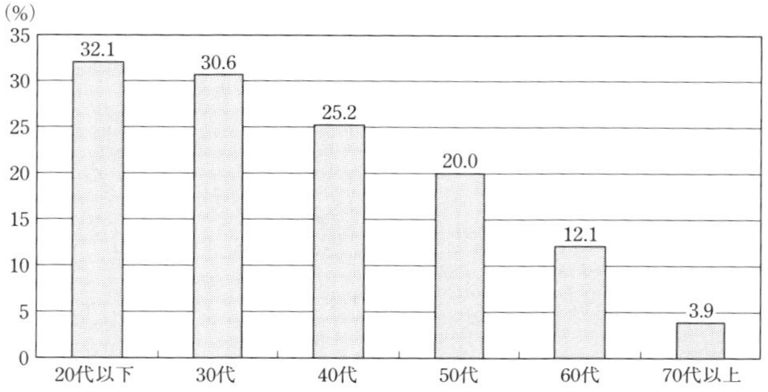

図1　緊急地震速報のケータイによる入手率の年代差

出典：内閣府1資料を用いて筆者が計算

しているという限界があったことも事実である.

(3) 避難期

①大津波警報や市町村による避難の呼びかけの入手とケータイ

東日本大震災では，揺れによる被害よりも大津波による被害の方がはるかに大きかった．大津波が被災3県の沿岸堤防を越えるまでに早いところでも30分程度，遅いところでは70分以上の余裕があった（国交省，2012）．地震の揺れで大津波の来襲を予想し，すぐに高台等に避難していれば，命は助かったのである．しかし，多くの人は自分が居るところまでは津波が来ない，来ても大したことはないと楽観的に考えたり，親の様子を見に行ったり，子どもを迎えに行くなどしたため避難が遅れた．また，気象庁が発表した大津波警報は予想津波高を次々に上方修正する（第1報は14時50分＝宮城県6m，岩手・福島両県は3m，第2報は15時14分＝宮城県10m超，岩手・福島両県は6m，第3報は15時30分＝3県とも10m超と発表）という失敗をした．しかし，それでも多くの人は津波が来る前に避難を開始した．そのきっかけになったのが大津波警報と市町村による避難の呼びかけなどであった．

大津波警報は通常テレビからの入手が多いが，今回は多くの被災地で停電したためテレビからの入手が少なく，津波来襲の前に入手できた人は約半数（サーベイ＝56.1%，国交省＝50.6%，内閣府2＝58.0%）に留まっている．テレビの代替として，地上波テレビと同じ放送番組を入手できるケータイのワンセグ放送からの入手が期待された．しかし，ワンセグ放送からの入手率は，大津波警報入手者の4～5%程度（内閣府1 = 3.8%，内閣府2 =「ワンセグ放送（携帯電話など）」= 5.1%）に留まっている．今回の調査によると，普段のワンセグ放送利用者はケータイ利用者の20%程度なので，普段のワンセグ放送利用者の2割程度しか使っていなかったことになる．

大津波警報の情報源として，今回もっとも多かったのが，市町村の防災行政無線（多くは屋外スピーカー）で，入手者の約半数がここからであった．ケータイのメールからの入手も2%程度（災害情報研究会では2.4%，内閣府2では「家族や知人・友人からの電話やメール」が2.3%）と小さかった．また，帰宅困難者が活用したと言われるソーシャル・メディア（「Twitter，Facebookなどのソーシャル・メディア（携帯電話などから閲覧）」）から大津波警報を入手した人は0.2%，「携帯電話などのウェブサイト」も0.8%（ともに内閣府2）ときわめて低く，大津波警報の入手ルートとしてはほとんど機能していない．

市町村が出した避難の勧告・指示（呼びかけ）は，時間的余裕がなかった上に，津波来襲予想エリアが広いためテレビ・ラジオではほとんど流すことができなかった．一部の市町村がエリアメールで流そうとはしたが，実際はできなかったようである．内閣府2によると，市町村からの避難の呼びかけの入手率はほぼ半数（48.3%）で，入手源は2／3が市町村の防災行政無線（65.9%），次が市町村・警察・消防の人や広報車（39.6%），3番目がそのとき周囲にいた人から直接の口伝え（19.1%）と続き，「家族や友人・知人からの電話，メール」は3.1%と少ない．

大津波警報の入手は，通常，もっとも有力な入手源である，テレビが使えず，それに代わって重要な役割を果たしたのが，市町村防災無線であり，ケータイのワンセグやメール，SNS等は一定の役割を果たせたというものの，マイナーな存在に留まったのである．

②大津波来襲までの安否確認とケータイ

東日本大震災は平日（金曜日）の午後2時46分という，家族がもっとも分散している時間帯に発生した．震度6程度の大きな揺れが収まった後，多くの人

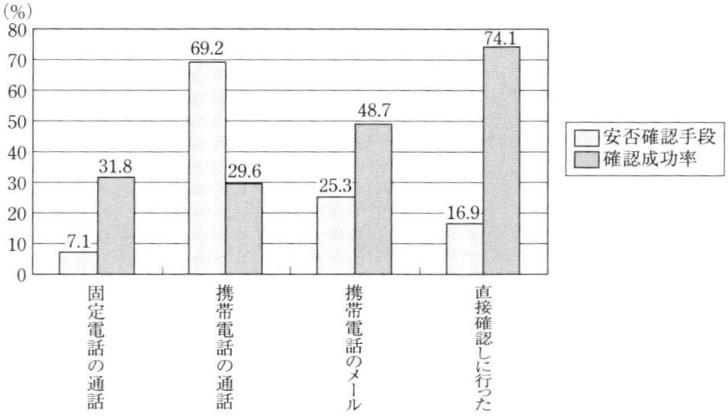

図2　安否確認の方法と確認成功率

出典：内閣府1

は家族や親戚，友人・知人の安否が気になった．このとき居た場所は，自宅が5割，職場が3割，移動中が1割，その他が1割であった．内閣府1によると，地震発生の直後もしくは揺れが収まってから津波が来るまでの間に電話やメールを使って安否確認をした人は，約半数（51.6%）で，若い人，仕事で会社や学校にいた人，外出中の人などで多く見られ，確認相手は同居家族や同居していない家族（親や独立している子ども）が多い．確認手段は，相手によって多少の違いはあるが，「携帯電話の通話」がもっとも多く（同居家族の場合）6〜7割，続いて「携帯電話のメール」が3割前後，「直接確認しに行った」人も1〜2割いた．その結果，安否の確認ができた人は，約4割（40.3%）で，試みた人の約6割は確認できていない．また，安否確認の成功率は確認手段によって大きく異なり，図2に示したように，同居家族の場合，もっとも高いのが「直接確認に行った」の74.1%で，次が「携帯電話のメール」の48.7%，「固定電話の通話」の31.8%，「携帯電話の通話」の29.6%となっている．ケータイの通話は，安否確認にもっともよく使われるものの，輻輳等のため成功する率はもっとも低くなっている．

(4) 避難・救助期

①避難時にケータイを持って行ったか

津波浸水域にいた人の中で，避難に際してケータイを持って行った人は，4

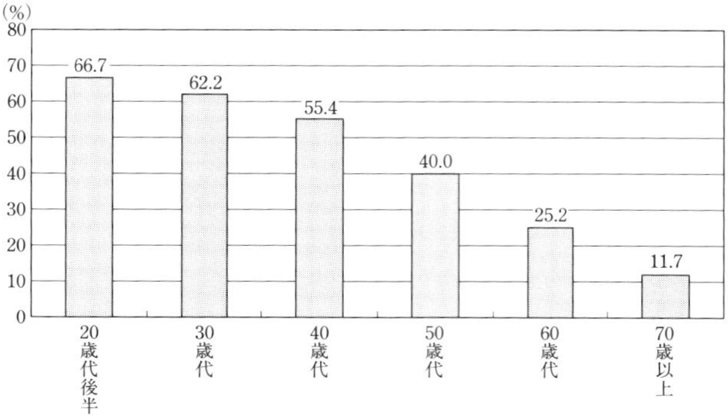

図3　避難の際にケータイを持って行った割合

出典：サーベイリサーチセンター（2011）

割前後（サーベイリサーチ＝36.1%，内閣府2＝41.6%）に留まっている．ほとんどの人がケータイを持っていたことを考えると，避難時にケータイを持って行けないほど，津波が迫ってきてからの避難が多かったことを示唆している．また，図3に示したように，ケータイを持って行った割合は年代が上がるとともに，急激に減少していることがわかる．日常的に肌身離さず持っている若い人は災害時にも忘れずに持って行っている様子が伺える．

また，避難時に持って行った物の数が多い人ほどケータイを持って行っていることを考えると，余裕をもって，持ち出し品も冷静に考えた上で避難した人の場合は，ケータイを持って行っている様子が伺える．実際，避難開始までの時間との関係をみると，揺れている間や揺れが収まってすぐに避難を開始した人や，避難開始まで揺れが収まってから20分以上かかっている人の場合，ケータイを持って行った人が少ない傾向がみられた．

②救助要請とケータイ

津波避難が間に合わなかった人の多く（内閣府1＝浸水地域の住民の16.3%）は，近くのビルや高い建物の上階または屋上に避難した．これらの人の多くは，「津波がぎりぎりのところまで迫っていて，恐怖を感じた」という．そこでは電気・水道・ガスが使えず，外部との連絡手段がなく，外部の情報もわからない状況であった．しかし，一部の人はメールやSNSを通じて外部と連絡し，救助を要請している．その中でも幸運にも救助に結びついた事例も報告されている．マス・メディアでもたびたび取り上げられた気仙沼中央公民館の救助事例は，ケータイ・メールとTwitterを通じた救助要請が東京消防庁のヘリコプターによる救助に結びついた「命のリレー」として有名になった（中日新聞，2012）．

（5）避難生活期

①避難場所での情報ニーズ

地震発生からの数日間に知りたかったことをみると，図4に示したように，「家族や知人の安否について」が67.4％ともっとも高くなっている．地震発生が平日の午後2時46分と家族がもっとも分散している時間帯であったことや，回答者（調査実施時期＝2011年4月15〜17日に避難所にいた人）の多くが連絡がとれない家族・親戚・知人がいたことを反映している．2番目に高かったのが，「地震や津波の被害状況について」（48.3％）で，津波による被害の全容がなかなか把握できなかったことを反映している．「水・食料や生活物資について」が3番目に多くなっているが，通常の災害であれば，翌日，遅くとも翌々日には必要な救援物資はすべて被災地に届けられるが，東日本大震災では救援活動の体制確立に手間取ってしまった．それは，役場が流失し多くの職員が亡くなり，通信も途絶えてしまったため，市町村の機能が完全に麻痺したところが少なくなく，どこでどのような救援物資をどのくらい必要としているのかという情報が入ってこなかったことが主な原因であった．また，ガソリンや軽油の供給体制が崩れ，救援物資を被災地まで運ぶことが困難になったことも大きく影響している．

これらの情報の主たる入手源としては，ラジオ，新聞といったマス・メディアが中心であったが，口コミ情報とケータイも一定の役割を果たした．

②津波来襲後の安否確認とケータイ

阪神・淡路大震災以降に発生した災害では，ケータイの通話やメールを活用し，ほとんどの被災者が当日中に家族などと連絡がとれたが，東日本大震災では当日中に家族全員の安否がわかった人は41.2％に留まっている（サーベイリ

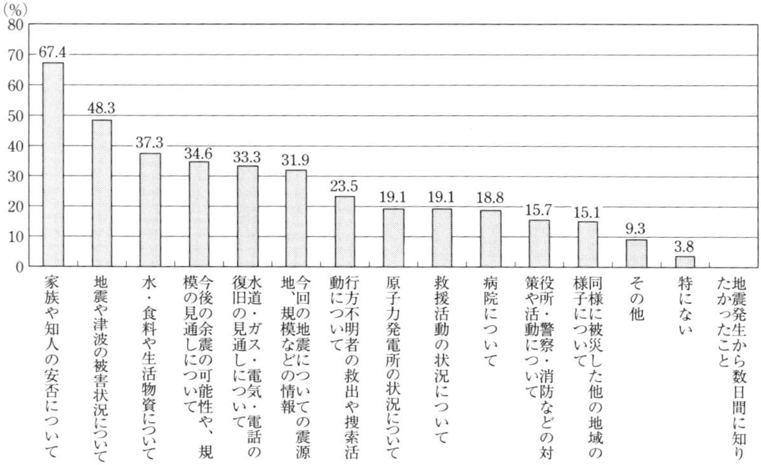

図4 地震発生から数日間に知りたかったこと（MA）

出典：サーベイリサーチセンター（2011）

サーチセンター，2011）．また，5日以上経っても家族全員の安否がわからなかった被災者が実に17.1%と2割近くもいた．その理由としては，1）固定電話が使えなくなったことに加えて，携帯電話網も津波による中継基地等の被害や停電に伴うバッテリー切れで途絶状態になったこと，2）津波に流されたり怪我をして病院に運び込まれたりした家族が多くいたこと，3）家族がバラバラに避難し，お互いに避難所を探し回ったことなどが挙げられる．図5に示したように，怪我をした家族がいたり，亡くなったり不明の家族がいた場合は，安否がわかるまでに相当の日時を要しており，調査時点（4月15〜17日）でいまだに安否がわからない家族がいる割合が2割を超えている．

もっとも基本的役割である安否連絡が災害時にできないという課題に対して，NTTが阪神・淡路大震災後に開発したシステムが災害用伝言ダイヤル（171番）であり，そのケータイ版が災害用伝言板である．これらの利用率は，災害用伝言ダイヤルが3.0%，災害用伝言板が4.8%に留まっている（災害情報研究会）．このように利用率が低かった理由としては，1）通信設備の被害が大きかったためシステムが使えなかったところが多かったこと，2）被災者がこれらのシステムに安否情報を入力することが難しかったことなどがある．

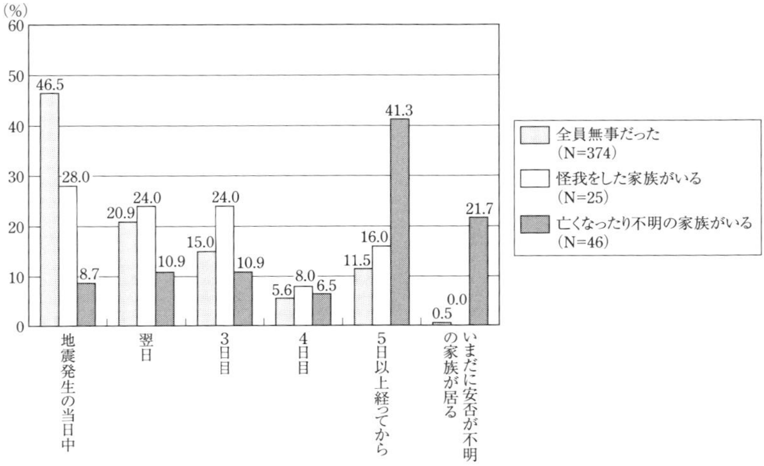

図5　家族の安否がわかった日（家族の被災状況別）

出典：サーベイリサーチセンター（2011）

(6) まとめ

以上，東日本大震災の津波被災地でケータイが果たした役割を分析した．ケータイは津波被災地でも緊急地震速報の伝達や避難生活における情報提供・連絡に関して一定の役割を果たしたとは言え，肝心の命を救う大津波警報の伝達や安否連絡といった安全・安心にかかわる基本的な情報ニーズを満たす上であまり役立たなかったと言えよう．「災害が起こったとき，携帯電話は役立つ」という意見に「そう思う」と回答した人は前回調査の70.6%から今回は43.7%に激減しているのは，このような東日本大震災時の経験が反映されていると考えられる．しかし，今回でも「まあそう思う」人も含めれば，79.5%もの人が災害時のケータイ利用になお大きな期待を寄せている．

携帯電話各社は，今回の教訓を受けて，大ゾーン基地局の設置や基地局の無停電化・バッテリーの24時間化などによるサービス継続対策，さらに災害用音声お届けサービスの開発・提供やTwitterおよびグーグルのパーソンファインダーとの連携による情報提供および安否連絡サービスの提供といった対策を進めている（本條・遊橋，2013）．また，自治体等では関係各社と協力しつつ，緊急速報メールやエリアワンセグによる津波警報等の一斉通報サービスなどに積極的に取り組んでいる．このような取り組みに加えて，ケータイのスマートフォン化とLTEなどの第4世代への移行を考えると，災害時におけるケータイの技術的可能性は，今後一層拡大するものと考えられる．

近い将来，発生が予想されている南海トラフでの巨大地震・津波や首都直下地震などに備えて，ケータイの技術的可能性が社会的可能性に結びつくよう一層の努力が求められている．

注

1）被災者を対象にした調査は非常に多く行われているが，ここでは，①調査範囲が被災地を広くカバーしている，②調査対象者が津波等で深刻な被害を受けた被災者を中心としているという2点から，以下の5つの調査結果を分析した．

内閣府1：内閣府・気象庁・消防庁の共同の避難行動等に関する調査．岩手県（4市），宮城県（4市），福島県（1市）の870人を対象に避難所や仮設住宅等で面接調査．実施時期＝2011年7月上旬～下旬．

内閣府2：被災3県の沿岸市町村すべてを対象にした調査で，11,400人を面接もしくは留め置きで調査．実施時期は2012年9月～10月．

国土交通省：避難行動調査．被災6県（青森県～千葉県）の沿岸49市町村の個人＝10,603人及び985事業所を対象にして避難所・仮設住宅・自宅等への訪問面接調査．実施時期＝2011年9月～12月末．ここでは，個人調査の結果のみ使った．

サーベイリサーチセンター：宮城県内の8市町の18避難所において451人を面接調査．調査実施時期＝2011年4月15日～4月17日（5つの調査の中ではもっとも早い）．

災害情報研究会：5市町（陸前高田市，南三陸町，仙台市，山元町，名取市）の642人を対象にした「災害情報の伝達と住民の行動」に関する面接調査．実施時期＝2011年12月～2012年1月．

参考文献

本條晴一郎・遊橋裕泰（2013）『災害に強い情報社会——東日本大震災とモバイル・コミュニケーション』NTT出版，85-88．

国土交通省都市局街路交通施設課（2012）「津波避難を想定した避難路，避難施設の配置及び避難誘導について（改訂版）」20，26．

内閣府1（2011）「平成23年　東日本大震災における避難行動等に関する面接調査」(http://www.bousai.go.jp/jishin/chubou/higashinihon/7/1.pdf)

内閣府2（2012）「東日本大震災における地震・津波時の避難に関する実態調査」

（http://www.bousai.go.jp/jishin/chubou/.../20121221_chousa1_2.pdf）
災害情報研究会（2012）「東日本大震災時の災害情報の伝達と住民の行動」災害情報調査研究レポート⑯，86，89，96.
サーベイリサーチセンター（2011）「宮城県沿岸部における被災地アンケート調査報告書」（吉井博明監修）7-12.（http://www.surece.co.jp/src/research/area/pdf/20110311_miyagi.pdf）
中日新聞社（2012）『備える！ 3.11 から』中日新聞社，140-141.

第2部

つながりの変容編

4 SNSは「私」を変えるか
ケータイ・ネットと自己の多元化
浅野智彦

1 問題設定とその背景

1.1 問題設定

本章の目的は，ソーシャル・ネットワーキング・サービス（SNS）が自己の多元化に対してどのような関係を持っているのかを明らかにすることだ．

自己の多元化とは，以下のような点によって特徴づけられる自己のあり方である．

(1) 場面によって異なった顔を見せる．
(2) 複数の自己の間に必ずしも整合性が見られない．
(3) 複数の顔の間にどれが「本当」でどれが「仮面」といった優劣が必ずしも見られない．

近代的自己が比較的固く統合された同一性というイメージで描かれていたとすれば，社会学が注目してきたのは，近代のある時期以降にその同一性が弛緩していくという変化であった．すなわちいくつかの「顔」を1つの固い自己へ統合してきた力が緩み，自己同一性は状況ごとに異なったいくつかの「顔」へとほどけつつある，というのである．

その一方で，1990年代後半以降，インターネットやケータイ等に代表される情報通信技術の発達は人々のコミュニケーションのあり方に変化をもたらしてきた．本章が注目するのは，このような変化が自己の多元化とどのような関係にあるかという点だ．特に近年急速に普及しつつあるSNSに着目して，ネットコミュニケーションと自己の多元化との関係を検討していく.

まずは自己の多元化についてこれまで社会学でなされてきた議論をふりかえってみよう.

1.2 問題の背景

リースマン：消費社会と多元的自己

古典近代的な自己のあり方に対比して，現代的な自己の特徴を多元性に見てとった最初の社会学者はデイヴィッド・リースマンであった．彼は自己の変化を次のように説明した.

古典近代の自己は，一貫した信念を内部に持ち，いかなる状況にもその信念に準拠して対応していこうとする態度によって特徴づけられる．これに対して，1950年代以降のアメリカで展開された消費社会に固有の自己のあり方は，その都度の他者の態度を準拠点として自分自身の振る舞い方を選択する態度によって特徴づけられる．リースマンは両者を対比的に描き出した上で，それぞれ内部指向，他人指向と呼んだ．他人指向は，リースマンの見るところ，消費社会で生きていく上で適合的な社会的性格なのである.

ところで他人指向的な自己は，その都度の他者に準拠するがゆえに，場面ごとに異なった振る舞い方をする．そのため自己のあり方としては状況を貫く一貫性よりも，状況ごとに見せる顔の間の違いの方が前景化していく．すなわち「他人指向型の人間は内部指向的な時代にあった，一貫してひとつの顔をつらぬき通すというやり方をやめて，いろいろな種類の顔を使い分けるようになってきている」のである（Riesman, 1960＝1964：126）.

ガーゲン：情報化社会と多元的自己

リースマンが消費社会と関連づけて自己の多元化について論じたのに対して，ケネス・ガーゲンは，コミュニケーション手段の重層化・複雑化との関連で自己の多元化について論じた．ガーゲンは近代的な自己の被った変化を次のように説明している.

最初の段階は，情動と理性とを自己の中核とし，それによって単一の真正性が担保されているような自己のあり方だ．しかし社会関係が複雑化し，交流する他者が量的に増え，質的にも多様化していくにつれて，真正な自己と「仮面」との分化が進む．さらに社会関係の増大・多様化が進むと，多様な「仮面」を使い分ける一元的な自己を真正なものとして維持することが難しくなっていく．やがて真正性は一元的な自己よりも，個々の関係に即して現れるその都度の自己について感じ取られるようになっていく．このような段階では，複数の顔は「仮面／素顔」という構図では捉えられず，その都度の関係に応じた複数の素顔があると受け止められるようになるのである．

古典近代的な自己が自らの内奥に保有していた真正性は今や人を取り巻く諸関係のうちにこそその根拠を持つようになる．ガーゲンによれば，こうだ．

> 個人的自律性の感覚は，浸透しつくした相互依存の現実にとってかわられる．そこにおいては自己を構成するのは関係なのである．（Gergen, 1991：147）

こうして関係ごとに様々な顔を持つようになった自己のあり方をガーゲンは多元症（multiphrenia）と呼ぶ．

バウマン：液状化する近代と多元的自己

ジグムント・バウマンが多元的自己を論じる際の背景は，消費社会や情報社会よりも，労働市場の変化に典型的に現れているような社会全体の流動化である．

バウマンの見るところ，近代化の第1段階は人々を伝統的共同体から引きはがし，別の共同体に組み入れ直していく過程であった．企業，階級，近代家族といった集団はそのような新たなコミュニティの代表である．これに対して20世紀後半から顕在化するいわゆる「第2の近代」において進行するのは，それらのコミュニティの弛緩と縮小である．その結果，人々がこれまで無自覚のうちにあてにしてきた様々な前提が崩れていくとともに，人はそれらのコミュニティからこぼれおち，言葉の強い意味で個人化していくことになる．様々なコミュニティの弛緩・縮小と個人化，これがバウマンのいう液状化である．

マックス・ウェーバーが「鉄の檻」と呼んだ官僚制的な組織に多くの人々が

固定的に帰属することを余儀なくされていた時代には，不自由さとひきかえにその檻自体がいやおうなくアイデンティティを人々に刻印していた．だが，そのような固体的な枠組みがことごとく溶解し，液状化していく中で，人々は檻から解放される代償としてアイデンティティの保障を失うことになる．保障を失った人々が各々自分自身の力でアイデンティティを調達しようとする様子をバウマンはピースの欠けたジグソーパズルにたとえて次のように描いている．

> たしかに，ジグソーパズルの片から図柄を構成するようにして，個人のアイデンティティ（複数のアイデンティティ？）を構築する必要はありますが，個々人の伝記は，かなりの数の片（そして，正確にどの程度失われているのかはわからない）が失われている，欠陥のあるジグソーパズルにしかなぞらえられません．（Bauman & Vecchi, 2004＝2007：83）

流動化していく社会の中で描き出されるアイデンティティは1つの図柄とは限らないし，どのような図柄を目指すべきであるのかも判然としないものであるのだという．

1.3　調査仮説

このように消費社会論，情報化社会論，液状化する近代論などいくつかの文脈を背景に，一貫して同一的であるような自己の成り立ちが困難になっていくこと，その困難の大きさに対応して自己が関係の文脈ごとに異なった顔を見せるようになっていくことがこれまでの社会学的な自己論の中で指摘されてきた．すなわち，自己がその都度の関係において構成されるという点（自己の文脈依存性）を強調し，関係の複雑化＝文脈の複雑化に対応して，そこで構成される諸自己の間の整合性が弛緩していくと彼らは論じた．自己の多元化はこの整合性の弛緩の結果として理解することができる．

他方で，近年，この複雑化の加速要因として注目されているのが，インターネットであり，モバイル・コミュニケーションである．この点を次に確認しておこう．先に見たガーゲンも情報技術の進展に触れていたが，執筆された時期がインターネットの本格的な普及の前夜であり，具体例としてあがっているのも電子メール程度であった．その後，1990年代後半以降，インターネットの利用は世界的に広がり，先進社会ではそれなしには多くの人々の日常生活に不便をきたすほどにまで浸透した．

インターネット上で提供されるサービスやプラットフォームも多様化し，その上で行われるコミュニケーションも複層化してきている．日本についていえば，1990年代末から広がった掲示板の文化（2ちゃんねる等），2000年代前半から広がったブログサービス，そして2000年代中盤から広がったソーシャル・メディア（各種SNS，Twitter，ニコニコ動画等）などが重なり合いながら独特の情報環境を形成している（濱野，2009）．このような情報環境の変化は，コミュニケーションのあり方の変化を通して，人々の自己の成り立ちをも何らかの形で変化させているのではないかと考えられる．だがそういった変化を経験的に検討する研究は予想外に少ない．そこで本章は，自己多元化とネットおよびモバイル・コミュニケーションとの関係を，特に近年急速に普及しつつあるSNSの利用に注目して検討したい．したがって問題は次のように設定される．

調査問題：SNSは自己の多元化を促進するか

この問いについては以下のように相互に対立する3つの仮説を想定することができる．

仮説1（促進仮説）：SNS利用は，人間関係を使い分ける機会を増やすことで，自己の多元化を促進する．

仮説2（抑止仮説）：SNS利用は，複数の異なる文脈における友人を1カ所に集めてしまうので，その都度の顔を見せることよりも，一貫した自己提示に向けた圧力をもたらす．結果，自己の多元化は抑止される．

仮説3（無効果仮説）：SNS利用は，自己の多元化とは関係がない．

促進仮説は，インターネット上のコミュニケーションを観察してきた理論家や批評家がしばしばとっている見方だ．例えばメディア理論家の荻上チキは，ネット上のコミュニケーションにおいてはコミュニケーション様式の使い分けや役割演技の切り替えが実行しやすくなると指摘している（荻上，2007）．この場合，自己の多元性はネットにより促進されるということになるだろう．

他方，抑止仮説をとる理論家もいる．例えばアンソニー・ギデンズは，現代社会における自己の多元化を否定して次のようにいう．

> だが環境の多様性を，多元的な「諸自己」への自己の分解とすることはもちろん，必然的に自己の断片化を促進するものと単純にみなすことはやはり間違っている．環境が多様であることは，少なくとも多くの状況では，自己の統合を促進するものでもありうるのである．（Giddens, 1991＝2005：215-216）

ギデンズがこのようにいうときに必ずしもネットのみを想定しているわけではないのだが，ネットも含めて高度近代に見られる社会関係の変容が「自己の統合を促進するものでもありうる」というのである．関係が多様化すればするほど，それへの対応の軸となる自分自身についてはよりしっかりと統合されたものであることを求められるようになる（場合がある），とギデンズは考えているのであろう．多様性の増大に飲み込まれず，どのような相手とも自分のペースでつきあいを続けられるためには，十分に統合された自己が必要である，と．

考えてみれば，初期の社会学においても同様の議論を見ることができる．例えばゲオルク・ジンメルは集団所属の多元性の増大が個々の人間に自分自身の個体的同一性の自覚を促したと論じている（Simmel, 1908＝1994）．すなわち伝統的な共同体から引き離され，互いに重ならない複数の集団に同時所属する機会が増えれば，どの集団にも全面的には収まり切らない「この私」という個性と同一性とが生み出されると考えた．この発想を延長していけば，対人関係や集団所属がさらに多元化・多様化・複雑化した今日の社会においては，個性も同一性もさらに強固なものとなっているはずである．

より今回の議論に近い研究を参照するなら，ネットワーク理論の観点からSNSを研究している安田雪は，複数の異なる文脈で出会った他者たちが一堂に会してしまうSNS上では自己はおのずと一元的にならざるを得ないと論じている（安田，2012）．同じく別の角度からSNSに着目している小川克彦もほぼ同じ趣旨の議論をしている（小川，2011）．

ちなみに世界最大のSNSであるFacebookの創始者マーク・ザッカーバーグは，誰もがただ1つのアイデンティティを持つべきだと考えている．友人，家族，同僚等々異なる相手に異なる自己を見せる態度は，一貫性の欠如に他ならない。Facebookは，ある個人の持つ様々な人間関係を1カ所に集約させることによって，それら各関係において見せていた顔の間の整合性を高める装置だと彼は考える（van Dijck, 2013）[1]。

これらはいずれも抑止仮説を支持する議論ということができるだろう．

そこで促進仮説，抑止仮説に無効果仮説を加えた3つを本章の分析の補助線として用いよう．これらの仮説のいずれが妥当なのか（いずれも妥当ではないのか，あるいはいずれも部分的に妥当なのか）検討していく．分析の手順は以下のようになる．

（1）自己の多元性についての指標（多元性得点）を構成するとともにこの10年間における自己の変化を確認する（第2節）．
（2）多元性得点と基本属性，および説明変数の候補となるいくつかの変数との関係を個別に検討する（第3節）．
（3）SNSの利用について基本的な事情をデータから把握する（第4節）．
（4）多元性得点を従属変数とする重回帰分析を試みる（第4節）．
（5）重回帰分析の結果を踏まえて，SNSのどのような使い方が自己の多元性と関係しているのか（あるいはいないのか）を検討する（第5節）．

具体的な分析に入る前に多元的自己を扱う際の態度の取り方について補足しておく．自己の多元性を解釈する従来型のモデルとしては2つのものが考えられる．1つは，エリク・エリクソンのアイデンティティについての理論，もう1つは，解離性同一性障害についての精神医学的な理論である．エリクソンのアイデンティティ理論を前提にすれば，青年期にアイデンティティの確立に失敗するとその後の人生において，折に触れて自分自身の存在の不明瞭さや方向性の喪失感に悩まされるという．彼は，そういった一群の「症状」をアイデンティティ拡散と呼んだ．エリクソンの理論を受け入れる立場からすると，自己の多元性はこのような「症状」の一部と見なされることになるだろう．

他方，解離性同一性障害とは，かつて多重人格障害と呼ばれていたもので，記憶の連続性を欠いた複数の下位人格が1人の人間の上に生起するという病態を指す．1980年代以降，北米で症例の報告が急増し，その原因は，幼児期の虐待に起因する記憶の切り離しではないかと考えられている．この診断カテゴリーを適用しようとする立場からは，自己の多元性はこの「病」の弱い形態であると見なされることになるであろう．

これらのモデルはいずれも多元的自己をある種の「病」として見るという態度を共有している．病であるから，より「正常」で「健康」な状態にできるだけ早く復すべき「逸脱」として理解されているわけである．このようなモデルが強い魅力を持つだろうことは想像に難くない．実際，先ほど紹介した3人の社会学者のうち，ガーゲンとバウマンは多元的自己をある種の「社会問題」と見なしている．そういったことを踏まえてここではっきりさせておきたいのは，本章はこのような態度をとらないということだ．すなわち，多元的であるような自己のあり方も，エリクソンが望ましい発達の姿として想定していたような一貫性・同一性を維持するようなあり方も，どちらも自己がとり得る可能な在り方という点では等価であると見なす．したがって前者を，後者に復帰すべき何らかの問題であるとは考えない（浅野（2013）も参照）．この点を確認して，具体的なデータの分析に入ろう．

2 自己多元性得点の構成

2.1 自己意識に関わる質問項目の概観

モバイル・コミュニケーション研究会による2001年，2011年の調査において自分自身についての感じ方，捉え方についていくつか共通の質問を尋ねている．これらを自己意識関連項目と呼んでおこう．まず，これらの項目の単純集計を示す（図1，図2）．

10年間である程度の増減が見られる項目を取り上げておこう（ただし検定はかけていない）．

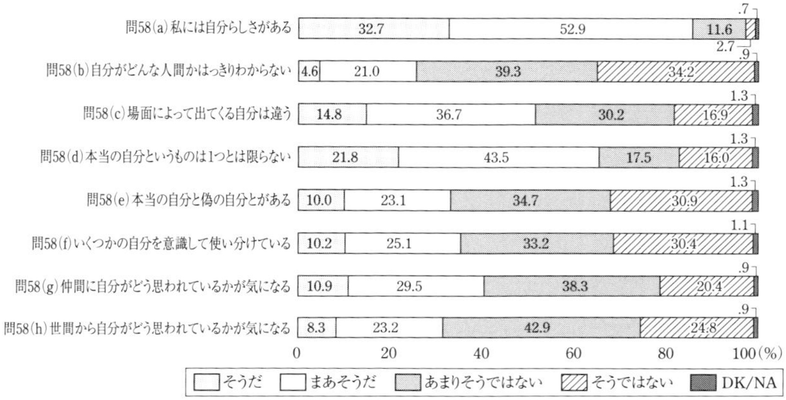
問58(a)私には自分らしさがある
32.7
52.9
11.6
.7
2.7
問58(b)自分がどんな人間かはっきりわからない
4.6
21.0
39.3
34.2
.9
問58(c)場面によって出てくる自分は違う
14.8
36.7
30.2
16.9
1.3
問58(d)本当の自分というものは1つとは限らない
21.8
43.5
17.5
16.0
1.3
問58(e)本当の自分と偽の自分とがある
10.0
23.1
34.7
30.9
1.3
問58(f)いくつかの自分を意識して使い分けている
10.2
25.1
33.2
30.4
1.1
問58(g)仲間に自分がどう思われているかが気になる
10.9
29.5
38.3
20.4
.9
問58(h)世間から自分がどう思われているかが気になる
8.3
23.2
42.9
24.8
.9
0
20
40
60
80
100(%)
そうだ
まあそうだ
あまりそうではない
そうではない
DK/NA

図1　自己意識関連項目

2001年　N＝1871

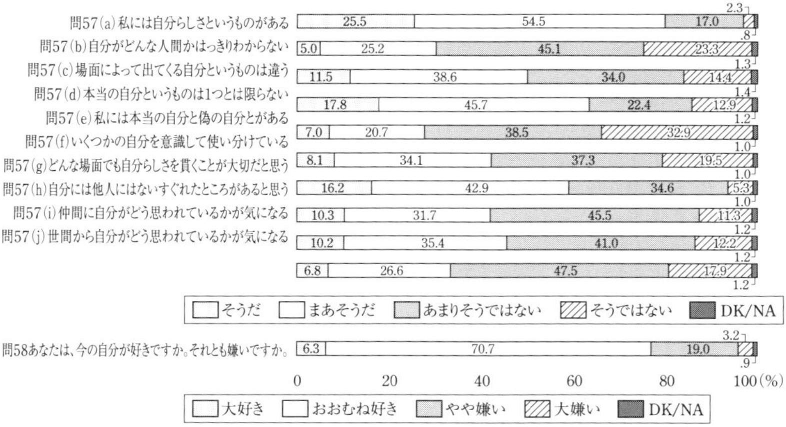
問57(a)私には自分らしさというものがある
25.5
54.5
17.0
2.3
問57(b)自分がどんな人間かはっきりわからない
5.0
25.2
45.1
23.3
.8
問57(c)場面によって出てくる自分というものは違う
11.5
38.6
34.0
14.4
1.3
問57(d)本当の自分というものは1つとは限らない
17.8
45.7
22.4
12.9
1.4
問57(e)私には本当の自分と偽の自分とがある
7.0
20.7
38.5
32.9
1.2
問57(f)いくつかの自分を意識して使い分けている
8.1
34.1
37.3
19.5
1.0
問57(g)どんな場面でも自分らしさを貫くことが大切だと思う
16.2
42.9
34.6
5.3
1.0
問57(h)自分には他人にはないすぐれたところがあると思う
10.3
31.7
45.5
11.3
1.0
問57(i)仲間に自分がどう思われているかが気になる
10.2
35.4
41.0
12.2
1.2
問57(j)世間から自分がどう思われているかが気になる
6.8
26.6
47.5
17.9
1.2
1.2
そうだ
まあそうだ
あまりそうではない
そうではない
DK/NA
問58あなたは、今の自分が好きですか。それとも嫌いですか。
6.3
70.7
19.0
3.2
.9
0
20
40
60
80
100(%)
大好き
おおむね好き
やや嫌い
大嫌い
DK/NA

図2　自己意識関連項目

2011年　N＝1452

第1に,「私には自分らしさというものがある」に「そうだ」「まあそうだ」と回答した人を合わせると10年間で5.6ポイント減少している（2001年：85.6%→2011年：80%）. 同じように見ていくと, 第2に,「自分がどんな人間かはっきりしない」人は増大している（25.6%→30.2%）. この2つからは全体的には自己像の輪郭が若干あいまいになりつつある様子がうかがわれる.

第3に,「本当の自分と偽の自分とがある」人は減少している（33.1%→27.7%）のに対して, 第4に,「いくつかの自分を意識して使い分けている」という人は増えている（35.3%→42.2%）. これは, 複数の自分を使い分ける傾向が若干強まったが, それが必ずしも偽の顔を見せているというわけではないという状況を示すものと考えられる.

第5に,「仲間に自分がどう思われているかが気になる」という人は増加している（40.4%→45.6%）のに対して,「世間から自分がどう思われているかが気になる」という人にはさしたる変化が見られない. つまり他人の視線の中でも, 仲間の視線に対する敏感さがとりわけ上昇しているということだ. この10年間, 例えばKY（空気が読めない, 空気を読め）という流行語に言及しつつ, 身近な他人との関係のあり方について敏感でいるようにという圧力が強まったとしばしば語られてきた. この数値はそういった語りに傍証を与えるものということができるかもしれない.

2.2　自己意識と基本属性（性別・年齢・都市規模）との関連

以下の分析において中心的に用いる2011年データについて自己意識関連項目が基本属性との間でどのような関連を示しているのかを見ておく（表1）.

一瞥してわかるように, 自己意識関連項目のほとんどは年齢に敏感に反応している. すなわちそれらの項目の多くは, 若い人たちにとってより強く意識されるようなものだということである. 本章の問題設定のもう1つの軸であるSNSを中心としたインターネット上のコミュニケーションもまた年齢に強く関連する. そこでその点を考慮して以下の分析は年齢グループを3つ（10代・20代, 30代・40代, 50代・60代）に分けて行うことにする.

表1　自己意識関連項目と基本属性（年齢・都市規模・性別）

		年齢	都市規模	性別
問57（a）私には自分らしさというものがある	相関係数	.004	.020	
	有意確率（両側）	.867	.472	
	N	1441	1301	
問57（b）自分がどんな人間かはっきりわからない	相関係数	-.193	.016	
	有意確率（両側）	.000	.570	
	N	1433	1293	
問57（c）場面によって出てくる自分というものは違う	相関係数	-.304	.018	
	有意確率（両側）	.000	.515	
	N	1431	1292	
問57（d）本当の自分というものは1つとは限らない	相関係数	-.188	.017	
	有意確率（両側）	.000	.547	
	N	1434	1294	
問57（e）私には本当の自分と偽の自分とがある	相関係数	-.256	-.013	
	有意確率（両側）	.000	.647	
	N	1437	1297	
問57（f）いくつかの自分を意識して使い分けている	相関係数	-.290	.010	
	有意確率（両側）	.000	.723	
	N	1437	1297	
問57（g）どんな場面でも自分らしさを貫くことが大切だと思う	相関係数	.027	-.006	
	有意確率（両側）	.312	.841	
	N	1437	1297	
問57（h）自分には他人にはないすぐれたところがあると思う	相関係数	-.109	.062	男性が高い*
	有意確率（両側）	.000	.026	
	N	1434	1294	
問57（i）仲間に自分がどう思われているかが気になる	相関係数	-.357	.035	女性が高い*
	有意確率（両側）	.000	.203	
	N	1435	1295	
問57（j）世間から自分がどう思われているかが気になる	相関係数	-.286	.006	
	有意確率（両側）	.000	.826	
	N	1435	1295	
問58　あなたは，今の自分が好きですか．それとも嫌いですか	相関係数	.128	.000	
	有意確率（両側）	.000	.991	
	N	1439	1300	

自己意識質問の回答は肯定的なものから否定的なものへ4から1の得点を割り当てた．
都市規模は大きいものから小さいものへ4から1の得点を割り当てた．
* $p < .05$

2.3　自己多元性得点の作成

これらの項目を用いて自己の多元性を示す得点を作成する．手順は次のようになる．

表2 自己意識項目の因子分析：パターン行列（プロマックス回転後）

	因子		
	多元性因子	視線敏感因子	自己確信因子
問57 （d）本当の自分というものは1つとは限らない	.776	-.088	.053
問57 （c）場面によって出てくる自分というものは違う	.773	.005	-.019
問57 （e）私には本当の自分と偽の自分とがある	.666	-.011	-.033
問57 （f）いくつかの自分を意識して使い分けている	.590	.072	.156
問57 （b）自分がどんな人間かはっきりわからない	.456	.078	-.302
問57 （i）仲間に自分がどう思われているかが気になる	.010	.898	.038
問57 （j）世間から自分がどう思われているかが気になる	-.020	.891	-.007
問57 （a）私には自分らしさというものがある	-.004	-.056	.744
問57 （h）自分には他人にはないすぐれたところがあると思う	.104	.066	.629
問57 （g）どんな場面でも自分らしさを貫くことが大切だと思う	-.064	.040	.389

まずこれらの項目を因子分析によって少数の因子（潜在的な変数）に整理する．その中から年齢層にも考慮しつつ，多元性に関わる因子を特定する．次いで，その因子と関わりの深い質問項目を確認し，それらを足し合わせて多元性得点とする．足し合わせる際には，得点が高いほど多元性が高いと解釈できるように数字をふり直す（具体的には各質問の回答番号1から4を逆転させる）．

このようなやり方で多元性を測ることについて補足的な説明をしておこう．自己の多元性を測定しようとする試みは心理学においても重ねられており，ある程度の尺度化もなされている．ここでもその尺度に基づいた質問項目を用いるという選択もありえた．だが，心理学における多元性はエリクソンの理論の影響を強く受けており，質問項目もそれを反映したものになっている（例えば，堀・山本（2001））．そのため，多元性をもう少し中立的に捉えようとする本章の立場からはやや使いにくいものが含まれている．そこで本調査では社会学における先行調査を参照しながら，心理学的な尺度とは若干異なった角度から多元性を捉えようとしている．ただ，心理学の質問項目は尺度として洗練されてきたこともあり，標準化されている度合いが高い．社会学においても今後その固有の目的に即した質問項目の工夫が必要である．

さて，2011年データ全体について因子分析を行った結果が表2である．おおむね3つの因子が抽出されている．それぞれの因子と関係の深い質問項目を考慮して，これらを「多元性因子」，「視線敏感因子」，「自己確信因子」と名づけておくことにしよう．ここで自己の多元性の指標として用いるのは多元性因子である．

ところで先ほど見ておいたように自己意識関連項目は年齢と関わりの深い変数であった．そこで年齢層（10代・20代，30代・40代，50代・60代）で分けた形でも因子分析を行ってみる．結果を表3～5に示す．抽出される因子の構成はほぼ同じであるが，関わりの深い質問群が少しだけ異なっていることに注意されたい．すなわち，「自分がどんな人間かはっきりわからない」という質問が10代・20代層では多元性因子よりも自己確信因子により強く関わっているのに対して，年齢が上の2つの層においては多元性因子との関わりが深いものとなっている．後者の影響で，全年齢層で見たときにも「自分がどんな人間かはっきりわからない」は多元性因子と最も強く関わるものとなっている．

紙幅の都合上，結果表は割愛するが2001年データにおいてもほぼ同じ3つの因子が抽出される．質問項目が少しだけ異なる（「自分には他人にはないすぐれたところがあると思う」「あなたは，今の自分が好きですか」という質問が2001年調査には含まれていない）ので厳密な比較はできないが，2001年のデータを用いた結果では全年齢層においても，上記各年代層においても，「自分がどんな人間かはっきりわからない」という質問は自己確信因子と最も強く関わるという結果になっている．

では，もう少し正確に比較を行うために2001年と質問を合わせた上で因子分析をやりなおしてみるとどうなるだろうか．具体的には，2011年の自己意識関連項目から「自分には他人にはないすぐれたところがあると思う」「あなたは，今の自分が好きですか」という2つの質問をのぞいて，質問文の構成を2001年と同じにする．表は割愛して結果だけいえば，因子の構成や質問群との関係について最初の分析と同じになる．

この結果について次の3点に注意を促しておきたい．

第1に，「多元性因子」と「自己確信因子」が一貫して別の因子として抽出されることから，多元的であるということはアイデンティティに対する確信を持っているかどうかとは別の次元に属しているといえそうだ．つまり自己が多元的であることが必ずしも自分自身についての確信の欠如を意味しているわけではないということだ．この点で，「アイデンティティ達成／アイデンティティ拡散」を一軸の両端と考えるエリクソン型のモデルには再検討の余地があろ

表3　10代・20代の自己意識項目の因子分析：パターン行列（プロマックス回転後）

	因子		
	多元性因子	自己確信因子	視線敏感因子
問57（d）本当の自分というものは1つとは限らない	.812	.019	-.071
問57（c）場面によって出てくる自分というものは違う	.721	-.107	.097
問57（e）私には本当の自分と偽の自分とがある	.696	-.045	-.099
問57（f）いくつかの自分を意識して使い分けている	.504	.198	.067
問57（a）私には自分らしさというものがある	.123	.767	-.049
問57（h）自分には他人にはないすぐれたところがあると思う	.129	.652	.048
問58　あなたは，今の自分が好きですか，それとも嫌いですか	-.156	.539	-.025
問57（g）どんな場面でも自分らしさを貫くことが大切だと思う	-.028	.405	.123
問57（b）自分がどんな人間かはっきりわからない	.275	-.386	.103
問57（j）世間から自分がどう思われているかが気になる	-.058	-.024	.854
問57（i）仲間に自分がどう思われているかが気になる	.019	.071	.848

表4　30代・40代の自己意識項目の因子分析：パターン行列（プロマックス回転後）

	因子		
	多元性因子	視線敏感因子	自己確信因子
問57（c）場面によって出てくる自分というものは違う	.766	-.066	-.017
問57（d）本当の自分というものは1つとは限らない	.733	-.052	-.003
問57（e）私には本当の自分と偽の自分とがある	.594	.058	-.046
問57（f）いくつかの自分を意識して使い分けている	.560	.061	.163
問57（b）自分がどんな人間かはっきりわからない	.428	.052	-.286
問57（i）仲間に自分がどう思われているかが気になる	-.015	.913	.012
問57（j）世間から自分がどう思われているかが気になる	.015	.861	-.023
問57（h）自分には他人にはないすぐれたところがあると思う	.118	.074	.767
問57（a）私には自分らしさというものがある	.043	-.038	.631
問58　あなたは，今の自分が好きですか，それとも嫌いですか	-.062	-.120	.446
問57（g）どんな場面でも自分らしさを貫くことが大切だと思う	-.149	.076	.323

表5　50代・60代の自己意識項目の因子分析：パターン行列（プロマックス回転後）

	因子		
	多元性因子	視線敏感因子	自己確信因子
問57（c）場面によって出てくる自分というものは違う	.761	-.001	.017
問57（d）本当の自分というものは1つとは限らない	.751	-.077	.133
問57（e）私には本当の自分と偽の自分とがある	.647	-.016	-.080
問57（f）いくつかの自分を意識して使い分けている	.596	.076	.131
問57（b）自分がどんな人間かはっきりわからない	.509	.031	-.311
問57（j）世間から自分がどう思われているかが気になる	-.016	.914	-.007
問57（i）仲間に自分がどう思われているかが気になる	.001	.906	-.005
問57（a）私には自分らしさというものがある	-.048	-.010	.733
問57（h）自分には他人にはないすぐれたところがあると思う	.128	.089	.604
問58　あなたは，今の自分が好きですか，それとも嫌いですか	-.051	-.072	.426
問57（g）どんな場面でも自分らしさを貫くことが大切だと思う	.051	-.018	.378

う.

第2に，しかし，「自分がどんな人間かはっきりわからない」という質問項目の位置に注目すると別の側面が見えてくる．2001年のデータでは一貫して自己確信因子と（負の方向で）関わりの強かったこの項目が，2011年のデータでは，全体および30代・40代，50代・60代において多元性因子と強く関わっている．このことは，多元性の意味合いが変化し，「自己拡散」という概念が含意していたものに近づいてきていることを示唆しているのかもしれない．

第3に，「自分がどんな人間かはっきりわからない」という質問項目の位置づけが年齢層によって異なっている．すなわち，多元性と自己拡散との距離は若い人にあっては大きいが，上の年代層においてはそれほどでもなくなっているようだ．このことはまた，2001年に20代だった人々の意識が年齢が上がるにつれて変わってきたことをも示唆している．とすると，分析の際には世代の効果のみならず年齢（加齢）の効果にも注意を払っていくことが必要となるだろう．

以上の3点を踏まえて，2011年データから多元性得点を構成する手順に戻ろう．

ここで注意しておくべきは，年代層によって，多元性因子の含意が少しだけ異なることだ．そこですべての年代層に利用できる得点を作成するために，多元性因子と関わりの深い質問項目の中ですべての年代層に共通に見られるものを利用する．具体的には以下の4つの項目だ．

「本当の自分というものは1つとは限らない」
「場面によって出てくる自分というものは違う」
「私には本当の自分と偽の自分とがある」
「いくつかの自分を意識して使い分けている」

これらはそれぞれ肯定から否定まで4段階で尋ねているので，各段階に4点から1点までの点数をふり，それらを足し合わせる．この値を多元性得点として利用することにしよう．これらの質問はすべて2001年調査でも用いられているものなので，ある程度の比較が可能になるという利点もある．

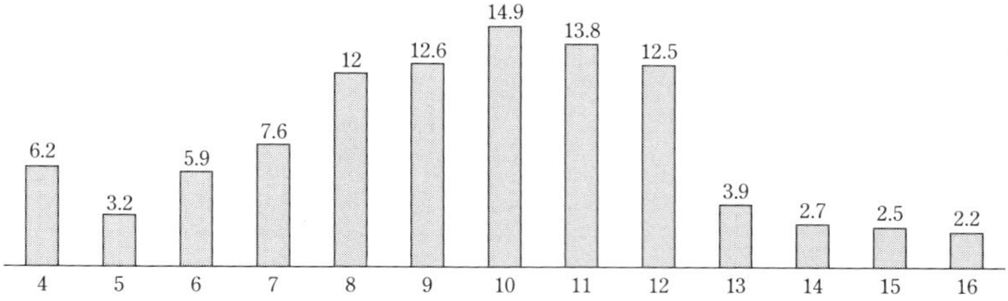

図3　自己多元性得点（%）
全年齢層（Cronbach's alpha 0.792）

表6　年齢層別自己多元性得点の比較

	2001年		2011年	
	度数	平均値	度数	平均値
10代	208	10.6	168	10.4
20代	283	10.5	163	11.1
30代	347	9.7	224	9.9
40代	359	9.5	274	9.8
50代	355	8.7	267	9.0
60代	285	8.4	329	8.1

2.4　多元性得点の概観

図3に示したのは2011年調査データから得られた自己多元性得点の分布である．図は割愛するが，この分布を年齢層別に見てみると年齢が上に行くに従って左（多元性得点の低い側）に寄った分布となっている．

表6は，2001年調査データから得られた自己多元性得点との簡単な比較の結果である．厳密な比較はできないが（検定は行っていない），傾向を確認しておこう．全体としてはそれほど大きな変化は見られないようだ．10歳ごとに区分して見てみると10代と60代をのぞいて他のすべての年代層で多元性得点が少しずつ上がっている様子がうかがわれる．

また2つの調査を隔てている10年間の時間を考慮すると次のようなことがいえそうである（これも検定は行っていない）．2001年に10代（20代，30代，等々）であった人々は，2011年に20代（30代，40代，等々）である人々と同じコーホート（世代）に属すると見なすことができる．したがって，2001年の10代から50代の得点と，2011年の20代から60代の得点とをそれぞれ比較してみれば，同じコーホートに属する人々のこの10年間の変化をある程度見て取ることができるだろう．そのような観点から再度表6を見直してみると，2001年に10代および30代だった世代は，10年間で自己多元性得点がわずかではあるが上がっているように思われる．他の世代は，おおむね10年後には得点が下がっているようだ．

整理してみよう．まず，多くの年代層において見られる多元性得点の上昇は，多元性の増大がある程度まで全体的なものであることを示唆する（いわゆる「時代効果」と呼ばれるものに近い）．他方，同じく多くの世代において見られる多元性得点の低下は，多元性が加齢にともなって減少することを示唆していよう（いわゆる「年齢効果」）．だが，加齢によって多元性得点が上昇している世代もある（2011年時点で20代と40代の世代）ということは，世代によって異なった動きが見られたということでもある．これはいわゆる「世代効果」といわれる要因を示唆している[2)]．

したがって多元性がどのような推移を描いているのかを論じる際に，3つの効果の絡み合いを丁寧に読み解いていく必要があるだろう．本章では，この点にはこれ以上踏み込まず，2011年データを中心に分析を進めていく．

2.5 多元性得点と基本属性との関連

次に，多元性得点と基本属性（性別・年齢・都市規模・友人数）との関連を確認しておく（図表省略）．先に見てきたことから予想される通り，年齢との間に明瞭な負の相関関係が見られる[3)]．つまり若いほど多元性得点が高いということだ．他方，性別・都市規模との間にはとりたてて関係は見られない．

友人数との関係についてはどうか．

多くの世代および全世代をあわせたデータについて，友人数と多元性との間には特に有意な関係は見いだされない．先に見たように多元的自己の成り立ちについて通常想定されているのは，友人が増えるにつれて互いに重なり合わない友人関係の文脈も増え，それによって個々の文脈において見せている自己の間の整合性が緩んでいくという過程であった．しかしデータからはそのような関係は読み取られない．それどころか30代・40代においては友人数が多元性と負の関係を示している．この年齢層については，むしろ逆の過程が働いている可能性さえある．したがって友人数（友人関係の文脈）増大によって多元性増大を説明しようとすることには十分に慎重になる必要があるだろう[4)]．

以上の結果を踏まえて次節ではSNSを中心としたインターネットサービスと自己多元性との関係について検討していく．

3 自己多元性と他の変数との関係

3.1 SNS利用についての概観

まず本章の中心的な主題であるSNSの利用状況について概観しておこう．

利用の有無について年齢層別に見たのが表7である．おおざっぱにいえば，利用者の比率は10代・20代で5割，30代・40代で3割，50代・60代で1割といったところだ．ここから利用の有無が年齢に依存していることが予想される（利用状況と性別との関係については第7章を参照されたい）．回答者全員のうち利用しているのは343名（23.6％）であり，以下の概観はこの343名についてのものとなる．

次に具体的にどのようなサービスを利用しているのかを確認する（表8）．

mixiを利用している人がとりわけ多いことがわかる．しかし，この領域の変化は早く，現在ではFacebookの利用者がmixiのそれを上回っているものと考えられる．また選択肢に含まれていなかったLINEがSNSとして利用されるようになり，若年層を中心に急速に広がりつつある．

ではSNSを具体的にどのように利用しているのであろうか．これをいくつかの項目に分けて尋ねた結果が表9である．

最も多くの人が行っているのは日記を中心としたやりとりであることがわかる．すなわち日記を書いたり，他人の日記を読んだりコメントしたりといった使い方がSNS利用の中心となっている様子がうかがわれる．

そのやりとりの相手となるいわゆる「友人」（mixiではマイミク，Facebookでは「友人」と呼ばれるもの）の数についても確認しておこう．SNS利用者のうち10.9％が友人を登録していないと回答している．それ以外の人について見てみると，友人数の平均値は47.89，最小値は1，最大値は1300，標準偏差は102.2となっている．

表7　年齢層別SNSの利用状況

		利用している	利用していない
10代・20代	度数	165	171
	%	49.1%	50.9%
30代・40代	度数	142	362
	%	28.2%	71.8%
50代・60代	度数	36	576
	%	5.9%	94.1%

表8　主要SNS別利用者数

	人数 %	N
1．mixi	182 12.5	1452
2．GREE	103 7.1	1452
3．Facebook	56 3.9	1452
4．モバゲータウン	89 6.1	1452
5．前略プロフィール	9 .6	1452
6．趣味人倶楽部	9 .6	1452
7．スローネット	0	1452
8．シニアコム	0	1452
9．その他	24 1.7	1452

最後にSNSの利用頻度をケータイとパソコン系機器とに分けてみたのが表10である．

注目しておきたいのは高頻度の利用がケータイ経由の利用に偏って見られることだ．すなわちケータイを経由した利用の場合，1日に数回以上利用していると回答している人は49.5%にのぼるのに対して，パソコン系機器を経由した利用の場合，その数字は17.3%にすぎない．SNSのヘビーユーザにとって，ケータイが重要な意味を持った装置であることがうかがわれる．スマートフォンによる従来型携帯電話の置き換えが進むにつれてこの傾向はますます強まるものと思われる．

表９　SNSの利用様態

	人数 %	N
１．自分で日記・近況を書く	126 42.4	297
２．他人の日記・近況を読む	191 64.3	297
３．コメントを書く	140 47.1	297
４．足跡・訪問者をチェックする	101 34.0	297
５．コミュニティに参加する	108 36.4	297
６．自分で写真をアップする	74 24.9	297
７．他人がアップした写真をみる	114 38.4	297
８．ゲームをする	138 46.5	297
９．ニュースを読む	108 36.4	297
10．メッセージ機能を利用する	56 18.9	297
11．短文のメッセージを利用する	34 11.4	297
12．イベントを告知する	8 2.7	297
13．自分の現在地を知らせる	9 3.0	297
14．実名を公開している	43 14.5	297

表10　SNSの利用頻度（%）

	１日に数回以上	１日に１回くらい	週に数回くらい	月に数回くらい	月に１回以下	ほとんど利用しない	N
ケータイ	49.5	11.1	10.4	5.5	3.1	20.4	289
パソコン	17.3	7.7	13.4	10.6	6.7	44.4	284

表11　自己多元性得点とケータイ・ネットサービス利用

1．検索サイト	+*
2．ニュース	n.s.
3．天気予報	n.s.
4．着メロダウンロード・サイト	+*
5．音楽	n.s.
6．スポーツ	n.s.
7．料理・レシピ	n.s.
8．待ち受け画面サイト	n.s.
9．ゲーム	+**
10. 占い	n.s.
11. 地図	n.s.
12. テレビ番組関連	n.s.
13. レジャー・旅行関連	n.s.
14. 映画（館）情報	n.s.
15. 交通機関情報	n.s.
16. チケット予約	n.s.
17. 株取引	n.s.
18. 出会い・友達	n.s.
19. バンキング	+*
20. オンラインショッピング	+*
21. レストラン予約	n.s.
22. 転職・求人情報	n.s.
23. オークション	n.s.
24. ケータイ小説	n.s.
25. マンガ	n.s.
26. 動画共有サイト（YouTubeなど）	+**
27. アダルトサイト	+**
28. SNS（mixiやFacebookなど）	+**
29. ブログ，ホームページ（個人開設）	+**
30. Twitter	+**
31. プロフィールサイト	n.s.
32. ウェブメール	+**
33. その他	略

+は「はい」と回答した者の方が多元性得点が高い．
** $p<.01$，* $p<.05$

3.2　多元性得点と携帯ネット

以上の概観を踏まえて次にSNSを含めたケータイによるサービスの利用状況と自己多元性得点との関係を検討する．

サービス利用の有無を因子として分散分析を行う（表11）．ここからは，SNSをはじめソーシャル・メディアの利用は多元性得点と正に関連している

表 12　自己多元性得点と携帯での情報発信

	全体	10代・20代	30代・40代	50代・60代
1．ホームページ	+**	n.s.	n.s.	利用者なし
2．ブログ	n.s.	n.s.	n.s.	n.s.
3．SNS（mixi や Facebook など）	+**	+*	n.s.	n.s.
4．Twitter	+**	n.s.	+*	利用者なし
5．プロフィールサイト	n.s.	n.s.	利用者なし	利用者なし
6．その他	略	略	略	略
7．発信していない	−**	−*	n.s.	n.s.

+（-）は「はい」と回答した者の方が多元性得点が高い（低い）．
** $p<.01$，* $p<.05$

様子がうかがわれる．

同じように各種サービスを用いての情報発信の有無を因子として分散分析を行う（表12）．この表からわかるように，SNSをはじめソーシャル・メディアによる情報発信を行っている回答者において多元性得点が高くなっている．

したがってごく単純に二変量関係だけを見るかぎりでは，ケータイによるSNS利用と自己多元性得点との間には正の関係が見いだされる．これが他の要因を考慮した上でも残る関係であるかどうかは，後にあらためて検討する．

3.3　多元性得点と PC ネット

同様の分析を PC ネットの利用との間でも行う（表13，表14）．傾向はケータイ・ネットの場合とほぼ同様である．すなわちサービスを利用している人ほど，またそれらサービスを用いて情報発信をしている人ほど多元性得点が高くなっている．

したがって PC ネットの利用についてもまた，単純な二変量関係にのみ着目する限り，自己多元性との間に正の関係を見いだすことができる（繰り返すが後ほど他の変数も考慮した分析を行う）．

これらの結果を踏まえると，SNSそれ自体というよりは，ネット上の各種サービスを広範に利用することが自己の多元性と関わっているという可能性もある．そこで上で尋ねたサービスをいくつ利用しているかを数え上げる変数を作成してみる．これを「サービス利用範囲」と呼ぶことにしよう．これと多元性得点との関係を見てみるとたしかに正の関係が見いだされる（結果表は省略）．そこで次節においてSNSと多元性との関係をより精細に分析する際にもパソ

表13　自己多元性得点とPCネットサービス利用

1．検索サイト	+**
2．ニュース	n.s.
3．天気予報	n.s.
4．着メロダウンロード・サイト	n.s.
5．音楽	+**
6．スポーツ	n.s.
7．料理・レシピ	n.s.
8．待ち受け画面サイト	n.s.
9．ゲーム	+*
10．占い	n.s.
11．地図	−*
12．テレビ番組関連	+*
13．レジャー・旅行関連	n.s.
14．映画（館）情報	n.s.
15．交通機関情報	n.s.
16．チケット予約	n.s.
17．株取引	n.s.
18．出会い・友達	n.s.
19．バンキング	n.s.
20．オンラインショッピング	n.s.
21．レストラン予約	n.s.
22．転職・求人情報	n.s.
23．オークション	n.s.
24．ケータイ小説	n.s.
25．マンガ	+*
26．動画共有サイト（YouTubeなど）	+**
27．アダルトサイト	+**
28．SNS（mixiやFacebookなど）	+**
29．ブログ，ホームページ（個人開設）	+**
30．Twitter	+**
31．プロフィールサイト	n.s.
32．ウェブメール	+*
33．その他	略

＋（−）は「はい」と回答した者の方が多元性得点が高い（低い）．

** $p<.01$，* $p<.05$

表14 自己多元性得点とパソコンでの情報発信

	全体	10代・20代	30代・40代	50代・60代
1．ホームページ	+**	+*	n.s.	n.s.
2．ブログ	n.s.	n.s.	n.s.	n.s.
3．SNS（mixiやFacebookなど）	+**	n.s.	n.s.	n.s.
4．Twitter	+**	n.s.	n.s.	n.s.
5．プロフィールサイト	利用者なし	利用者なし	利用者なし	利用者なし
6．その他	略	略	略	略
7．発信していない	−**	n.s.	n.s.	n.s.

+（−）は「はい」と回答した者の方が多元性得点が高い（低い）.
** $p<.01$, * $p<.05$

コン系機器，ケータイそれぞれにおけるサービス利用範囲も考慮に入れることにしよう.

4 自己多元性得点とSNS利用

4.1 重回帰分析による検討

前節では多元性得点とSNS利用の2つの変数の関係を確認した．両者の間に正の関係が見て取られたものの，この関係が両者の実質的な関係を示すものなのか，他の変数の介在によって見かけ上関係があるように見えているだけなのか，この段階では必ずしも明らかではない．例えば，前節の終わりで見たように，ケータイにせよパソコン系機器にせよいずれかを経由して利用しているインターネット上のサービスの数が多いほど多元性得点が高くなるという傾向も見られた．もしかすると多元性と実質的に関係しているのはネットサービス利用についての積極性であり，積極的ユーザはSNSも利用する傾向が高いため，結果としてSNS利用者の多元性得点が高くなっているだけなのかもしれない.

そこでこのような点をさらに詳細に検討するために，複数の変数の間の関係を同時に評価できるような分析手法を用いる．具体的には自己多元性得点を被説明変数（従属変数）と考え，それと関係のありそうな複数の変数を同時に説明変数（独立変数）として投入する重回帰分析を行う．投入する変数は以下のものだ.

表 15 自己多元性得点を従属変数とする重回帰分析

	標準化ベータ	有意確率	標準化ベータ	有意確率
性別	.020	.659	.014	.683
年齢	-.243	.000	-.289	.000
都市規模	-.004	.926	.000	1.000
友人数	-.066	.145	-.064	.073
PC ネットサービスの利用範囲	.151	.001	.103	.006
ケータイでSNSをよく利用	.057	.226		
パソコンでSNSをよく利用			.086	.021
調整済み R^2 値	.081**		.106**	

(1) 基本的な属性に関わる変数：性別，年齢，都市規模

(2) 今回の主題に関わる変数：友人数，パソコン経由ネットサービス利用範囲，SNS利用（ケータイ経由，パソコン経由）

ネットワーク利用範囲についてはケータイ経由，パソコン経由，ともにほぼ同じ結果になるので，ここではパソコン経由利用範囲を投入した結果のみを示す．

重回帰分析の結果を表15に示す．

SNS利用について，ケータイ経由利用とパソコン系機器経由利用との間に正の関連が見られた．関連の強い変数を同時に投入することは，重回帰分析の結果を不安定にすることが知られているので，ここでは別々に投入した（表でいうと左半分がケータイ経由利用を投入した結果，右半分がパソコン経由利用を投入した結果となっている）．

表から読み取られることを確認していこう．

第1に，基本属性について見てみると，年齢と自己多元性得点との間には他の変数を考慮した上でもはっきりした関係が見いだされる．すなわち，二変数関係を分析したときに見られた通り，年齢が若いほど多元性得点は高くなる傾向がうかがわれる．

他方，性別・都市規模・友人数との間にはとりたてて明確な関係は見いだされない．関係の多元化が自己の多元化と関係しているとしても，それは友人数のような変数によって捉えられるものではないようだ．また，先行研究によれば，都市度は価値意識の多様性を高め，パーソナル・ネットワークの密度を押

し下げるとともに，趣味等の自発的で選択的な関係を増大させることが報告されているが（赤枝，2011a，2011b，2012），都市規模を変数に投入したここでの分析では，多元性との間に関係は見いだされない．都市規模の大きさがパーソナル・ネットワークの多様性や選択性を通して自己を多元化していくという経路は，少なくとも今回の調査からは支持されない．この点についてはさらに検討が必要となるだろう．

第2に，ネットサービスの利用範囲は他の変数を考慮してもかなりはっきりした正の関係を自己多元性得点との間に持っている．表ではパソコン経由の場合のみを示してあるが，ケータイ経由の場合について見ても同じことがいえる．なぜこのような関係が見られるのかという問題には本章では踏み込めないが，ある先行調査によればソーシャル・メディアの種類によって本音と建前を使い分ける傾向が大学生の間で広く見られたと報告されており（東京工芸大学，2012），そういったことがネットサービス利用範囲の広さと関係しているのかもしれない．この点は今後の検討課題としておく．

第3に，パソコン経由のSNS利用について，危険率5％水準ではあるが自己多元性との間に正の関係が見いだされた．その反面，ケータイ経由のSNS利用は多元性との間にとりたてて関係を持たないことが確認された．つまり自己多元性とSNSとの関係は，SNSの利用がパソコン経由かケータイ経由かによって変わってくるということだ．この違いについては次項であらためて検討することにしよう．

4.2 SNSの利用形態との関係

SNSと自己多元性との間には正の関係が見られるものの，それはパソコン経由の場合に限られるというのが前項で確認された知見である．そこでその関係をもう少し詳しく見るためにSNSの具体的な利用形態と多元性得点との関係を検討してみる．

第1に量的に把握できる側面に注目する．具体的には，次の3つを変数として用いる．

(1) 利用範囲：SNS上で提供されているサービスをどの程度使っているの

表16 多元性得点とSNS利用

		SNSの利用範囲（Pearsonの積率相関）	SNS友人の人数（Pearsonの積率相関）	PCからのSNS利用頻度（Spearmanのロー）
自己多元性得点	係数	.153		
	有意確率	.008	n.s.	n.s.
	N	297		

表17 自己多元性得点とSNS友人の種類

1．ふだんよく会う友人	n.s.
2．あまり会わない友人	+*
3．恋人	n.s.
4．家族	n.s.
5．親せき	n.s.
6．仕事関係の人	n.s.
7．ネット上でのやりとりだけでまだ一度も会ったことのない人	n.s.
8．ネット上のやりとりから直接会うようになった人	n.s.

+は「はい」と回答した者の方が多元性得点が高い．
** $p<.01$，* $p<.05$

か（個数）

(2) 登録友人数：SNS上の友人（マイミク，フレンド等）として登録されている人の数

(3) 利用頻度：パソコンからSNSを利用する頻度

表16に示した結果からは，利用範囲のみが多元性得点と正の関係を持つことがわかった．ここでも単に友人数の多さが多元性を増進させるわけではないことが示唆されている．

第2に，SNS上で友人として登録されている人の種類との関係を見る（表17）．ここでいう種類とは，「ふだんよく会う友人」，「あまり会わない友人」，「恋人」，「家族」，「親せき」，「仕事関係の人」，「ネット上だけで会ったことのない人」，「ネット上から会うようになった人」である．これらのそれぞれを友人として登録しているかどうか尋ねているので，その登録の有無によって多元性得点がどのように異なるのかを分散分析によって検討した．その結果，「ふだんあまり会わない友人」をSNS上の友人として登録している回答者において多元性得点が高くなることが確認された．

前項で確認したケータイとパソコンとの違いはこの点と関係しているのかもしれない．池田謙一らの調査によると，メールを利用する際に主にケータイを用いるかパソコンを用いるかという違いは，各人のパーソナル・ネットワークの広がりと関係しているのだという（池田ほか，2005）．すなわちケータイ・メールを主として用いている人々の連絡ネットワークは，PC メールを主として用いている人々のそれよりも狭く同質的である．池田はこのことからケータイ・メールのみを用いることが，各人のパーソナル・ネットワークを狭め，同質化することによって，彼らを社会経済的な好機から遠ざけていくという螺旋状の過程が進行するのではないかと懸念する．彼が「ケータイデバイド」と呼んだのはそのような問題だ．

ケータイデバイドそれ自体についての議論は第3章に譲るとして，ここで確認しておきたいのは，多元性に対する関係についても似たことがいえるかもしれないということだ．すなわち，「ふだんあまり会わない友人」というやや周辺的な紐帯を持つかどうかが多元性得点と関係しているのであった．この違いが，パソコンとケータイとの違いに対応している可能性がありそうだということである．これはまた，第8章で論じられる社会関係資本の視点から見たケータイとパソコンとの違いに関わってくるかもしれない．

第3に，SNS において提供されているどのようなサービスの利用が多元性に関連しているかを見る（表18）．

写真に関わる項目において多元性得点との正の関係が見られる．日記については特に関係が見られないので，多元性に関わる自己提示は写真のような視覚を用いたやり方となじみがよいのかもしれない．「自己」は「物語」という形式を通して構成・再構成されるという議論もあるが（浅野，2001），その観点からすると「物語」の中でも日記のようなメディアを用いるものに対して，写真というメディアを用いるものの固有の意義を考慮すべきなのかもしれない．日記の方が自己物語という概念の古典的なイメージとなじみがよいわけだが，今やごく手軽に扱えるようになった写真を組み込むことによって自己物語がどのように変化するのか，それ自体が興味深い探求課題である．

また写真をアップロードするという点では撮影機能付きのケータイの方が便利であるようにも思われるが，実際には，先ほどから指摘しているようにパソ

表 18　自己多元性得点と SNS の利用形態

1.	自分で日記・近況を書く	n.s.
2.	他人の日記・近況を読む	n.s.
3.	コメントを書く	n.s.
4.	足跡・訪問者をチェックする	n.s.
5.	コミュニティに参加する	n.s.
6.	自分で写真をアップする	+*
7.	他人がアップした写真を見る	+*
8.	ゲームをする	n.s.
9.	ニュースを読む	n.s.
10.	メッセージ機能を利用する	n.s.
11.	単文のメッセージ（ボイス機能など）を利用する	+*
12.	イベントを告知する	+*
13.	自分の所在地を知らせる	n.s.
14.	実名を公開している	n.s.

+ は「はい」と回答した者の方が多元性得点が高い.
** $p<.01$, * $p<.05$

コン経由の SNS 利用だけが多元性との関わりを示している．現在急速に進んでいる従来型携帯電話のスマートフォンによるおきかえは，近い将来，そのあたりの関係を変えていく可能性もある．

5　考察

以上の分析を踏まえると，初発の問いに対してはこう答えられそうだ．

SNS は自己の多元化と正に関連する，したがってそのかぎりにおいて促進仮説が妥当である．しかし，この回答にはいくつかの重要な留保をつけなければならない．

第 1 に，SNS 利用のみならずそれを含むネットサービス全体の利用範囲と自己多元性との間にも正の関連が見られる．

第 2 に，SNS 利用と自己多元性との関係が見られるのは，SNS をパソコンからよく用いている場合においてであり，ケータイからの利用については特段の関係は見られなかった．

第 3 に，SNS 利用の量的な側面よりも質的な側面が重要である様子がうかがわれた．例えば登録友人数，利用頻度，利用している機能の数といった変数との間には特段の関連は見いだされなかったのに対して，「ふだんあまり会わない友人」を登録していたり，写真関連の機能を用いていたりすることが多元性と関わっている．つまり，たくさん友人がいるほど，頻繁に使うほど，多くの機能を用いるほど，多元性が高まる，という関係にはなっていないということだ．SNS 利用と多元性との間に正の関係があるとしても，その関係を説明するためにはそういった「質的」な側面を考慮する必要があるだろう．

今回の調査データから読み取られることについては以上である．だが，情報通信技術の変化は速いので，この分析は限定された期間についての見取り図，いわばスナップショットのようなものだと考えてもらった方がよい．この静止画像ともいうべき見取り図の中に，今後の変化への萌芽を見てとるとするならば，それはおそらく次の2点である．

第1に，今回の調査ではSNS 利用者が若年層に偏っていたことにあらためて注意を向けてほしい．実際，他の章でも触れられているように，インターネットの利用はいまだに年齢にかなり規定されている．だがネットユーザが高齢化していけば，ネットを使っているかいないか，という点よりも，年齢によって使い方にどのような違いがあるのかが，重要な問いになってくるであろう．

第2に，ケータイとパソコンとの違いについて述べてきたが，スマートフォンの普及はこの二分法を掘り崩す可能性が高い．機能的にはパソコンに近いスマートフォンによる従来型携帯電話の置き換えは，全体の利用様態をパソコン的な方向へ変えていくのか，それともケータイ／パソコンの差異はそのままスマートフォン／パソコンの差異へと踏襲されていくのか．そういう問いが重要なものとなっていくであろう．

もし10年後に同様の調査を行い，自己意識のあり方とSNS（と呼ばれるサービスがその頃にまだあれば）との関係について分析することがあるなら，この2つの問題が10年間の変化の重要な一部をなしているであろう．

注

1）ただし，ザッカーバーグのインタビューを引用しつつ，ヴァン・ダイク自身はSNS の設計構造自体が自己提示の多元性を推し進める傾向を内在させていると論じている．

2）辻大介は，別の調査データに基づいて，自己の多元化が特定の世代に特に強く見られる現象であったのではないかと論じている．ここでの分析結果はそれをある程度裏付けるものであるといえるかもしれない．ちなみに辻は，その特定の世代を1990 年代に大学生であった世代，つまりこの調査でいえば現在の 40 代にほぼ重なる世代であると考えている．それに対して，ここでの調査結果においては，現在の40 代のみならず 20 代においても同様の傾向が見られることに注意しておこう．例えばここに親子関係を通しての伝達のようなものがあったのかどうか，といったことは別途探求されるべき課題となろう．

3）ただし繰り返しになるが，この関連は時代効果・年齢効果・世代効果が複合した結果であるし，それ以外の様々な要因も関連している点に注意が必要である．

4）例えば菅原健太は，北海道の高校生を対象とした調査を行い，彼らの自己の使い分けが友人数と必ずしも正に関係してはいないことを明らかにしている（菅原，2011）．

参考文献

赤枝尚樹（2011a）「都市は人間関係をどのように変えるのか」『社会学評論』62(2)，189-206.

赤枝尚樹（2011b）「同類結合に対する都市効果の検討」『理論と方法』26(2)，321-338.

赤枝尚樹（2012）「都市における非通念性の複合的生成過程——下位文化理論とコミュニティ解放論の観点から」『ソシオロジ』56(3)，69-85.

浅野智彦（2001）『自己への物語論的接近』勁草書房.

浅野智彦（2013）『「若者」とは誰か——アイデンティティの 30 年』河出書房新社.

Bauman, Z., & Vecchi, B.(2004). *Identity*. Polity.（伊藤茂訳（2007）『アイデンティティ』日本経済評論社）

Gergen, K. J. (1991). *The Saturated Self*. Basic Books.

Giddens, A. (1991). *Moderity and Self-Identity*. Stanford Univesity Press.（秋吉美都ほか訳（2005）『モダニティと自己アイデンティティ』ハーベスト社）

濱野智史（2009）『アーキテクチャの生態系——情報環境はいかに設計されてきたか』NTT 出版.

堀洋道・山本真理子編（2001）『心理測定尺度集〈1〉』サイエンス社.

池田謙一ほか（2005）『インターネット・コミュニティと日常世界』誠信書房.

小川克彦（2011）『つながり進化論——ネット世代はなぜリア充を求めるのか』中公新書.

荻上チキ（2007）『ウェブ炎上——ネット群集の暴走と可能性』ちくま新書.

Riesman, D. (1960). *The Lonely Crowd: A Study of the Changing American Character*.（加藤秀俊訳（1964）『孤独な群衆』みすず書房）

Simmel, G. (1908). *Soziologie*. Duncker & Humblot.（居安正訳（1994）『社会学（上）』白水社）

菅原健太（2011）「高校生における自己の使い分けと友人関係の使い分け」『現代社会学研究』24, 43-61.

東京工芸大学（2012）「全国の大学生コミュニケーション調査（調査結果ニュースリリース）」東京工芸大学.

van Dijck, J. (2013). 'You have one identity': performing the self on Facebook and LinkedIn. *Media, Culture & Society*, 35(2), 199-215.

安田雪（2012）『「つながり」を突き止めろ——入門！ネットワーク・サイエンス』光文社新書.

5 メディア利用にみる恋愛・ネットワーク・家族形成

羽渕一代

内閣府が2010年におこなった「少子化社会に関する国際意識調査」によれば，20歳以上50歳未満の既婚者は63.9％が，既婚者全体では73.4％が20代で結婚している．これに30代前半に結婚した人をあわせると既婚者全体の9割が35歳までに結婚していることになる．未婚者に関しても，結婚したいという意向をもつ人の割合は82.7％にのぼる．また，同年におこなわれた国立社会保障・人口問題研究所の「結婚と出産に関する調査」においても，いずれは結婚しようとする未婚者の割合は高い水準にある（男性86.3％，女性89.4％）．ともに生活する相手が家族である必要は必ずしもないが，家族と生計をともにしたいという欲求は強いものがある．

現代の結婚のきっかけは，学校や友人関係，職場や仕事といった日常的な場での出会いが多数を占めており，20代から30代前半にかけて結婚に向けた恋人との交際を経て結婚する．平均初婚年齢は，おおよそ男性で32歳，女性で30歳である（厚生労働省）．見合い結婚は「婚活」という言葉が定着した今でも5.2％と低い水準にとどまっている（国立社会保障・人口問題研究所）．つまり，20代から30代といった青年期の日常的な場における人間関係のあり方が，家族形成の可否と関わっている．友人関係や職場の人間関係と絡みつつ，恋愛関係は，家族形成と緊密に関わっている．

これまで，若者のメディア利用と恋愛に関する実証的な研究では，ケータイ利用派とパソコン利用派とのあいだにある性行動の分極化，ケータイ・メールの利用による若者のプライベートな関係を深める親密性促進効果や交際期間の短期化，PCメール利用者と比較して，ケータイ・メール利用者の恋愛，性行動の活発化傾向などが指摘されている（高橋，2007）．この傾向は日本性教育協会が6年ごとにおこなっている「青少年の性行動全国調査（1974～2011）」の経年比較から明らかになったものである．ただし，この調査は，中学生，高校生，大学生をサンプルとした10代中心の若者を対象とした継続調査であり，時系列比較が可能であるが，学生以外のサンプルがない．したがって，この傾向は学生に特有なものかもしれない．いっぽうで，次のようにも考えられる．メディア利用による性行動の分極化という仮説や，ケータイ・メールが親密性の深化を促進するために交際からの離脱傾向をも促進する（交際期間の短期化）という仮説が真であるならば，この傾向はどの世代でもあてはまるのではないだろうか．

メディアの特性から考えるならば，ケータイがマルチメディアであるがゆえに，各世代のライフスタイルに応じて，利用は多様だといえる（第7章参照）．またケータイは，利用者と1対1対応しており，パーソナルなメディアの代表格である．したがって，電話，メール，ネット利用からコミュニケーション状況や友人関係などと関わるライフスタイルを明らかにすることが可能だ．本章では，家族形成の可否に関わる恋愛とそれをとりまく日常的な場における人間関係の社会的問題について考えてみたい．

1 2011年調査データからわかる恋愛，結婚に関わる概要

図1は，モバイル・コミュニケーション研究会による2011年調査データの年齢別結婚経験状況を示している．ここから，結婚経験者と未婚者と両者の属性について，確認しておきたい．先に示した内閣府データと同様，結婚時期が20代から30代だということが確認できる．既婚者は全体の69.8%，離死別者は9.5%，未婚者が20.6%であった．本章では，離死別者は既婚者とあわせて，結婚経験者と表記する．

次に未婚者のうち，31.9%が恋人とのつきあいがあり，恋人との交際経験がまったくない割合は22.4%であった．恋愛交際を扱う場合，分析対象が比較的若い層に，結婚経験の分析は高齢層に偏ることになる．とくに断りがない限り，調査時点において恋人とつきあいがある層を現在交際中のもの，これに恋人との交際経験がある層をあわせて，交際経験者，交際経験がない層を交際未経験者と表記する．

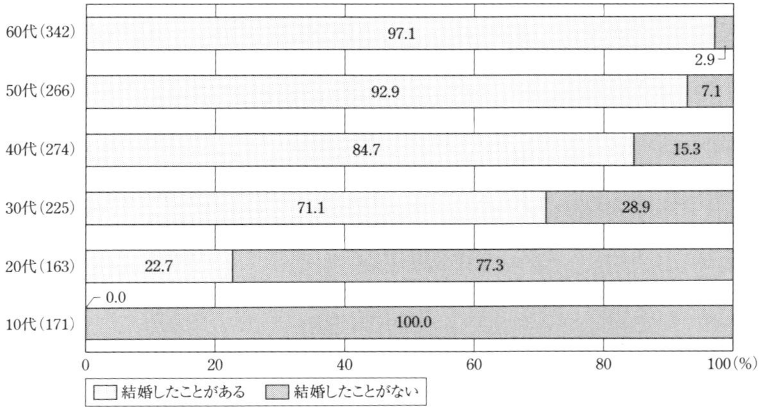

図1　年代別にみた結婚

多くの日本人が恋愛交際を経て結婚にいたるのであるならば，交際経験がない時期と恋人のいない時期，恋人と交際中の時期，結婚後の3つもしくは4つに区分して共時的に分析することができる．恋愛交際中とそうでない場合，また，交際経験者と交際未経験者では，メディア利用，友人関係，家族関係，意識などがどのように異なるのだろうか．さらに結婚の効果についても，同様に分析していこう．

2　恋人とのケータイ利用

恋愛とケータイ利用行動とは密接な関係にある．恋人と交際をしている人は，していない人と比較するとケータイにかける経済的コストが高い．恋人と交際している人は，平均して月に1万円弱の利用料金を支払い，そうでない場合は8000円弱程度である．20代以上のみに限定した場合，若干，差は縮小するが有意に差があることには変わりない（t検定：$p<.05$）．また交際経験者と交際未経験者とのあいだにも平均利用料金の差が確認できる．加えて，ケータイの平均連絡先登録数に関しても，有意な差がある．恋人と交際中の人は144件登録，恋人のいない人は117件であった．恋人との交際経験の有無で比較するならば，さらに差が広がる．交際経験者では129件登録，交際未経験者では70件であ

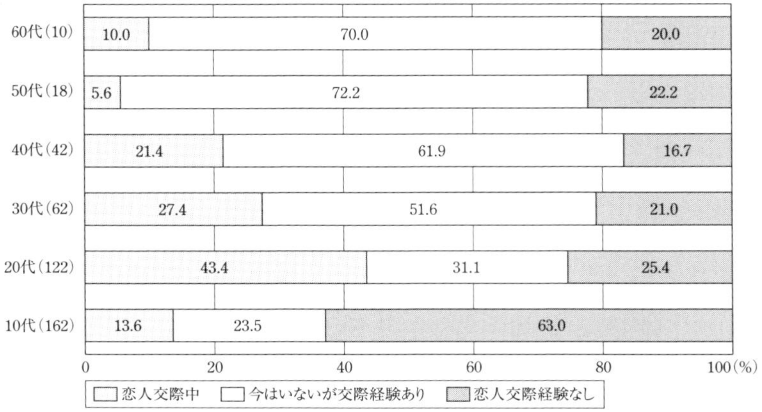

図2　年齢別にみた恋人交際

った（t 検定：p<.001）．また，恋人と交際中の人は，いない人に比べて，毎日会う友人とメールをやりとりしており，ケータイで通話をしている．つまり，ケータイを利用した交友や友人への連絡密度と恋愛交際とのあいだにはなんらかの連関があると思われる．

次に，恋愛に関わるケータイ利用の特性を確認しておこう．ケータイでプライベートに通話する相手は，ケータイ利用者のもつ親密な人間関係の質によって異なる．家族関係や友人関係，恋愛の有無，仕事状況などによって，プライベートな通話相手は変わってくる．恋人と交際中の人のうち，71.9%が恋人をプライベートな通話相手として回答している．恋人と回答しなかった人のうち半数は，家族やふだん会う友人をプライベートな通話相手として回答している．また，ふだんケータイ・メールでプライベートにやりとりする相手も，恋人と交際中の人の83.5%が恋人だと回答している．恋愛交際において，プライベートなやりとりに通話よりもケータイ・メールを利用する率が高いという結果から，ケータイの機能のなかでも，恋愛交際にはメールが重要な意味をもつことがうかがわれる．

また相手にあわせたメディアの使い分けもはっきりしているようである．本調査では，同居家族以外の親しい人間関係についてたずねている．このパーソナル・ネットワークを測定する項目を集計した結果，恋人と交際中の人のうち親しい人間関係に恋人をあげた率は60.2%であった．恋人を親しい人間関係にあげた人のうち88.8%が，恋人とケータイの通話をおこなうと回答しているが，固定電話で恋人と通話すると回答したのは2.5%であった．いっぽう，別居している家族を親しい人間関係にあげたケースを確認してみると，この別居家族との連絡では，ケータイでの通話が45.5%であるのに対して，固定電話での通話は28.1%であった．恋人との連絡に固定電話利用がみられず，ケータイでの圧倒的な利用がみられた．恋人とのコミュニケーションでは，固定電話が利用されないようであるが，別居家族とのコミュニケーションでは固定電話を利用する層が一定程度いるようである．これらの結果から，ケータイは恋愛に利用されるメディアであり，とくにメールでのコミュニケーションが重要だということがわかる．

3　恋愛とメディア利用の分極化

恋人との交際にかかせないコミュニケーションツールとしてのケータイであるが，メディア利用と恋愛とはどのような関連があるのか，さらに詳しく分析してみたい．まず，恋人と交際中の人のうち58.8%は，ケータイを「なくてはならないもの」と回答している．恋人がいない場合は，「あった方がよいもの」という回答が58.5%となっており，必需度が下がっている．交際経験との連関は，恋人の有無との連関よりも差がないことから，交際行動そのものと必需性の意識とが関わっていると解釈できる．

こういった交際行動との関連を詳しく分析した先行研究として，前出の「青少年の性行動全国調査」の第6回調査（2005）の分析結果がある．この調査結果では，学生のケータイ・メールのヘビーユーザーとパソコンのヘビーユーザーが重ならないことが指摘されている．このうち高校生・大学生では，ケータイ・メールのヘビーユーザーは，休日の勉強時間が少なく，学校での友人関係が良好であり，週に1度以上街に遊びに行く傾向がみられるが，パソコンのヘビーユーザーは，休日の勉強時間が長く，学校の友人関係に不適応を示しており，街へ遊びに行く頻度も月に1回以下となっている（高橋，2007）．そして，ケータイ・メール派は，パソコン派と比較して，デート経験率と性交経験率が高い．また同時に，これまで恋人関係が性交関係の必要条件であったが，現在では，性交関係が恋人関係の必要条件となっていることを指摘している．つまり，学生のケータイ利用，交友，恋人交際（性交関係）の密接な連関が明らかになっている．これと比較して2011年調査は社会人を含めた全国調査であるため，学生以外の恋愛行動とメディア利用の関わりを分析に含めることが可能である．残念なことだが，先行する2001年度調査では，恋人交際の関連項目がないため経時的な分析ができない．しかし，参考となる分析結果がある．2001年度調査においてもケータイ利用と親密な友人関係には密接な関連がみられる．そして，パソコン利用とプライベートに深入りしない友人関係を好む傾向とのあいだの関連が報告されている（岩田，2002）．

これらの先行する調査から，交際経験者は，学歴が低く，社交的であり，街での遊興活動が活発であり，ケータイ利用頻度が高いいっぽうで，交際未経験者は，学歴が高く，非社交的であり，街で遊ぶことが少なく，パソコンの利用時間が長いという結果が予想される．2011年調査では，学歴と恋愛交際経験について，独身の社会人にそのような相関傾向はなかったが，それ以外の項目とは相関がみられた．性別にかかわらず，休日におけるパソコン経由のインターネット利用の平均時間は，交際経験の有無で比較した場合，有意な差はなかったが（t検定：$p=.182$），学生を除いた社会人に限定するならば有意な差がみられる（t検定：$p<.05$）．独身者全体を対象にするならば，交際経験者が平均155分程度，インターネットを休日に利用しており，交際未経験者では平均184分であった．社会人に限定するならば，交際経験者では平均162分，交際未経験者では平均277分であり，交際未経験者のほうが1時間半程度，休日の平均利用時間が長くなっている．

さらに，このパソコン経由のインターネットの利用の質と交際経験の有無について，男性に限って，いくつかの傾向がみられた．交際経験者の男性は，未経験者の男性と比較してSNSでの情報発信をする率が高い（χ^2検定：$p<.01$）．交際経験者の男性の15.7％がパソコン経由でSNSを利用して情報発信をしているのに対して，交際未経験者の男性では1.7％であった．インターネットへの依存度についても男性には差がみられた（χ^2検定：$p<.05$）．交際経験者の男性の31.0％がパソコン経由のインターネットが原因で仕事や勉強，家事がおろ

そかになったことがあるというのに対して，交際未経験者の男性では 52.5％と半数を超えている．予定よりも多くの時間をインターネット利用してしまいがちだという点についても，交際経験者の男性のうちの 54.0％が利用し過ぎだと感じているのに対して，交際未経験者の男性では 74.2％がそのように感じている（χ^2 検定：$p<.01$）．

次にケータイはどうであろうか．ケータイが，恋愛に欠かせない道具であることを前節ですでに示した．とくにケータイ・メールが重要な役割を果たしている．これと関わりここではとくにパーソナル・コミュニケーションについて確認しておこう．ケータイ・メールの利用頻度では，恋人と交際中の場合，週平均で 54.5 通，交際経験はあるが恋人がいない場合，51.8 通，交際未経験の場合，28.8 通であった．恋人と交際中であるかどうかよりも，交際経験の有無において，ケータイ・メールの利用頻度が高いということは，交際経験者は，恋人に限らずパーソナル・コミュニケーションを頻繁におこなうのだといえる．これを傍証するデータとしては，男性に限って，友人，親友とのつきあい方について有意な差がみられた．「友人でもプライベートに関わらないようにする」のか，それとも「友人とはプライベートにも関わりたい」のかという質問では，交際経験者の男性の 43.7％が「プライベートにも関わりたい」と回答しているが，交際未経験者の男性では 29.3％であった．また，「親友でも自分をさらけ出すわけではない」タイプなのか，「親友とは性格の裏の裏まで知っている」というタイプなのかという質問では，交際経験者の男性の 41.3％が「裏の裏まで知っている」と回答しているが，交際未経験者では，24.4％であった．交際経験の有無が，友人とのつきあい方と関わるという傾向は，男性に顕著であった．友人のプライベートに関わり，親友とお互いの性格についてよく理解しようといった人間関係の態度と関わっている．

この結果から，社会人では，交際経験者はパソコン経由のインターネット利用時間が短かく，ケータイ・メールの利用平均数が多い．男性に限って交際未経験者のインターネット依存度が高く，友人関係も回避する傾向がみられる．つまり，恋愛行動におけるメディア利用の分極化という事態は，学生という特殊なライフステージに限ったことではないと結論できる．そして，それは男性の交際経験のある人とない人のあいだの分極化である．

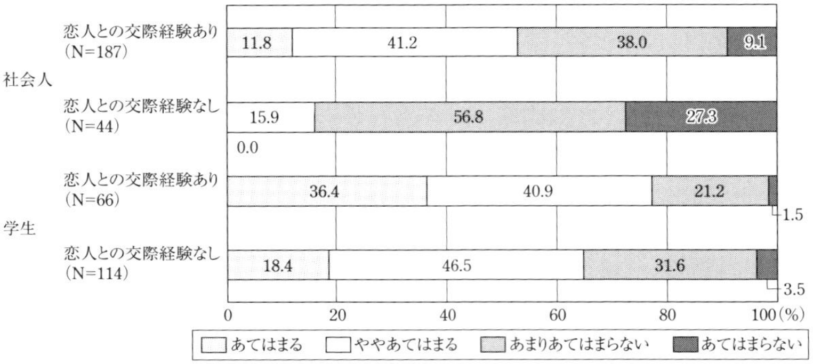

図3　誰とでも仲良くなれると思う

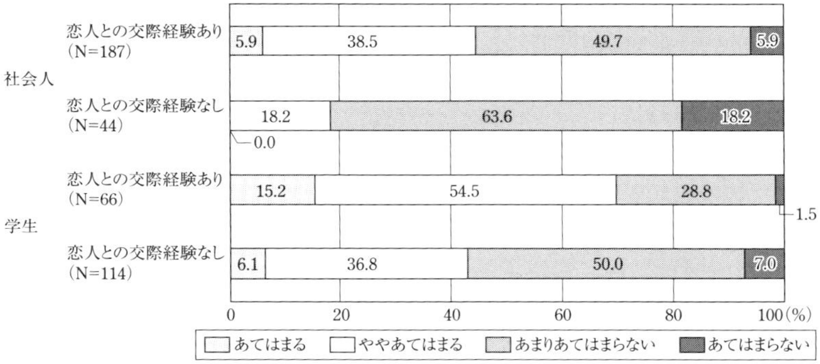

図4　まわりの人たちとのあいだでトラブルが起きても，それを上手に処理できる

この分極化の傾向を示すさらなるデータがある．

図3は，対人関係スキルに関わる調査項目のひとつである「誰とでも仲良くなれると思う」かどうかを4件法でたずねている．学生，社会人ともに有意な相関がみられる（χ^2 検定：社会人＝$p<.001$，学生＝$p<.05$）．交際経験者は対人関係スキルに自信をもつ傾向がある．社会人は学生と比較すると「誰とでも仲良くなれる」と回答する率が低い（χ^2 検定：$p<.001$）．社会人の交際未経験者では「あてはまる」という回答がまったくなく，「あてはまらない」という回答が27.3%と高率である．

人間関係トラブルの対処についても，同様の傾向がある（図4）．社会人は学

表1 ケータイ経由でアクセスするインターネット・サイト（%）

	恋人交際中	交際経験あり（恋人なし）	交際経験なし
待ち受け画面	3.3	9.5	17.4
ゲーム	34.1	31.4	14.5
レジャー・旅行関連	18.7	6.7	2.9
映画館情報	20.9	12.4	7.2
N	77	103	115

表2 パソコン経由でアクセスするインターネット・サイト（%）

	恋人交際中	交際経験あり（恋人なし）	交際経験なし
ニュース	50.6	47.6	29.6
ゲーム	20.8	19.4	36.5
レジャー・旅行関連	27.3	22.3	9.6
交通機関情報	22.1	27.2	13.0
チケット予約	26.0	18.4	4.3
バンキング	6.5	7.8	.9
オークション	24.7	12.6	6.1
マンガ	2.6	.0	15.7
N	77	103	115

生と比較するならば，人間関係に対して厳しい見方をしているとも解釈できる．また，学生のように自立していなければ，実際の人間関係がシビアではないともいえる．この結果から，人間関係に関するスキルが実際にあるかどうかは別としても，交際経験者は人間関係スキルに自信があり，交際未経験者は自信がないという傾向がある．

次に，インターネット・サイトの利用から遊興状況を確認する．表1と表2は恋愛とインターネット・サイト利用とのあいだに相関のある項目である．この結果から，レジャー，旅行，映画館情報，チケット予約など，遊興活動に関わるサイトを恋人と交際中の人が利用していることがわかる．いっぽう，ケータイの待ち受け画面は，交際未経験者の利用率が高い．

ゲームの利用は，デバイスによってまったく異なる結果となっている．交際未経験者のケータイ経由のゲームの利用は低利用率であるのに対して，パソコン経由の場合，高利用率となっている．ゲームの種類などを特定して分析することはできないが，ケータイのデバイスの特性としては，ポータビリティがあり，移動中の利用が想定される．この点は10年前のインターネット利用と2011年調査結果とを比較した第1章を参照するならば，より一層，明白である．いっぽう，パソコンの場合，モバイル型のものも多種存在するが，ケータイと比較するならば，場所や空間に固定されている場合も多く，ポータビリティ特性がケータイほど高くない．したがって，移動しながらのゲーム利用と自宅などでのゲーム利用とが質的に異なるとするならば，交際経験者は，戸外で移動する時間が比較的長いため，ケータイ経由のゲーム利用が多く，交際未経験者は，室内でパソコン経由のゲームを利用していると考えられる．恋人と交際中である人，交際経験者のインターネット・サイト利用種類とゲーム利用のデバイスの利用差をあわせるならば，戸外での遊興活動が恋人との交際と相関していると推測可能である．

これらの結果から予想されることは，恋人と交際中の人にとって，インターネットは道具的な利用が主であり，外で遊ぶための情報を収集する道具だと考えられる．いっぽう，交際未経験者にとっては，パソコンで遊ぶことを目的とするコンサマトリーな利用が主であり，とくにインターネット上での遊興を目的とした利用だと想定できる．

このように説明するならば，ニュース，バンキングやオークションの利用に差がある理由も推測可能となる．一見するとこれらのサイト利用は，恋愛と直接的に関わっているとはいいがたい．しかし，これらが活発な社会的行動の特性を示しているのであれば，世間の関心事や流行に対する感度と恋人との交際が関わっていると解釈できる．

恋人と交際中の人は，交友関係や街での遊興活動をスムーズにおこなうために，インターネットを活用している．加えて，ケータイ・メールは交友関係との連関が強く，これに関わって交際経験者の人間関係スキルの自己評価も高くなる傾向がある．

4 恋愛，結婚，生活満足

恋愛が人間関係スキルと関連しており，メディア利用にそのライフスタイルが映し出されることをこれまで確認してきた．次に，このようなライフスタイ

表3　生活満足度と恋人との交際

	B	標準誤差	ベータ	有意確率
（定数）	2.032	.326		.000
性別（1= 男性，2= 女性）	-.089	.086	-.053	.303
年齢	.015	.004	.238	.000
一人暮らし（1= 一人暮らし，2= そのほか）	.137	.129	.059	.290
世帯年収（税込み）	-.081	.027	-.160	.003
恋人の有無（1= 恋人あり，0= 恋人なし）	-.152	.101	-.078	.132

調整済 R^2=.089，N=348（独身者のみ）

表4　生活満足度と恋愛交際経験

	B	標準誤差	ベータ	有意確率
（定数）	1.969	.326		.000
性別（1= 男性，2= 女性）	-.098	.087	-.058	.259
年齢	.015	.004	.226	.000
一人暮らし（1= 一人暮らし，2= そのほか）	.153	.129	.066	.236
世帯年収（税込み）	-.087	.027	-.171	.001
恋愛交際経験（1= あり，0= なし）	.074	.095	.042	.436

調整済 R^2=.085，N=348（独身者のみ）

ルの評価について考えてみたい．2000年代後半の現代用語において，「現実（リアル）の生活が充実している」という言葉を短縮した「リア充」という言葉がその意味の範囲を広げ，文脈によっては「恋人と交際をしている状態」をも意味するようになった．このような現代用語の意味変容を鑑みても，現代社会では恋人と交際しているということが生活の充実感をもたらすと考えられている．またその反対語が「ネット生活が充実している」という言葉を短縮した「ネト充」であることを考えてみても，先述のメディア利用と恋愛行動は連関があり，さらに，恋愛行動やメディアを利用する当事者にとっても，関連の強いものとして認識されていると解釈できる．これまでの分析では，恋人と交際中の人もしくは交際経験者が，人間関係スキルに対する自信や戸外での遊興行動に関わるということがわかったが，恋愛と生活に対する満足度には関わるのだろうか．「リア充」のような言説からは，恋人がいれば生活満足度が高いのではないか，という仮説が喚起される．表3と表4は，4件法で質問した生活満足度の重回帰分析の結果である．生活満足度の得点は，「満足している」を1点，「まあ満足している」を2点，「あまり満足していない」を3点，「満足していない」を4点としている．

表5 生活満足度と休日のインターネット利用時間

	B	標準誤差	ベータ	有意確率
(定数)	2.466	.298		.000
性別(1=男性, 2=女性)	−.098	.068	−.064	.150
年齢	.003	.002	.051	.251
一人暮らし(1=一人暮らし, 2=そのほか)	−.089	.127	−.031	.484
世帯年収(税込み)	−.067	.021	−.144	.001
PCインターネット利用時間	.001	.000	.182	.000

調整済 R^2=.059, N=494

モデルの適合度が芳しくないが,参考までに相関を確認するならば次のようにいえる.若いほど生活満足度が高く,世帯年収が高いほど生活満足度が高いという結果が得られた.しかし,恋人の有無や交際経験の有無との関連がみられなかった.恋人との交際が生活満足度をあげるとはいえないようである.また交際経験との連関もみられないということは,生活満足度が高ければ,恋人との交際をおこなうというわけでもないようである.

つまり,恋愛行動と生活満足度との連関がないことから,「恋人がいれば生活が満足である」もしくは「幸せな人が恋人をみつけ交際できる」や「恋人がいれば生活が充実している」といった連関は成立していない.恋愛の言説やイメージは現実の恋愛状況と異なるものだと結論できる.いっぽうで,「リア充」の反対語としての「ネト充」についてどのように説明できるのだろうか.「インターネット生活に満足していますか」というネット生活満足度について尋ねているわけではない.また,この用語には「生活に対して不満があるからネット生活が充実している」というような含意もある.さしあたり,インターネット利用時間と生活満足度との関係を分析してみたい.インターネットのヘビーユーザー層とライトユーザー層,依存度の高い層と低い層とを比較して,ヘビーユーザー層や依存度の高い層の生活満足度が高いのであれば,インターネット生活によって生活満足度があがっており,上記のような人口に膾炙している反転した意味ではない,文字通りの「ネト充」だといえる.表5は生活満足度に対して,パソコンを経由した休日のインターネット利用時間が関連しているかどうか,重回帰分析をおこなった結果である.休日のPCインターネット利用時間と生活満足度とは負の相関がある.この相関の意味は,インターネットを利用する時間が長くなればなるほど,生活満足度が下がるということである.

表6　生活満足度とインターネット依存度

	B	標準誤差	ベータ	有意確率
(定数)	2.948	.243		.000
性別（1= 男性，2= 女性）	－.067	.052	－.046	.195
年齢	.002	.002	.034	.365
一人暮らし（1= 一人暮らし，2= そのほか）	－.151	.108	－.050	.164
世帯年収（税込み）	－.071	.016	－.156	.000
体や心によくないと思っても，時間に見境なくインターネット利用しがちだ	－.075	.029	－.097	.010

調整済 R^2＝.036，N＝765

表7　生活満足度と結婚経験

	B	標準誤差	ベータ	有意確率
(定数)	2.757	.182		.000
性別（1= 男性，2= 女性）	－.088	.041	－.058	.031
年齢	.004	.002	.078	.037
一人暮らし（1= 一人暮らし，2= そのほか）	－.098	.081	－.035	.226
世帯年収（税込み）	－.085	.013	－.179	.000
結婚経験（1= あり，0= なし）	－.218	.063	－.130	.001

調整済 R^2＝.051，N＝1302

依存度と関わって時間に見境なくインターネットをするかどうかとも相関があった（表6）．「ネット生活が充実している」ことは，むしろ生活が充実していないということを示している．

休日のPCインターネットの長時間利用と生活満足度とのあいだの負の相関は，このような調査によって分析するまでもなく，この「ネト充」という用語を利用する層にとって実感されていることであり，常識的なことかもしれない．しかし，インターネットの短時間利用層の生活満足度が高いという，その連関のみでは何の説明にもならない．質問紙調査では，短時間利用層がインターネット以外に何をしているのか，はっきりしないからである．もちろん，休日にインターネットを長時間利用する層についても，なぜ生活満足度が低いのかという説明が難しい．一般的な言説を信じて「休日に，インターネット以外にすることがないから，生活に満足ではない」とするならば，その原因はインターネットではなく他にあるため，メディア調査では回答が得られない．

翻って，実際には相関のみられない恋愛行動が生活満足をイメージさせる理由は，その先にある結婚との連関が強いからだという予想は可能である．したがって，結婚と生活満足度との連関を確認しておきたい．家族社会学の先行研究では，結婚は生活満足度と正の相関にあることが報告されている（脇田，2011）．ここでも同様の結果が確認された．表7にみるように，結婚経験者のほうが未婚者よりも生活満足度が高い．恋人交際との連関はみられないが，結婚経験と正の相関があるということは，家族形成が生活満足と関わっているということであり，恋愛のような感情を基盤とした関係は，それだけでは生活満足とは関わらないが，結婚という段階に至ることで満足を得ていると結論できる．

そこで，結婚経験者と未婚者とのメディア利用の相違を確認しておこう．結婚経験者は，ケータイの利用料金が月平均で約6500円であり，未婚者は，月平均で約8100円であった（T検定：p.<.001）．これとは，反し，平均連絡先登録数は結婚経験者の方が多い．結婚経験者は135件登録，未経験者は110件であった（T検定：p.<.001）．このように結婚経験者の人間関係は広いが，それほどメディアを利用したコミュニケーションを必要としていないということがわかる．

さらに，恋愛交際に関しては，人間関係スキルに対する自信との連関がみられ，ケータイの電話利用やインターネット利用についても社交に関わる利用が特徴的であることを上述したが，結婚経験と人間関係スキルには目立った連関がみられなかった．

5 結婚による人間関係の変化

ここまでの結果から，恋人との交際には人間関係スキルが必要であるが，恋愛行動そのものが生活満足度と関係しないという結果が明らかになった．これとは反対に，結婚経験者と未婚者とを比較するならば，メディアを利用したコミュニケーションは結婚により減少するが，人間関係スキルとのあいだに有意な相関はみられない．そして，結婚経験が生活満足度を押し上げる効果が確認された．家族形成をおこなうことによって，ライフスタイルが変化し，人間関係も異なるということは一般常識であるが，その内容を確認していこう．パーソナル・ネットワーク研究では，都市化と互助関係に注目した研究が有名であ

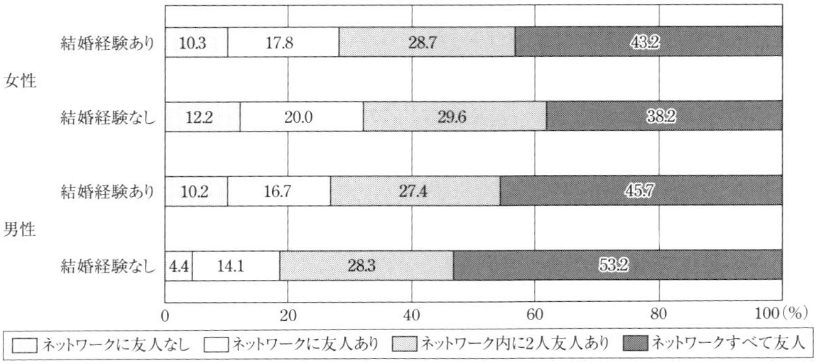

図 5　結婚と友人の関係

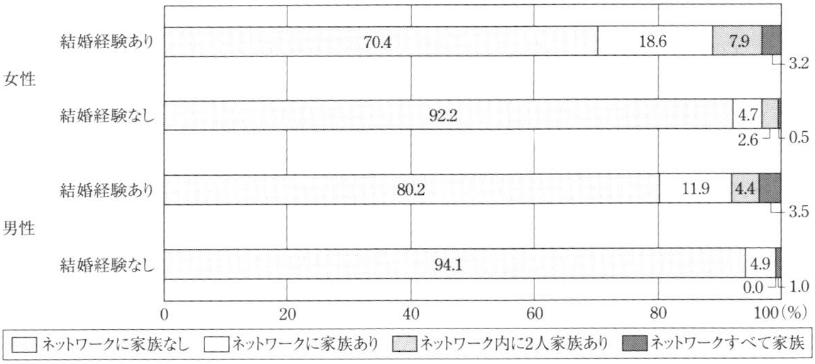

図 6　結婚と別居家族との関係

る（Wellman, 1979；野沢, 2006）．都市化の影響で，第 1 次的紐帯が弱化し，生活に必要な互助が得られないのではないか，という仮説の検証がおこなわれてきた．しかし，都市化による直接的な影響が確認された調査結果はそれほど多くない．むしろ，個人のライフステージやライフスタイルによって影響の程度や質が異なる．また家族関係によって，その互助関係が変わってくると報告されている（野沢, 2001, 2006）．したがって，親密な人間関係が結婚経験者と未婚者で異なることは自明であるが，その内実はあまり多く報告されていない．図 5 はネットワーク質問を分析したものである．親密な人間関係を 3 人あげてもらったなかに友人がどの程度いるのか，性別，結婚経験別の三重クロス分析の結果である（χ^2 検定：女性＝ $p<.001$，男性＝ $p<.005$）．男性と女性では結婚の

効果が異なっている．女性は結婚することによって，ネットワークのなかにいる友人の割合が増えており，男性は結婚することで友人の割合が減少している．そのいっぽうで，ネットワークのなかに別居する家族がいる率は，男性も女性も結婚によって増加する（図6）．またネットワークの性別の同質性も，図7のように男性も女性も結婚によって，同質性が高まるようだが，男性には有意な差はない．女性の結婚経験者は未婚者に比べ，ネットワークに男性をあげる率が半減する（χ^2 検定：p<.001）．

結婚経験の区別なく，性別で比較しても，男性のほうがネットワークの性別の異質性が高い（χ^2 検定：p<.001）．

ここから予想されることは，結婚は女性のネットワークに影響を与えるということだ．女性の場合，結婚によってネットワークの友人率が高まり，性別同質性も高まる．これは，既婚女性の日常的なライフスタイルが家事や育児などとの連関が強いことと関係するだろう．また，同性同士の互助ネットワークの恩恵を既婚女性が得ているという女縁仮説（上野・電通ネットワーク研究会，1988；上野，2008）を支持するものだともいえる．さらに，この結果から，現代日本人の第1次的紐帯は同性で構成される率が高いことが確認された．性別異質性の高いネットワークの維持や（図8），恋人獲得のために人間関係スキルが必要だと意識されるのは，独身の時期である．恋人との交際の成否は，性別の異質なネットワークを形成しているかどうかと強い連関がある．念のため，ネットワークに恋人がいる場合を除いて同様の分析をした．この場合，男性には有意な差が認められなかったが，おおよそ図8の結果と同様の傾向が確認できた．したがって，とくに女性の場合，結婚を目的として恋人と交際し，結婚にいたることで生活満足度が高くなれば，異質なネットワークが必要でなくなると結論できる．またネットワークの同質性が高まるということは，それだけ人間関係スキルも高度なものを必要としなくなるのかもしれない．恋愛結婚が主流である現代日本においては，恋愛は結婚のための必須経験であり，そのために独身者は性別の異質なネットワークや人間関係スキルを必要しているのだと結論できる．

10年前におこなった2001年調査から，ケータイとパソコンのインターネット利用を分析した結果，日本社会のジェンダー化された文化的様相が明らかに

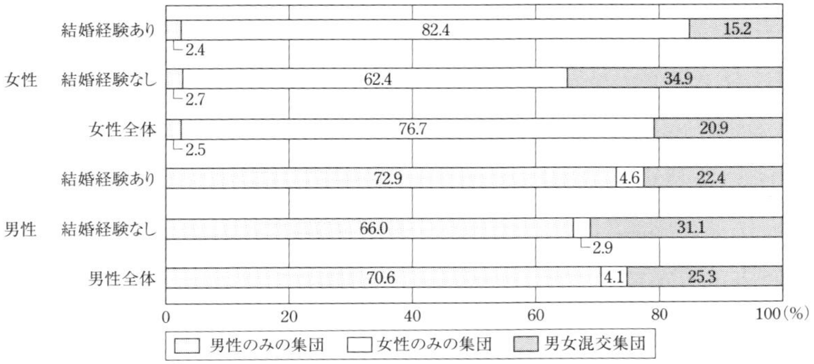

図7　結婚と性別の同質性

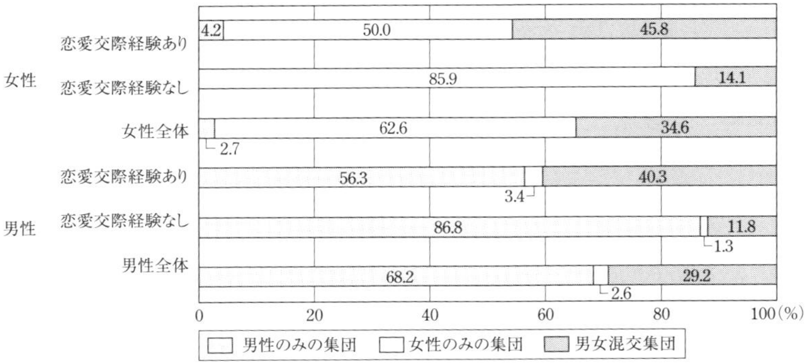

図8　恋愛交際経験と性別の同質性

なった（Habuchi et al., 2005）．2011年調査においても，同様のことが指摘できるうえに，結婚が女性のネットワークの性別同質性を高めるという結果が得られた．

6　まとめ

本章の分析からは次のようなことがいえる．第1に，恋愛交際に関して，メディア利用の分極化は2011年調査でも確認された．ただし，先行研究とは異なり，学生のインターネット利用時間の差はなかったが，社会人の利用時間に差がみられた．また，男性に限っていえば，利用インターネット・サイトの種類や，利用意識や態度に差がみられた．交際経験者の男性は，交際未経験者と比較して，インターネット依存度が低く，SNSでの情報発信をおこなう率が高かった．交際経験者の利用特性は，戸外での遊興行動に関わるインターネット・サイトの道具的利用であり，交際未経験者ではインターネット上における遊興を目的としたコンサマトリーな利用が確認された．このようにインターネット利用のあり方が恋人との交際と結びついていることが明らかになった．学生の特性としてメディア利用の分極化があるわけではなく，現代社会の一般的な男性の恋愛に関わる行動特性を反映して分極化しているのだといえる．男性の人間関係に対する態度特性と交際の有無が関わっていることからも，社交にメディア利用を役立てようとしているか，社交から離脱しようとメディアを利用するのかという分極化だと解釈できる．

ただし，ケータイが恋人との交際に利用されることを確認したが，ケータイ利用の効果として恋人との交際期間の短期化や恋愛行動の活発化を促進しているかどうかについては，本データで確認することができなかった．

第2に，未婚者は，恋人と交際することによって生活満足を得ているわけではないということも明らかになった．結婚経験の生活満足度に対する強い相関から，恋愛を経て結婚することによって，生活満足が得られると結論できる．恋愛は結婚するため，つまり生活の満足を得るための準備段階としてある．そして，その交際をサポートするための武器として，ケータイ利用がある．

ただし，この結果について留保をつけなければならないだろう．2000年代後半から，日本の若者の恋愛や性行動に関する調査結果において，恋愛や性行動に対する消極化が指摘されている．「草食男子」という用語で説明されるような性的関心の薄い若年男性の登場（深澤，2007；森岡，2008）や若年女性の性行動の不活発化（渡辺，2011），性教育協会の継続調査から明らかにされた性行動経験率の増加にブレーキがかかったことや学生の性行動に対する消極化（片瀬，2013）である．高橋征仁は，この事態を「性行動のリスク化」と呼んでいる（高橋，2013）．これらの若者の指向性の変化を「意欲のなさ」や「草食化」といった内的動機づけの低下や社会的機会や社会的資源の欠乏などの構造的問題でもなく，恋愛の自由化によって異性との接触機会が増加し，自分自身の選択にシビアにならなければならない状況が生まれていることを背景として，自分1人で恋愛や性行動のリスクと向かいあわなければならなくなったからだと説明している．本章の結果をさらに考量するならば，このリスクを回避するために，アニメ，ゲーム，アイドルなどの性別隔離文化としてのサブカルチャーに耽溺するとの説明も可能である．このことは，待ち受け画面やゲームといったインターネット・サイトの利用と恋愛との相関から推察しうる．さらに，恋人との交際が生活満足と相関しない理由として，この恋愛や性行動に対する消極化傾向が影響している可能性は否定できない．恋愛や性行動のイメージが明るく楽しいものではなく，リスクとして捉えられているのであれば，当然，回避されるべきものであるし，生活の満足にとって関係のない，むしろ邪魔な事象となるからである．現代日本の恋愛は結婚を達成するための試練となっているのかもしれない．このことにより今まで以上に結婚も個人にとって達成の難しいライフイベントになるだろうし，それと関わり，独身時に一時的にでもたちあらわれる性別の異質なネットワークも形成困難となるだろう．

ここで，恋愛行動，社交を含む人間関係，メディア利用に関する次の課題が明らかになる．分析でも示したとおり，サブカルチャーを媒介としなくても，現代日本社会はそもそも第1次的紐帯の同質性が高く，性別隔離文化も存在している．そのうえに重なってくるサブカルチャーやメディア文化を媒介として生じる新しい性別隔離文化に関わり，異質性のあるネットワークの形成はさらに困難さを増してくると考えられる．異質性のあるネットワークは，性別という社会的カテゴリのみに規定されているものではないが，市民社会形成にとって重要な意味をもつといわれている（小林・池田，2007）．異質な人間関係のなかで対等な関係を形成し，議論する場をもつことが，市民社会の基礎だと考えられているからである．もし，同質的ネットワークにいることが一般的な状況だとするならば，異質な他者への寛容性の獲得や人間関係スキルの涵養はどのようなライフステージのどのような契機で可能なのだろうか．現代日本社会において，恋愛や性行動を目的とした活動から成る集団以外に性別異質性を担保する社会集団を形成する契機をみつけだすことは可能だろうか．

新しいメディア環境は，これまでにも市民社会形成に関与する可能性があるとして，期待されてきた．しかし，現在のところ，人間関係スキルに対する自信の有無やいくつか別の要因から社交にメディアを利用する層とインターネット上の遊興行動などに自閉していく層に分極させているといわざるをえない. インターネット上の遊興行動がこれまでとは異なった異質性を担保する新しい社会集団の形成に役立つのかどうか, 魅力のある新しいコンテンツの開発によってこのような状況が変化するのかどうか, 10年後の調査研究に期待したい.

参考文献

深澤真紀（2007）『平成男子図鑑――リスペクト男子としらふ男子』日経PB社.

Habuchi, I. et al. (2005). Ordinary Usage of New Media: Internet Usage via Mobile Phone in Japan, *International Journal of Japanese Sociology*, 14, 94-108.

岩田考（2002）「携帯電話の利用と友人関係」モバイル・コミュニケーション研究会『携帯電話利用の深化とその影響』（科学研究費：携帯電話利用の深化とその社会的影響に関する国際比較研究, 初年度報告書）.

片瀬一男（2013）「性行動調査の意義と今後の課題」日本性教育協会編『若者の性行動は今後どう変化していくのか――青少年の性行動の日常化と分極化「第7回青少年の性行動全国調査」からみえてくるもの』（講演要旨集）.

小林哲郎・池田健一（2007）「社会化過程における携帯メール利用の効果――パーソナル・ネットワークの同質性・異質性と寛容性に注目して」『社会心理学研究』23（1）, 82-94.

国立社会保障・人口問題研究所ホームページ（http://www.ipss.go.jp/ps-doukou/j/doukou14/doukou14.asp, 2013年6月10日アクセス）

厚生労働省ホームページ（http://www.mhlw.go.jp/toukei/saikin/hw/jinkou/suii09/marr4.html, 2013年6月10日アクセス）

森岡正博（2008）『草食系男子の恋愛学』メディアファクトリー.

野沢慎司（2001）「ネットワーク論的アプローチ――家族社会学のパラダイム転換再考」野々山久也・清水浩昭編『家族社会学の分析視角――社会学的アプローチの応用と課題』ミネルヴァ書房, 281-302.

野沢慎司編（2006）『リーディングスネットワーク論――家族・コミュニティ・社会関係資本』勁草書房.

高橋征仁（2007）「コミュニケーション・メディアと性行動における青少年層の分極化」日本性教育協会編『「若者の性」白書』小学館, 49-80.

高橋征仁（2013）「講演①欲望の時代からリスクの時代へ――性の自己決定をめぐるパラドクス」日本性教育協会編『若者の性行動は今後どう変化していくのか――青少年の性行動の日常化と分極化「第7回青少年の性行動全国調査」からみえてくるもの』（講演要旨集）.

上野千鶴子・電通ネットワーク研究会（1988）『「女縁」が世の中を変える――脱専業

主婦のネットワーキング』日本経済新聞社.
上野千鶴子（2008）『女縁を生きた女たち』岩波現代文庫.
脇田彩（2011）「結婚による満足度の変化」東京大学社会科学研究所『東京大学社会科学研究所パネル調査プロジェクトディスカッションペーパーシリーズ』44.
渡辺裕子（2011）「大学生における現代的恋愛の諸相Ⅱ」『駿河台大学論叢』（41）駿河台大学教養文化研究所.
Wellman, B. (1979). The Community Question: The Intimate Networks of East Uprkers, *American Journal of Sociology*, 84, 1201-1231.

6 ケータイは友人関係を変えたのか

震災による関係の〈縮小〉と〈柔軟な関係〉の広がり

岩田 考

1 はじめに

本章の目的は，ケータイ利用と友人とのつきあい方との関連を，その変化に着目しつつ明らかにすることにある．2001年から2011年の10年間にケータイの利用は拡大し，そして深化した．さらに，ソーシャル・メディアも普及し，そのような文脈では，友人関係の〈拡張〉あるいは〈多様化〉がしばしば語られる．実際には，この10年間で，どのような変化がみられるのであろうか．特に，若者の友人関係について，これまで指摘されてきた希薄化，選択化，濃密化，同質化などとの関連から検討したい．

ただし，東日本大震災から1年も経たずにモバイル・コミュニケーション研究会によって実施された2011年調査の結果には，震災の影響と思われる変化がみられる．それも，2011年調査よりも後で行われた調査の結果からすると一時的な影響と考えられるものである．したがって，友人関係の10年間の変化をみていく上で，本調査は必ずしも適切なデータとはいえない面もある．そのような意味で，結果の解釈には慎重さが要求されるが，できる限り10年間の変化を明らかにすることを試みたい．

1.1 問題の所在

1980年代半ば頃から，若者の友人関係が希薄化しているという指摘がなされるようになった（岡田，2010）．他者や自分自身を傷つけることを恐れ，うわべだけの関係を築くようになった，と．90年代に入ると，ケータイなどのメディアの利用が，友人の数を増加させる一方で，対面的な接触を減少させ希薄化を押し進めるとして，しばしば批判の対象とされた．このような指摘は，2000年代に入ってからもなされている（例えば，小原（2002）；牟田（2004））．

しかしながら，大規模な質問紙調査の結果の多くは希薄化を支持するものとはなっておらず（辻，1999；橋元，2005），広いが必ずしも浅いとはいえないような友人関係について，状況に応じた関係の使い分けという観点から，その特質を説明する議論がなされるようになる（例えば，浅野（1995）；辻（1999））．

浅野（1995）は，1992年に若者を対象に行われた調査から友人関係のパターンを分析し，3つの因子をみいだしている．①多様な友人関係を積極的に求める「遠心志向因子」，②友人関係から撤退していこうとする「求心志向因子」，③相手やつき合いの程度に応じて関係のあり方が変化する「状況志向因子」の3因子である．そして，今日の若者の友人関係の特質として「状況志向的な関係の多元化」を指摘している．

また，辻（1999）は，若者の対人関係の希薄化論を批判的に検討し，全面的なつきあいを志向する割合の減少と部分的つきあいを志向する割合の増加という質的な変化から，若者の対人関係の変化を「フリッパー志向」の強まりにみている．フリッパー志向とは，「そのときどきの気分に応じてテレビのチャンネルを手軽に切り替えるように，場面場面に合わせて気軽にスイッチを切り替えられる」（辻，1999：20）ような対人関係の志向を指す．

松田（2000）は，これらの浅野智彦や辻大介の議論にみられる若者の友人関係の「新しさ」を「状況に応じて友人を選択すること」にあるとし，それらを「選択的関係論」として整理している[1]．また，「番通選択」のようなケータイの利用とそのような選択的な志向が関連していることも指摘した．

しかし，モバイル・コミュニケーション研究会が2001年に実施した調査では，若者の友人関係の特質を「選択」とみなすことに疑問が生じるような結果が示された（岩田，2002a，2002b；橋元，2003）．「たいていの場合，同じ友人と行動をともにすることが多い－場合に応じて，いろいろな友人とつきあうことが多い」のどちらに自らの友だちづきあいが近いかをたずねると，後者の選択率は年齢が高い層ほど高くなっていたのである．

岩田（2002b）は，このような結果をふまえ，浅野や辻の議論の「新しさ」は「選択」という点のみにあるのではなく，「フリッパー志向」や「状況志向的な関係の多元化」を可能にしている多元化した自己にあるのではないかと指摘した．単に利害関心によって，友人の選択を行っているということであれば，伝統的な社会から近代社会への移行を理念型的に類型化した「ゲマインシャフト－ゲゼルシャフト」等にみられる関係の指摘とさほど隔たりがないからである．しかし，そうした議論では一貫性をもった近代的な主体が想定されているのに対して，辻や浅野の議論で想定されている主体は異なっている．つまり，多元的な自己意識をもつような主体である．実際に2001年調査でも，「話す友人によって，相手に対する自分の性格が変わることがよくある－どんな友人と話しても，相手に対する自分の性格はほとんど変わらない」では，前者の選択率は年齢が低い層ほど高いという結果となっていた．すなわち，選択という点に着目しつつも，選択を行う主体のありようにも目を向ける必要があるということが示唆された．

2000年代に入ると，若者の友人関係は，希薄化しているというよりも，むしろ濃密化が進行しているのではないかという指摘がされるようになる（浅野，2011）．例えば，社会学者の土井隆義は，今日の若者の人間関係の特質について，次のように述べている．

> 昨今のマスメディアでは，コミュニケーション能力の未熟さから若者たちの人間関係が希薄化し，いじめをはじめとする諸問題の背景になっているとよく批判される．しかし，（中略）実態はやや異なっていることがわかる．彼らは，複雑化した今日の人間関係をスムーズに営んでいくために，彼らなりのコミュニケーション能力を駆使して，絶妙な対人距離をそこに作り出している．現代の若者たちは，互いに傷つく危険を避けるためにコミュニケーションへ没入しあい，その過同調にも似た相互協力によって，人間関係をいわば儀礼的に希薄な状態に保っているのである．（土井，2008：47）

希薄という言葉が用いられているものの，「没入」や「過同調にも似た相互協力」という表現からは，むしろ濃密な関係と呼ぶほうがふさわしい．マーケッターの原田曜平が「新村社会」と呼ぶ若者の人間関係も，同様な濃密化を表すものである（原田，2010）．こうした友人関係の濃密化を促進するものとして，ケータイの普及があげられる．ケータイの利用にともなって，友人関係が24時間化したためである．学校や職場を離れてもつながり続ける，こうした関係は，フルタイム・インティメイト・コミュニティと呼ばれる（吉井，2000）．

さらに近年では，濃密化が進展するだけなく，選択的な傾向が強まり，友人関係の同質性が高まっているのではないか，という指摘もなされている（辻，2011）．他方，選択化の傾向を同様に認めつつも，SNSの利用などによって，友人関係が重層化し，多元性が増しているのではないかという指摘もみられる（岩田，2011）．

果たして，ケータイ利用の拡大と深化は，友人関係のあり方や変化とどのように関連しているのであろうか．

1.2 分析の方針と主な変数

今回の調査では，2001年調査の項目を継続し，新たな項目を加えていない．そのため，本章の分析は，新たな友人関係の特質をとらえようとするものではなく，上記でみたような先行研究の指摘を再検証しようとする側面が強い．ただし，そのような再検証を通じて，新たな特質を考えていく手がかりを得たいと考えている．具体的には，以下のような分析を行いたい．

①友人数および友人とのつきあい方自体がどのように変化したのか（あるいは変化していないのか）．
②友人関係とケータイの基本的な利用にどのような関連がみられるのか（あるいはみられないのか）．
③友人関係とケータイの基本的な利用との関連は属性等の変数を統制してもみられるのか（あるいはみられないのか）．

友人関係について，友人数と友人とのつきあい方に関する質問をしている．友人数については，「日頃親しくつきあっている」友人の数を2つに分けてたずねた．〈身近な友人数〉として「こちらから会いにいくのに1時間以内で会える友人」，〈遠方の友人数〉として「こちらから会いに行くのに1時間より多くかかる友人」をそれぞれ実数で回答してもらった．

友人とのつきあい方に関しては10の質問を行っている．質問は，〈希薄化〉と〈選択化〉に関連した項目に大きく2つに分けることができる．〈希薄化〉に関連するものとして，4つの項目をたずねた．まず，〈希薄化〉の前提となるような〈関係拡大志向〉について，「今の友人も含めて，さらに友人の輪を広げたい」と「新しい友人を作るよりは，今の友人とさらに仲良くしたい」のどちらに近いかを選択してもらった．また，表層的な関係の志向を把握するために，「友人であっても，互いのプライベート（私的なこと）には深入りしたくない」（＝〈浅い関係志向〉），「親友であっても自分のすべてをさらけ出すわけではない」（＝〈消極的な自己開示〉），「友人とは互いを傷つけないようにできるだけ気を使う」（＝〈摩擦回避〉）の3つの質問をそれぞれ逆の意味になる選択肢と併記して選択してもらった（図1参照）．

また，〈選択化〉に関連して6つの質問をたずねた．〈選択化〉の基本的な状況を把握するために，「場合に応じて，いろいろな友人とつきあうことが多い」（＝〈友人の使い分け〉）と「話す友人によって，相手に対する自分の性格が変わることがよくある」（＝〈自己の可変性〉）の2つの質問をしている．また，選択的な関係の議論において，特質とされるような4つの点についてもたずねた．「あなたの友人の多くは互いに知り合いではない」（＝〈関係の隔離〉），「知り合ってすぐに友人になることができる」（＝〈関係の即時形成〉），「友人のフルネームを知らなくても気にならない」（＝〈部分的な関係：氏名〉），「友人の職業や所属を知らなくても気にならない」（＝〈部分的な関係：所属〉）である．なお，質問の形式は，〈希薄化〉に関連する項目と同様に，反対の意味になる選択肢も示し，どちらに近いかを選択してもらっている．

2　友人関係の変化

本節では，ケータイ利用の拡大と深化がみられた2001年から2011年までの10年の間に，友人関係に変化がみられたのかどうかを検討する．友人関係とケータイ利用との関係をみる前に，友人関係自体の変化について確認しておこう．

表1　年代別にみた友人の数の変化

	〈身近な友人〉こちらから会いに行くのに1時間以内で会える友人			〈遠方の友人〉こちらから会いに行くのに1時間より多くかかる友人			友人合計		
	2001年	2011年	差（11年－01年）	2001年	2011年	差（11年－01年）	2001年	2011年	差（11年－01年）
10代	12.71	11.91	－.80	4.44	6.06	1.61	17.20	18.04	.84
20代	7.48	6.42	－1.06	6.11	5.58	－.53	13.38	12.02	－1.36
30代	5.68	5.15	－.53	4.09	4.13	.04	9.73	9.30	－.43
40代	6.59	4.22	－2.37	4.08	2.56	－1.52	10.68	6.81	－3.86
50代	6.21	4.19	－2.02	4.07	3.17	－.90	10.34	7.34	－3.00
60代	6.16	5.03	－1.12	4.60	2.58	－2.02	10.75	7.63	－3.12
合計	7.10	5.71	－1.39	4.52	3.69	－.83	11.59	9.42	－2.17

※数値は0人という回答も含めた平均の人数（人）

2.1　友人の数

まずは，友人数についてみてみよう．先述したように，本調査では「日頃親しくつきあっている」友人の数を〈身近な友人数〉と〈遠方の友人数〉の2つに分けてたずねている．

表1は，年齢階級別に各友人数の変化をみたものである．全年齢でみると，〈身近な友人数〉と〈遠方の友人数〉ともに，2001年から2011年にかけて減少していることがわかる．〈身近な友人数〉は，2001年に平均7.10人であったが，2011年は平均5.71人となり，1.39人減少している．〈遠方の友人数〉は，平均4.52人から3.69人へと，.83人の減少がみられる．両者を合計した友人数も，平均11.59人から9.42人となり，2.17人の減少となっている．

友人数から見た場合，全体としては友人関係は〈縮小〉傾向にある．特に，〈身近な友人数〉の減少が顕著である．ただし，10代では，〈遠方の友人数〉が増加しているなど，年齢が低い層では〈縮小〉傾向は必ずしも明確ではない．後でみるように，このような〈遠方の友人数〉の増加には，SNSの利用などが影響しているようである．

また，表2は2001年の10代と2011年の20代というように，出生コーホート別[2)]に変化をみたものである．表1に示したように，友人数は10代で突出して多くなっている．現在も10年前も，その点は共通している．つまり，10代から20代にかけて，友人数は大幅に減少することを意味している．確かに，2001年に10代であったコーホートは，友人数の合計で平均5.19人の減少がみ

表 2　出生コーホート別にみた友人の数の変化

	〈身近な友人〉			〈遠方の友人〉			友人合計		
	2001 年	2011 年	差 (11 年－01 年)	2001 年	2011 年	差 (11 年－01 年)	2001 年	2011 年	差 (11 年－01 年)
10 代→ 20 代	12.71	6.42	-6.29	4.44	5.58	1.14	17.20	12.02	-5.19
20 代→ 30 代	7.48	5.15	-2.33	6.11	4.13	-1.98	13.38	9.30	-4.08
30 代→ 40 代	5.68	4.22	-1.46	4.09	2.56	-1.53	9.73	6.81	-2.92
40 代→ 50 代	6.59	4.19	-2.40	4.08	3.17	- .91	10.68	7.34	-3.34
50 代→ 60 代	6.21	5.03	-1.17	4.07	2.58	-1.50	10.34	7.63	-2.70
合計	7.73	5.00	-2.73	4.56	3.61	- .96	12.27	8.62	-3.65

※数値は 0 人という回答も含めた平均の人数（人）

られる．しかしながら，〈遠方の友人〉については，1.14 人増加している．出生コーホートでみた場合でも，全体として友人数は減少しているが，若年層では若干異なる傾向がみられる．

2.2　友人とのつきあい方

友人数にみられる〈縮小〉傾向は，友人とのつきあい方においてもみられるのであろうか．次に，友人とのつきあい方の変化をみていくことにしよう．

図 1 は，友人とのつきあい方に関する 10 の質問を 2001 年と 2011 年で比較したものである．大きく変化した項目は必ずしも多くない．ある程度大きな変化がみられた項目は，〈関係拡大志向〉と〈友人の使い分け〉の 2 つである．〈関係拡大志向〉は，2001 年には肯定する割合が 50.7％であったが，2011 年には 41.7％となり，9 ポイント減少している．次に変化が大きかったのは〈友人の使い分け〉で，50.5％から 45.3％へと 5.2 ポイントの減少となっている．この 2 つの項目の変化は，友人数にみられた〈縮小〉傾向と合致するものといえよう．

しかし，年齢階級別にみると，そのように単純に傾向をまとめるのが難しいことがわかる．表 3 は，友人とのつきあい方に関する変化を年齢階級別にみたものである．全年齢に比べると，変化がみられる項目が多くなっている．特に，30 代・40 代で，変化がみられる項目が多い．また，〈希薄化〉と〈選択化〉でみると，〈希薄化〉に関する項目よりも〈選択化〉に関する項目で変化がみられるものが多くなっている．〈希薄化〉と〈選択化〉に分け，年齢階級別にも

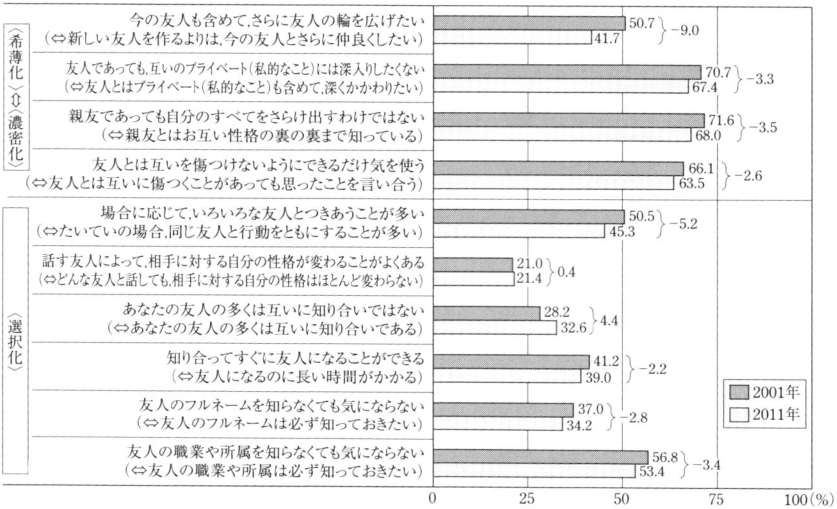
〈希薄化〉⇕〈濃密化〉
今の友人も含めて,さらに友人の輪を広げたい
(⇔新しい友人を作るよりは,今の友人とさらに仲良くしたい)
50.7
41.7
−9.0
友人であっても,互いのプライベート(私的なこと)には深入りしたくない
(⇔友人とはプライベート(私的なこと)も含めて,深くかかわりたい)
70.7
67.4
−3.3
親友であっても自分のすべてをさらけ出すわけではない
(⇔親友とはお互い性格の裏の裏まで知っている)
71.6
68.0
−3.5
友人とは互いを傷つけないようにできるだけ気を使う
(⇔友人とは互いに傷つくことがあっても思ったことを言い合う)
66.1
63.5
−2.6
〈選択化〉
場合に応じて,いろいろな友人とつきあうことが多い
(⇔たいていの場合,同じ友人と行動をともにすることが多い)
50.5
45.3
−5.2
話す友人によって,相手に対する自分の性格が変わることがよくある
(⇔どんな友人と話しても,相手に対する自分の性格はほとんど変わらない)
21.0
21.4
0.4
あなたの友人の多くは互いに知り合いではない
(⇔あなたの友人の多くは互いに知り合いである)
28.2
32.6
4.4
知り合ってすぐに友人になることができる
(⇔友人になるのに長い時間がかかる)
41.2
39.0
−2.2
友人のフルネームを知らなくても気にならない
(⇔友人のフルネームは必ず知っておきたい)
37.0
34.2
−2.8
友人の職業や所属を知らなくても気にならない
(⇔友人の職業や所属は必ず知っておきたい)
56.8
53.4
−3.4
2001年
2011年
0
25
50
75
100(%)

図1　友人とのつきあい方の変化

※無回答も含む割合. 2001年はN＝1878, 2011年はN＝1452

表3　年代別にみた友人とのつきあい方の変化

		〈希薄化⇔濃密化〉				〈選択化〉					
		〈関係拡大志向〉	〈浅い関係志向〉	〈消極的な自己開示〉	〈摩擦回避〉	〈友人の使い分け〉	〈自己の可変性〉	〈関係の隔離〉	〈関係の即時形成〉	〈部分的関係:氏名〉	〈部分的関係:所属〉
10代	2001年	67.3	53.3	71.8	60.2	38.9	44.5	13.5	56.2	35.2	51.2
	2011年	67.3	50.3	63.7	64.1	41.1	36.3	10.1	60.5	29.2	50.6
	差(11年-01年)	.0	- 3.0	- 8.1	3.9	2.2	- 8.2	- 3.3	4.3	- 6.1	- .6
20代	2001年	61.8	50.4	58.0	56.3	40.1	29.1	27.9	41.7	27.1	55.1
	2011年	47.8	47.2	59.1	49.7	40.9	35.8	26.4	42.4	31.4	62.3
	差(11年-01年)	-14.0	- 3.2	1.2	- 6.7	.7	6.8	- 1.5	.7	4.3	7.1
30代	2001年	55.5	64.7	67.0	66.2	50.4	22.3	33.3	42.1	33.8	58.6
	2011年	41.4	61.5	62.4	63.8	45.0	29.9	39.8	41.6	30.3	53.2
	差(11年-01年)	-14.1	- 3.1	- 4.6	- 2.4	- 5.4	7.6	6.5	- .5	- 3.5	- 5.4
40代	2001年	54.0	79.5	77.6	68.9	55.7	16.9	36.0	42.1	37.7	60.3
	2011年	40.4	73.9	74.7	66.5	50.0	25.0	41.0	37.2	37.9	58.4
	差(11年-01年)	-13.6	- 5.6	- 2.9	- 2.4	- 5.7	8.1	5.0	- 5.0	.2	- 2.0
50代	2001年	44.7	85.0	79.1	73.5	58.5	14.2	31.0	37.8	48.9	58.6
	2011年	43.9	81.6	79.2	69.3	51.0	14.1	34.1	35.0	32.9	51.0
	差(11年-01年)	- .8	- 3.4	.1	- 4.2	- 7.5	- .1	3.1	- 2.8	-16.0	- 7.6
60代	2001年	31.7	88.4	80.5	73.6	57.3	9.9	23.9	36.6	39.0	59.6
	2011年	33.8	86.3	76.6	74.3	50.8	7.4	40.4	36.7	44.7	59.6
	差(11年-01年)	2.0	- 2.1	- 3.8	.7	- 6.5	- 2.5	16.5	.1	5.7	.0

※数値は割合(%). グレーの網掛けは5ポイント以上の差があるもの

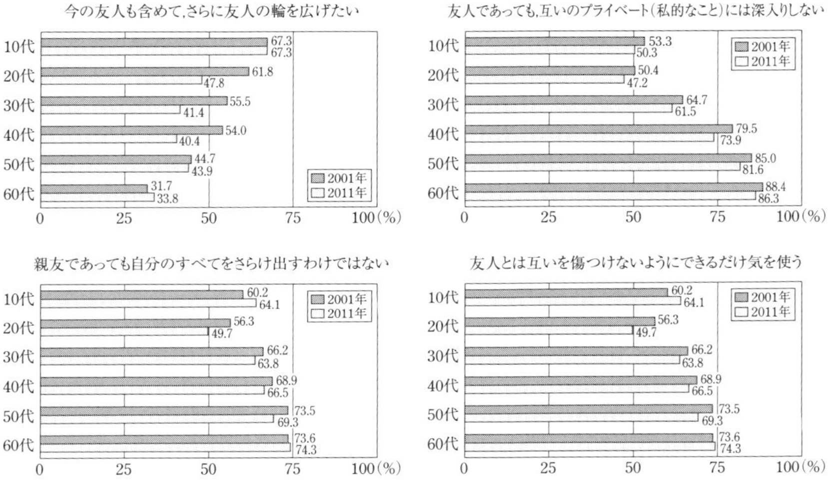

図2　年代別にみた友人関係における〈希薄化（⇔濃密化）〉の動向

う少し詳細にみてみよう．

図2は，年齢階級別に，友人関係の〈希薄化〉に関する4つの項目の変化をグラフ化したものである．〈希薄化〉では，〈関係拡大志向〉が20代，30代，40代で10ポイント以上減少しているが，それ以外の表層的な関係に直接つながる3項目での変化は少ない．10代はやや異なる傾向を示しているが，全体としては〈濃密化〉が進展している．この10年間で友人関係が〈希薄化〉したとはいえないだろう．

ここで，〈希薄化〉に関して，1つ確認しておきたい点がある．〈希薄化〉の指摘では，友人関係の拡大が前提とされることが多い．つまり，関係が多くなりすぎることによって，1つ1つの関係が，表層的になったり，弱まったりするということである．しかしながら，友人とのつきあい方でいえば，〈関係拡大志向〉と表層的な関係には正の関連はみられない．表4に示したように，「友人の輪を広げたい」と思っている者ほど，深い関係を好む傾向がある．また，表5に示したように，友人数が多いほど，深い関係を志向する傾向がみられるのである．

図3は，年齢階級別に，友人関係の〈選択化〉に関する6つの項目の変化を示したものである．全体としては，選択的関係に関わるような項目の肯定率は

表4 友人とのつきあい方の各項目の関係（2011年・相関係数）

		〈希薄化⇔濃密化〉				〈選択化〉					
		〈関係拡大志向〉	〈浅い関係志向〉	〈消極的な自己開示〉	〈摩擦回避〉	〈友人の使い分け〉	〈自己の可変性〉	〈関係の隔離〉	〈関係の即時形成〉	〈部分的関係：氏名〉	〈部分的関係：所属〉
〈希薄化〉	〈関係拡大志向〉		-.153**	-.068*	-.046	.137**	.117**	-.102**	.182**	-.026	-.009
	〈浅い関係志向〉	-.153**		.344**	.169**	.038	-.055*	.105**	-.118**	.145**	.132**
	〈消極的な自己開示〉	-.068*	.344**		.312**	-.014	.038	.105**	-.152**	.093**	.098**
	〈摩擦回避〉	-.046	.169**	.312**		.026	.069**	.109**	-.044	.018	-.025
〈選択化〉	〈関係の多様性〉	.137**	.038	-.014	.026		-.068*	.110**	.162**	.027	.025
	〈自己の可変性〉	.117**	-.055*	.038	.069**	-.068*		-.001	-.054*	-.044	-.058*
	〈関係の隔離〉	-.102**	.105**	.105**	.109**	.110**	-.001		-.099**	.057*	.062*
	〈関係の即時形成〉	.182**	-.118**	-.152**	-.044	.162**	-.054*	-.099**		-.020	.020
	〈部分的関係：氏名〉	-.026	.145**	.093**	.018	.027	-.044	.057*	-.020		.434**
	〈部分的関係：所属〉	-.009	.132**	.098**	-.025	.025	-.058*	.062*	.020	.434**	

※数値は相関係数．** は1% 水準で，* は5% 水準で有意

表5 友人数と友人とのつきあい方（〈希薄化〉関連・2011年・相関係数）

	〈関係拡大志向〉	〈浅い関係志向〉	〈消極的な自己開示〉	〈摩擦回避〉
〈身近な友人〉	.108**	-.138**	-.124**	-.055*
〈遠方の友人〉	.148**	-.157**	-.104**	-.076**
友人数合計	.145**	-.169**	-.133**	-.074**

※数値は相関係数．** は1% 水準で，* は5% 水準で有意

低下しており，〈選択化〉が進展したとはいえない．しかし，〈友人の使い分け〉は，30代以上で大幅に肯定率が低下しているが，10代，20代では低下していない．また，〈自己の可変性〉は10代において減少しているものの，20代から40代では増加している．この結果をみると，〈選択化〉が顕著に進展したとはいえないが，年代における差が縮まり，年代を超えて共通した傾向になってきている．さらに，〈柔軟な関係〉の一般化と呼ぶことができるような〈選択的な関係〉の質の変化を読み取ることもできるかもしれない．強固な自己による機能的な友人関係の使い分けというような選択ではなく，場面や状況によって自らを変化させながら関係を築くような状況志向的な〈柔軟な関係〉への変化である．

また，表6は，出生コーホート別にみた友人とのつきあい方である．友人数と同様に，10代から20代にかけて変化がみられる項目が最も多くなっている．友人関係に関する研究では，生徒や学生など在学中の若者を対象としたものが

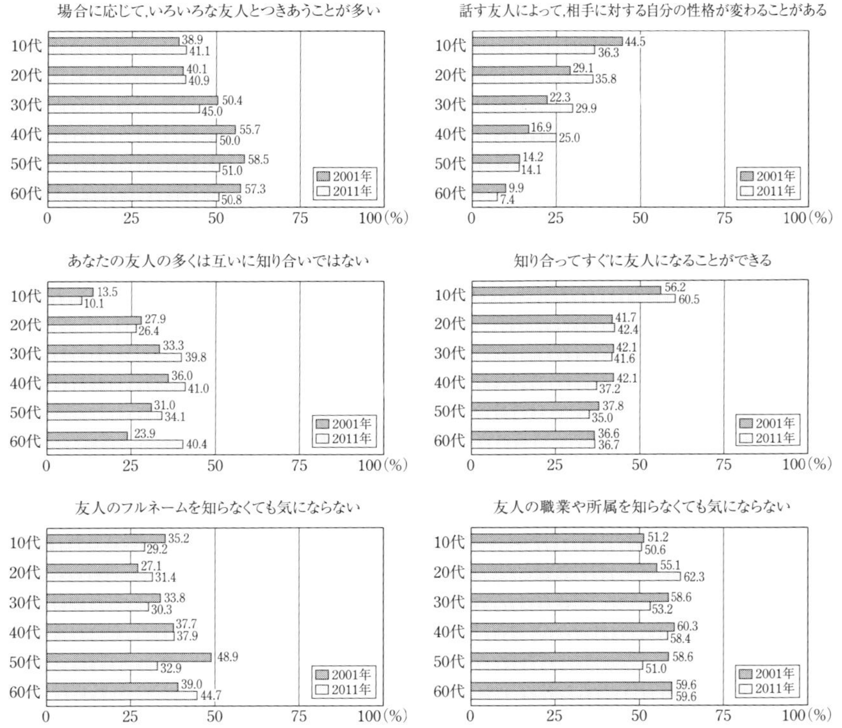

図3　年代別にみた友人関係における選択化の動向

少なくない．しかし，10代から20代にかけての変化の大きさをみると，そのような知見の若者への一般化には慎重であるべきといえよう．

2.3　友人関係の〈縮小〉への震災の影響

友人数と友人とのつきあい方の双方においてみられた友人関係の〈縮小〉傾向は，なぜもたらされたのであろうか．可能性の1つとして，震災の影響が考えられる．ケータイ利用との関係をみる前に，震災の影響について検討してみよう．ただし，今回の調査では震災の影響を十分に検討するための項目が用意されているわけではない．そこで，地域ごとに友人関係をみることで，震災の影響を推測してみることにしよう．

表7は，友人数を地域別にみたものである．〈身近な友人数〉も〈遠方の友

表6　出生コーホート別にみた友人とのつきあい方の変化

	〈希薄化⇔濃密化〉				〈選択化〉					
	〈関係拡大志向〉	〈浅い関係志向〉	〈消極的な自己開示〉	〈摩擦回避〉	〈友人の使い分け〉	〈自己の可変性〉	〈関係の隔離〉	〈関係の即時形成〉	〈部分的関係：氏名〉	〈部分的関係：所属〉
10代 2001年(10代)	67.3	53.3	71.8	60.2	38.9	44.5	13.5	56.2	35.2	51.2
↓20代 2011年(20代)	47.8	47.2	59.1	49.7	40.9	35.8	26.4	42.4	31.4	62.3
差（11年−01年）	-19.5	-6.2	-12.7	-10.5	2.0	− 8.7	13.0	-13.8	− 3.8	11.0
20代 2001年(10代)	61.8	50.4	58.0	56.3	40.1	29.1	27.9	41.7	27.1	55.1
↓30代 2011年(30代)	41.4	61.5	62.4	63.8	45.0	29.9	39.8	41.6	30.3	53.2
差（11年−01年）	-20.5	11.2	4.5	7.5	4.9	.8	11.9	− .1	3.2	− 1.9
30代 2001年(10代)	55.5	64.7	67.0	66.2	50.4	22.3	33.3	42.1	33.8	58.6
↓40代 2011年(40代)	40.4	73.9	74.7	66.5	50.0	25.0	41.0	37.2	37.9	58.4
差（11年−01年）	-15.1	9.2	7.7	.4	− .4	2.7	7.6	− 4.9	4.1	− .2
40代 2001年(10代)	54.0	79.5	77.6	68.9	55.7	16.9	36.0	42.1	37.7	60.3
↓50代 2011年(50代)	43.9	81.6	79.2	69.3	51.0	14.1	34.1	35.0	32.9	51.0
差（11年−01年）	-10.1	2.1	1.6	.4	− 4.8	− 2.8	− 1.8	− 7.1	− 4.8	− 9.4
50代 2001年(10代)	44.7	85.0	79.1	73.5	58.5	14.2	31.0	37.8	48.9	58.6
↓60代 2011年(60代)	33.8	86.3	76.6	74.3	50.8	7.4	40.4	36.7	44.7	59.6
差（11年−01年）	-10.9	1.2	− 2.5	.8	− 7.7	− 6.7	9.4	− 1.1	− 4.2	1.0

※数値は割合（%）．グレーの網掛けは5ポイント以上の差があるもの

人数〉もともに，多くの地域で減少している．しかし，その減少には地域差がみられる．最も減少しているのは，「四国」となっている．次に，減少の幅が大きいのが，被災地の「東北」である．震災の被害の大きさや被災地からの距離などによって，減少の幅をすべて説明できるわけではない．しかし，「東北」における減少の大きさをみると，友人関係の〈縮小〉に震災が少なからず影響しているように思われる．

表8は，地域別の〈関係拡大志向〉の変化をみたものである．〈関係拡大志向〉においても，「四国」の変化が大きくなっている．しかしながら，被災地である「東北」や，被災地に近い地域が含まれる「北海道」では，やはり〈縮小〉傾向が強い．友人とのつきあい方からみても，〈縮小〉傾向は震災による部分が小さくないことがわかる．なお，「四国」は，回答者が50名を下回っており，回答に偏りが出た可能性も考えられる．

表9は，属性など他の要因をコントロールした場合に，〈身近な友人数〉や〈遠方の友人数〉，〈関係拡大志向〉に回答者の居住地が東北であるかどうかが影響しているかをみたものである．危険率10%水準ではあるが，居住地域が「東北」であることが〈関係拡大志向〉の抑制要因となっている．友人数につ

表7 地域別にみた友人関係の〈縮小〉傾向

	〈身近な友人数〉			〈遠方の友人数〉			友人数計		
	2001年	2011年	差（11年－01年）	2001年	2011年	差（11年－01年）	2001年	2011年	差（11年－01年）
北海道	8.18	6.24	-1.94	4.26	3.56	- .70	12.48	9.79	-2.68
東北	7.62	4.81	-2.81	4.37	3.05	-1.32	12.03	7.82	-4.21
関東	6.85	6.16	- .69	5.29	4.31	- .98	12.17	10.47	-1.70
中部	7.66	5.98	-1.68	4.03	3.38	- .65	11.68	9.39	-2.28
近畿	6.54	4.82	-1.72	4.01	3.09	- .92	10.34	7.93	-2.40
中国	5.67	5.67	.00	3.66	4.46	.80	9.32	10.37	1.05
四国	9.95	5.48	-4.47	4.93	3.14	-1.79	15.13	8.67	-6.45
九州・沖縄	6.70	5.70	-1.00	4.33	3.55	- .78	10.96	9.22	-1.74
合計	7.10	5.71	-1.39	4.52	3.69	- .83	11.59	9.42	-2.17

※数値は0人という回答も含めた平均の人数（人）

表8 地域別にみた〈関係拡大志向〉の変化

2001年			今の友人も含めて，さらに友人の輪を広げたい	新しい友人を作るよりは，今の友人とさらに仲良くしたい	合計
地域	北海道	度数	42	42	84
		地域の％	50.0%	50.0%	100.0%
	東北	度数	59	87	146
		地域の％	40.4%	59.6%	100.0%
	関東	度数	311	290	601
		地域の％	51.7%	48.3%	100.0%
	中部	度数	186	177	363
		地域の％	51.2%	48.8%	100.0%
	近畿	度数	151	133	284
		地域の％	53.2%	46.8%	100.0%
	中国	度数	63	40	103
		地域の％	61.2%	38.8%	100.0%
	四国	度数	34	25	59
		地域の％	57.6%	42.4%	100.0%
	九州・沖縄	度数	107	97	204
		地域の％	52.5%	47.5%	100.0%
合計		度数	953	891	1844
		地域の％	51.7%	48.3%	100.0%

2011年			今の友人も含めて，さらに友人の輪を広げたい	新しい友人を作るよりは，今の友人とさらに仲良くしたい	合計
地域	北海道	度数	19	43	62
		地域の％	30.6%	69.4%	100.0%
	東北	度数	36	66	102
		地域の％	35.3%	64.7%	100.0%
	関東	度数	205	232	437
		地域の％	46.9%	53.1%	100.0%
	中部	度数	119	150	269
		地域の％	44.2%	55.8%	100.0%
	近畿	度数	92	128	220
		地域の％	41.8%	58.2%	100.0%
	中国	度数	38	42	80
		地域の％	47.5%	52.5%	100.0%
	四国	度数	16	30	46
		地域の％	34.8%	65.2%	100.0%
	九州・沖縄	度数	81	88	169
		地域の％	47.9%	52.1%	100.0%
合計		度数	606	779	1385
		地域の％	43.8%	56.2%	100.0%

表9 友人関係の〈縮小〉への震災の影響（2011年）

	〈身近な友人数〉		〈遠方の友人数〉		〈関係拡大志向〉	
	β	有意確率	β	有意確率	Exp（B）	有意確率
性別（男性＝1 女性＝0）	.030	.348	.060	.063	.888	.383
年齢	－.048	.237	－.063	.120	.994	.236
婚姻状況（既婚＝1 それ以外＝0）	－.022	.608	－.031	.472	.845	.374
子どもの有無（いる＝1 いない＝0）	.008	.853	－.034	.450	.950	.793
修学状況（学生＝1 それ以外＝0）	.186	.000	.112	.006	2.011	.013
就業形態（フルタイム＝1 それ以外＝0）	－.040	.250	－.024	.504	1.011	.941
学歴（大学・大学院卒＝1 それ以外＝0）	－.067	.025	.084	.005	1.099	.517
世帯収入	.061	.044	.088	.004	1.050	.223
都市度	.046	.106	.041	.153	1.002	.975
東北（東北＝1 それ以外＝0）	－.038	.175	－.027	.332	.632	.057
定数		.000		.001	1.003	.991
調整済み R^2 ／ Nagelkerke R^2	.062		.064		.047	
有意性の検定／Hosmer と Lemeshow の検定	.000		.000		.273	
N	1228		1208		1214	

※〈身近な友人数〉と〈遠方の友人数〉については重回帰分析の結果.〈関係拡大志向〉についてはロジスティック回帰分析の結果（「今の友人も含めて，さらに友人の輪を広げたい」＝1,「新しい友人を作るよりは，今の友人とさらに仲良くしたい」＝0）．グレーの網掛けは10%水準で有意.

いても，統計的に有意ではないが，居住地が東北であることが，友人数を抑制する傾向がみられる．

以上のように，今回の調査における友人関係に関する最も大きな変化である〈縮小〉傾向は，震災によってもたらされた部分が大きい可能性がある．震災後に出されたメッセージは，「絆」という言葉に象徴されるように，身近な関係の重要性にかかわるものだけではなかった．震災を契機とした新たなつながりなどを称揚するものもみられた．しかしながら，いつ命が失われるかわからないという感覚は，関係の中でも現在のつながりを大切にするという形で強く影響を与えた可能性はあるだろう．このような傾向が継続していくかどうは，今後の推移をみていくしかないが，他の調査結果もふまえると，一時的なものである可能性が高い[3)]．そのような意味では，今回の調査は，友人関係の変化をみる上で，必ずしも適切とはいえない側面もある．

3 ケータイ利用と友人関係

前節では，この10年間で友人関係がどのように変化したのかをみた．本節

表 10　ケータイへの電話番号・連絡先の登録件数

	2001 年	2011 年	差（11 年－01 年）
10 代	69.47	73.89	4.42
20 代	69.56	148.18	78.62
30 代	58.88	142.45	83.57
40 代	54.51	156.26	101.75
50 代	40.90	147.67	106.76
60 代	18.99	89.21	70.23
合計	55.58	128.77	73.19

※数値はケータイの利用者で 0 人という回答も含めた平均の人数（人）．2001 年は「電話番号」，2011 年は「連絡先」をたずねている

表 11　ケータイを介したメル友の数

	最近はほとんど会わないが，ケータイ・メールで連絡を取り合っている人			ケータイ・メールのやりとりだけで，まだ 1 度も会ったことがない人			ケータイ・メールのやりとりから，直接会うようになった人		
	2001 年	2011 年	差（11 年－01 年）	2001 年	2011 年	差（11 年－01 年）	2001 年	2011 年	差（11 年－01 年）
10 代	4.36	3.06	-1.30	1.05	.70	－.35	.50	1.49	.99
20 代	3.97	4.24	.27	.27	.17	－.10	.22	.62	.40
30 代	2.59	4.13	1.54	.21	.13	－.08	.05	.32	.27
40 代	1.69	2.67	.97	.18	.26	.08	.16	.16	.01
50 代	1.28	1.88	.60	.25	.11	－.14	.25	.14	－.11
60 代	1.71	1.63	－.07	.00	.00	.00	.00	.08	.08
合計	3.02	2.88	－.14	.36	.20	－.16	.21	.38	.18

※数値はケータイ・メール利用者で 0 人という回答も含めた平均の人数（人）

では，ケータイ利用との関係についてみていくことにしよう．

3.1　ケータイを介したつながり

震災による影響が少なからずみられるとはいえ，友人関係における最も顕著な変化は〈縮小〉であった．しかしながら，ケータイを介したつながりの変化からも，単純に関係が〈縮小〉したとするのが適切とはいえないことがわかる．

表 10 は，ケータイへの登録件数の変化を示している．質問文が異なるため単純には比較できないが，中高年を中心に登録件数が増加していることがわかる．40 代や 50 代では，その差は 100 件を超えている．どのようなつながりであるかは別として，ケータイを介したつながりは，全体としては拡大していると考えられる．

無論，ケータイを介した関係すべてが拡大しているわけではない．表11は，ケータイを介したいわゆる「メル友」の数の変化をみている．「メールのやりとりから，直接会うようになった人」は増加しているものの，「最近は会わないが，メールで連絡を取り合っている人」や「メールのやりとりだけで，まだ一度もあったことがない人」は減少している．しかしながら，年代によっても変化に差がみられ，友人関係が〈縮小〉したということを前提としてしまうのは，やはり適切とはいえないであろう．

3.2　ケータイ利用と友人の数

それでは，ケータイの基本的な利用[4)]と友人関係との関連をみてみることにしよう．表12は，2011年調査におけるケータイ利用と友人数との関係をみたものである．なお，比較の意味もあり，PCインターネットの基本的な利用との関係もあわせて示している．

全年齢でみると，「ケータイ利用期間」は長いほど，〈身近な友人数〉と〈遠方の友人数〉のいずれも少ない傾向がみられる．これは利用期間が長い中高年において友人数が少ないことなど年齢の影響が大きいと考えられる（4節の分析を参照）．また，ケータイを介したインターネットの「平日利用時間」が長いほど，〈遠方の友人数〉が多い．「ケータイ・メール送信数」は，その数が多いほど〈遠方の友人数〉だけでなく〈身近な友人数〉も多くなっている．〈身近な友人数〉に比べ〈遠方の友人数〉のほうが，ケータイやPCインターネットの利用と関連する項目が多く，利用量が多いほど友人数が多くなる傾向がみられる．

しかしながら，年齢階級別にみると，若年層では関連のある項目はあまり多くない．また，関連の仕方も年代によって異なっている．10代では，「SNSサイトの利用[5)]」と〈遠方の友人数〉に正の関連がみられるのみである．20代では，「PCインターネット平日利用時間」が長いほど〈身近な友人数〉が少ない．30代では，「ケータイ・メール送信数」が多いほど〈身近な友人数〉が多くなっている．

SNSの利用は，イメージに比べると，その利用率はあまり高くない．最も高い20代でも約6割程度となっている．しかし，利用率が2番目に高い10代

表 12　ケータイおよび PC インターネットの利用と友人の数（2011 年）

	全年齢		10 代		20 代		30 代	
	〈身近な友人数〉	〈遠方の友人数〉	〈身近な友人数〉	〈遠方の友人数〉	〈身近な友人数〉	〈遠方の友人数〉	〈身近な友人数〉	〈遠方の友人数〉
ケータイ利用期間	-.096**	-.020	-.101	.022	-.097	-.090	.121	.073
ケータイ・インターネット平日利用時間	.015	.100**	-.019	.097	-.080	-.002	-.034	.087
ケータイ・メール送信数	.158**	.111**	.108	.083	.109	.017	.261**	.090
PC インターネット利用期間	-.041	.049	.028	.090	-.043	-.045	-.039	.129
PC インターネット平日利用時間	.005	.065*	.001	.070	-.173*	-.035	-.046	.001
PC メール送信数	-.021	.037	-.003	.007	-.003	.019	-.021	.074
SNS サイトの利用（PC 利用・ケータイ利用）	.048	.118**	-.004	.186*	-.006	-.029	-.040	.058

※数値は相関係数．** は 1% 水準で，* は 5% 水準で有意

表 13　年代別にみた SNS の利用率と SNS 上の友人の数（2011 年）

年齢階級	SNS の利用率	SNS 上の友人数					
		平均値	度数	標準偏差	中央値	最小値	最大値
10 代	40.7%	63.78	58	82.791	30.00	1	500
20 代	57.9%	44.09	77	44.108	30.00	1	200
30 代	36.6%	27.14	66	46.674	14.50	1	300
40 代	21.3%	62.52	42	199.758	20.00	1	1300
50 代	9.7%	61.93	14	157.190	10.00	4	600
60 代	2.9%	12.50	2	10.607	12.50	5	20
合計	23.6%	47.89	259	102.222	20.00	1	1300

表 14　年代別にみた SNS 上の友人の種類（2011 年・複数回答）

	1. ふだんよく会う友人	2. あまり会わない友人	3. 恋人	4. 家族	5. 親せき	6. 仕事関係の人	7. ネット上だけで会ったことのない人	8. ネット上から会うようになった人
10 代（N=59）	83.1%	61.0%	6.8%	6.8%	1.7%	6.8%	52.5%	5.1%
20 代（N=78）	75.6%	71.8%	14.1%	23.1%	6.4%	23.1%	52.6%	19.2%
30 代（N=66）	59.1%	62.1%	1.5%	30.3%	10.6%	28.8%	42.4%	12.1%
40 代（N=43）	55.8%	51.2%	7.0%	14.0%	4.7%	23.3%	62.8%	11.6%
50 代（N=14）	57.1%	50.0%		14.3%	7.1%	42.9%	28.6%	21.4%
60 代（N=2）	50.0%	50.0%		100.0%	50.0%		50.0%	
合計（N=262）	68.7%	62.2%	7.3%	19.8%	6.5%	21.8%	50.4%	13.0%

※数値は SNS を利用しており，友だちリストに友人を登録している者における割合（%）

では，SNS を利用している層で〈遠方の友人数〉が多くなる傾向がみられる．表 13 に示したように，SNS 上の友人数をみても，他の年代より多くなっている．また，SNS 上の友人の種類では，「ふだんよく会う友人」の選択率が約 8

割と最も高くなっているが,「あまり会わない友人」や「ネット上だけで会ったことのない人」の選択率も5割を超えている(表14).やはり,過去からの友人の蓄積による〈多層化〉などによって友人の〈多元性〉が高まる可能性がある.また,ケータイの利用と友人関係についてみていく際には,メール等の利用だけでは両者の関係が十分には捉えきれなくなっていることを示唆している.スマートフォンの普及なども考えると,SNSなどのソーシャル・メディアの利用など,ケータイのより詳細な利用の仕方に着目していく必要があるといえるだろう.

3.3 ケータイ利用と友人とのつきあい方

次に,ケータイの基本的な利用と友人とのつきあい方との関係をみてよう.表15は,2011年調査におけるケータイ利用と友人とのつきあい方との関連を示している.非常に多くの有意な相関がみられる.〈関係拡大志向〉は「ケータイ利用期間」を除き,ケータイやPCインターネットの利用量が多いほど,その志向が強い傾向がみられる(利用期間については年齢の影響が大きいと考えられる).逆に,〈浅い関係志向〉や,〈消極的な自己開示〉,〈摩擦回避〉など表層的な関係に関する項目は,ケータイやPCインターネットの利用量が多いほど,弱い傾向がみられる.ケータイやPCインターネットの利用が,友人関係の希薄化をもたらすという希薄化論の指摘が当てはまらないことを確認できる.ケータイやPCインターネットの利用量が多いということは,コミュニケーションに対して積極的なことを意味し,濃密で深い関係の志向と結びついていると考えられる.また,〈選択化〉に関する項目では,〈自己の可変性〉で最も多くの関連がみられる.「ケータイの利用期間」を除き,ケータイやPCインターネットの利用量が多いほど,〈自己の可変性〉が高くなる傾向がみられる.

しかし,年齢階級別では,友人数と同様に,関連性がみられる項目の数は少なくなる(表16).また,年代によって両者の関連の仕方に違いがみられる.ケータイやPCインターネットの利用量は,表層的な関係と負の関係にある項目が多いことは,全年齢でみた場合と共通している.しかし,〈自己の可変性〉は,全年齢では,ケータイやPCインターネットの利用と多くの関連がみられたが,年齢階級別では10代の「SNSの利用」において正の相関がみられるの

表 15　ケータイおよび PC インターネットの利用と友人とのつきあい方（2011 年）

	〈希薄化⇔濃密化〉				〈選択化〉					
	〈関係拡大志向〉	〈浅い関係志向〉	〈消極的な自己開示〉	〈摩擦回避〉	〈友人の使い分け〉	〈自己の可変性〉	〈関係の隔離〉	〈関係の即時形成〉	〈部分的関係：氏名〉	〈部分的関係：所属〉
ケータイ利用期間	-.055*	.045	-.061*	-.048	.066*	-.061*	.057*	.009	.025	.020
ケータイ・インターネット平日利用時間	.024	-.148**	-.076**	-.073**	-.048	.144**	-.066*	.044	-.021	.039
ケータイ・メール送信数	.057*	-.155**	-.102**	-.078**	.027	.125**	-.069*	.132**	-.060*	-.002
PC インターネット利用期間	.060*	-.060*	-.004	.010	.110**	.092**	.038	.002	-.055*	-.027
PC インターネット平日利用時間	.104**	-.077**	-.040	-.072**	.039	.108**	-.022	.000	-.009	-.003
PC メール送信数	.009	.027	-.010	-.046	.011	.050	-.023	.015	-.034	-.001
SNS サイトの利用（PC 利用・ケータイ利用）	.122**	-.222**	-.130**	-.098**	.032	.181**	-.042	.111**	-.044	.023

※ ** 相関係数は 1% 水準で有意，* 相関係数は 5% 水準で有意

表 16　年代別にみたケータイおよび PC インターネットの利用と友人とのつきあい方（2011 年）

		〈希薄化⇔濃密化〉				〈選択化〉					
		〈関係拡大志向〉	〈浅い関係志向〉	〈消極的な自己開示〉	〈摩擦回避〉	〈友人の使い分け〉	〈自己の可変性〉	〈関係の隔離〉	〈関係の即時形成〉	〈部分的関係：氏名〉	〈部分的関係：所属〉
10 代	ケータイ利用期間	-.052	-.156*	-.134	-.112	-.128	.033	-.097	-.047	.121	.144
	ケータイ・インターネット平日利用時間	-.119	-.147	.011	.009	-.108	.065	-.014	.012	.027	.130
	ケータイ・メール送信数	-.076	-.224**	-.198**	-.170*	.055	.048	-.022	.078	-.075	-.041
	PC インターネット利用期間	.087	-.136	.075	.041	.088	.078	.008	-.035	.120	.120
	PC インターネット平日利用時間	.083	-.082	.026	-.085	-.037	.004	-.060	-.059	.152*	.091
	PC メール送信数	-.023	-.112	-.145	-.140	-.095	-.082	-.048	-.025	-.071	-.121
	SNS サイトの利用（PC 利用・ケータイ利用）	.162*	-.200**	.017	.062	-.023	.260**	-.035	.122	.031	.052
20 代	ケータイ利用期間	-.035	.013	-.159*	-.044	-.023	-.099	-.043	.010	.125	.040
	ケータイ・インターネット平日利用時間	-.003	-.013	-.027	.010	.041	.036	-.032	.017	-.029	-.002
	ケータイ・メール送信数	.045	.098	-.032	-.069	.162*	.151	-.108	.234**	-.117	.037
	PC インターネット利用期間	.131	-.101	.074	.009	.237**	.055	.107	.026	-.113	-.013
	PC インターネット平日利用時間	.042	-.047	.047	-.025	.017	.089	.133	-.174*	.042	-.004
	PC メール送信数	.058	.088	.085	-.028	.159*	-.027	.047	.068	.021	.075
	SNS サイトの利用（PC 利用・ケータイ利用）	.128	-.214**	-.088	-.196*	.166*	.080	.107	.052	.002	.019
30 代	ケータイ利用期間	-.024	-.010	-.093	-.072	.156*	-.118	-.093	.202**	-.006	.060
	ケータイ・インターネット平日利用時間	.063	.001	-.022	-.064	-.098	.083	-.010	.006	-.079	.036
	ケータイ・メール送信数	.061	-.080	.001	-.023	-.038	.094	-.044	.176**	-.073	-.001
	PC インターネット利用期間	.118	-.095	-.050	-.052	.198**	.067	-.040	.078	-.086	-.111
	PC インターネット平日利用時間	.114	-.066	-.084	-.127	.130	.036	-.118	.067	-.023	-.046
	PC メール送信数	.052	-.030	-.146*	-.147*	.011	.053	-.105	.069	.045	.054
	SNS サイトの利用（PC 利用・ケータイ利用）	.059	-.144*	-.178**	-.104	.115	.092	-.012	.130	-.038	.064

※ ** 相関係数は 1% 水準で有意，* 相関係数は 5% 水準で有意

みである．20代や30代では，PCインターネットの利用量が多いほど〈友人の使い分け〉傾向がみられる．

4　何が友人関係のあり方に影響を与えるのか

前節では，ケータイおよびPCインターネットの利用と友人関係の関連をみた．本節では，他の要因を統制した際にも，ケータイおよびPCインターネットの利用と友人関係に関連がみられるのかを分析することで，両者の関係をさらに検討してみることにしよう．以下では，前節で用いたケータイおよびPCインターネットの利用に関する変数以外に，性別，年齢，婚姻状況，子どもの有無，修学状況，就業形態，学歴，世帯収入，都市度，地域の10の変数を用いる．

4.1　友人の数に影響を与える要因

まず，どのような要因が友人数に影響を与えるかをみてみよう．表17のモデル1をみると，〈身近な友人数〉と〈遠方の友人数〉ともに，学生でその数が多いという点は共通している．また，「学歴」や「世帯収入」との関係も興味深い．社会経済的な要因と友人関係に関連がみられるわけである．「世帯収入」が高いほど，〈身近な友人数〉と〈遠方の友人数〉が多い．また，学歴が高いほど，〈遠方の友人数〉が多い傾向がみられる．ケータイやPCインターネット利用にかかわる変数を投入すると（モデル2），統計的に有意ではなくなるが，「学歴」が高いほうが〈身近な友人数〉が少ない傾向がある．大学等に進学する者が離れた友人関係を形成するのに対して，大学等に進学しない層では友人関係が身近な範囲に留まる傾向があるようだ．

ケータイの利用は，PCインターネット利用に比べると，友人数との関連は強いようである．「ケータイ・インターネット平日利用時間」は〈身近な友人数〉と負の関係にあるが，「ケータイ・メール送信数」は両者と正の関連がある．また，「ケータイ利用期間」は〈遠方の友人数〉と正の関連を示している．利用期間が長期化することによって，友人関係が蓄積することを示しているといえよう．

表 17　友人の数に影響を与える要因（2011 年・重回帰分析）

	〈身近な友人数〉				〈遠方の友人数〉			
	モデル 1		モデル 2		モデル 1		モデル 2	
	β	有意確率	β	有意確率	β	有意確率	β	有意確率
性別（男性＝1　女性＝0）	.030	.348	.039	.220	.060	.063	.055	.086
年齢	－.048	.237	－.047	.276	－.063	.120	.000	.995
婚姻状況（既婚＝1　それ以外＝0）	－.022	.608	－.019	.652	－.031	.472	－.020	.652
子どもの有無（いる＝1　いない＝0）	.008	.853	.004	.933	－.034	.450	－.049	.271
修学状況（学生＝1　それ以外＝0）	.186	.000	.170	.000	.112	.006	.142	.001
就業形態（フルタイム＝1　それ以外＝0）	－.040	.250	－.050	.156	－.024	.504	－.039	.272
学歴（大学・大学院卒＝1　それ以外＝0）	－.067	.025	－.050	.104	.084	.005	.083	.008
世帯収入	.061	.044	.052	.094	.088	.004	.083	.008
都市度	.046	.106	.046	.103	.041	.153	.035	.216
東北（東北＝1　それ以外＝0）	－.038	.175	－.027	.324	－.027	.332	－.021	.457
ケータイ利用期間			.045	.177			.081	.016
ケータイ・インターネット平日利用時間			－.081	.012			.041	.209
ケータイ・メール送信数			.140	.000			.075	.012
PC インターネット利用期間			－.041	.237			－.028	.417
PC インターネット平日利用時間			－.014	.630			.030	.318
PC メール送信数			.006	.841			.018	.561
SNS の利用（ケータイ・PC から）（利用＝1　利用していない＝0）			.010	.775			.044	.196
定数		.000		.002		.001		.465
調整済み R^2	.062		.080		.064		.075	
有意性の検定	.000		.000		.000		.000	
N	1228		1228		1208		1208	

※グレーの網掛けは 10% 水準で有意.

4.2　友人とのつきあい方に影響を与える要因

次に，友人とのつきあい方に影響を与える要因を検討する．〈希薄化〉に関連する項目と〈選択化〉に関連する項目の順にみていくことにしよう．

〈希薄化〉に影響を与える要因

まず，〈希薄化〉に関連する項目である．表 18 に示したように，〈関係拡大志向〉に最も影響を与えているのは，学生か否かである．学生のほうが〈関係拡大志向〉が強くなっている．また，危険率 10% 水準ではあるが，ケータイや PC インターネットに関する変数を投入しても，居住地が「東北」である場合，〈関係拡大志向〉が弱い傾向がみられる．

ケータイ利用との関連では，「ケータイ・インターネット利用時間」が長い

表18　〈関係の拡大志向〉に影響を与える要因（2011年・ロジスティック回帰分析）

	〈関係拡大志向〉			
	モデル1		モデル2	
	有意確率	Exp（B）	有意確率	Exp（B）
性別（男性＝1　女性＝0）	.383	.888	.292	.864
年齢	.236	.994	.721	.998
婚姻状況（既婚＝1　それ以外＝0）	.374	.845	.307	.821
子どもの有無（いる＝1　いない＝0）	.793	.950	.880	.970
修学状況（学生＝1　それ以外＝0）	.013	2.011	.007	2.255
就業形態（フルタイム＝1　それ以外＝0）	.941	1.011	.739	.950
学歴（大学・大学院卒＝1　それ以外＝0）	.517	1.099	.886	.978
世帯収入	.223	1.050	.309	1.044
都市度	.975	1.002	.913	.994
東北（東北＝1　それ以外＝0）	.057	.632	.074	.647
ケータイ利用期間			.403	1.011
ケータイ・インターネット平日利用時間			.039	.997
ケータイ・メール送信数			.916	1.000
PCインターネット利用期間			.594	1.006
PCインターネット平日利用時間			.024	1.002
PCメール送信数			.718	1.001
SNSの利用（ケータイ・パソコンから）（利用＝1　利用していない＝0）			.011	1.555
定数	.991	1.003	.332	.705
Nagelkerke R^2	.047		.068	
HosmerとLemeshowの検定	.273		.936	
N	1214		1214	

※「今の友人も含めて，さらに友人の輪を広げたい」＝1，「新しい友人を作るよりは，今の友人とさらに仲良くしたい」＝0．グレーの網掛けは10%水準で有意．

ほど，〈関係拡大志向〉が弱くなる傾向があるのみで，他には有意な関連はみられない[6)]．ただし，パソコンからの利用も含めてSNSを利用している者で，〈関係拡大志向〉が強くなっている．

次に，表層的な関係にかかわる3つの質問をみてみよう（表19）．〈摩擦回避〉で多くの有意な関連がみられる項目があるなど3項目で違いはあるが，年齢が高いほど，表層的な関係を志向し，築いていることは共通している．若者よりも年齢が高い層で，浅い関係を志向し，自己開示が消極的で，摩擦を回避する傾向がある．年齢によって質問文の受け取り方などに違いがあることなども考慮すべきではあるが，2001年調査と同様に，友人との関係が希薄なのは，若者ではなくむしろ中高年であるといえよう．

また，ケータイやPCインターネットの利用が希薄化を促進しているとはい

表 19 〈希薄化〉に影響を与える要因（2011 年・ロジスティック回帰分析）

	〈浅い関係志向〉				〈消極的な自己開示〉				〈摩擦回避〉			
	モデル 1		モデル 2		モデル 1		モデル 2		モデル 1		モデル 2	
	有意確率	Exp(B)	有意確率	Exp(B)	有意確率	Exp(B)	有意確率	Exp(B)	有意確率	Exp(B)	有意確率	Exp(B)
性別（男性＝1　女性＝0）	.000	2.131	.000	2.127	.879	1.023	.831	1.032	.016	.712	.021	.719
年齢	.000	1.044	.000	1.036	.000	1.022	.015	1.016	.000	1.021	.002	1.019
婚姻状況（既婚＝1　それ以外＝0）	.101	1.447	.158	.723	.960	1.011	.819	1.050	.021	1.584	.037	1.524
子どもの有無（いる＝1　いない＝0）	.371	.858	.067	1.523	.198	.810	.689	1.092	.285	.797	.330	.812
修学状況（学生＝1　それ以外＝0）	.578	.849	.252	.694	.448	1.245	.906	.964	.402	1.270	.502	1.227
就業形態（フルタイム＝1　それ以外＝0）	.232	.766	.508	.890	.701	1.083	.388	.865	.005	.641	.007	.646
学歴（大学・大学院卒＝1　それ以外＝0）	.163	.796	.384	.860	.561	.913	.427	.877	.099	1.292	.197	1.233
世帯収入	.917	.995	.888	.993	.620	1.022	.734	1.015	.018	1.108	.045	1.094
都市度	.737	.979	.857	.989	.374	1.055	.272	1.069	.706	1.022	.666	1.026
東北（東北＝1　それ以外＝0）	.124	1.544	.143	1.519	.290	1.322	.373	1.268	.030	1.782	.035	1.763
ケータイ利用期間			.246	.982			.004	.960			.354	.988
ケータイ・インターネット平日利用時間			.906	1.000			.960	1.000			.661	.999
ケータイ・メール送信数			.342	.999			.128	.998			.350	.999
PC インターネット利用期間			.714	.995			.079	1.023			.034	1.028
PC インターネット平日利用時間			.489	.999			.470	1.001			.271	.999
PC メール送信数			.284	1.004			.538	.998			.261	.997
SNS の利用（ケータイ・パソコンから）（利用＝1　利用していない＝0）			.004	.592			.009	.627			.604	.912
定数	.000	.295	.216	.613	.488	.797	.239	1.569	.128	.614	.492	.774
Nagelkerke R^2	.178		.196		.039		.063		.078		.087	
Hosmer と Lemeshow の検定	.996		.951		.745		.455		.223		.760	
N	1219		1219		1222		1222		1222		1222	

※〈深入りしない関係志向〉は,「友人でもプライベートに深入りしない」＝1,「友人とプライベートもかかわりたい」＝0.〈消極的な自己開示〉は,「親友でも自分をさらけ出すわけではない」＝1,「親友とは性格の裏の裏まで知ってる」＝0.〈摩擦回避〉は,「友人とは互いを傷つけないようにできるだけ気を使う」＝1,「友人とは互いに傷つくことがあっても思ったことを言い合う」＝0. グレーの網掛けは 10% 水準で有意.

えないこともわかる.「PC インターネットの利用期間」は〈消極的な自己開示〉や〈摩擦回避〉と正の関連があるが, 多くの項目では有意な関連はみられない.「SNS の利用」は,〈浅い関係志向〉や〈消極的な自己開示〉と負の関係にある.

このように, 若者の友人関係が希薄化しているという指摘や, ケータイや PC インターネットの利用がそれを促進するという希薄化論の指摘は妥当とはいえないであろう.

表20　〈選択化〉に影響を与える要因（2011年・ロジスティック回帰分析）

	〈友人の使い分け〉				〈自己の可変性〉			
	モデル1		モデル2		モデル1		モデル2	
	有意確率	Exp(B)	有意確率	Exp(B)	有意確率	Exp(B)	有意確率	Exp(B)
性別（男性＝1　女性＝0）	.278	1.157	.263	1.167	.631	.925	.761	.951
年齢	.112	1.008	.004	1.017	.000	.955	.000	.961
婚姻状況（既婚＝1　それ以外＝0）	.986	1.003	.974	1.006	.992	1.002	.735	1.089
子どもの有無（いる＝1　いない＝0）	.072	1.422	.081	1.414	.878	1.039	.862	1.045
修学状況（学生＝1　それ以外＝0）	.272	1.355	.153	1.538	.369	.758	.226	.668
就業形態（フルタイム＝1　それ以外＝0）	.511	.907	.253	.840	.051	1.443	.051	1.453
学歴（大学・大学院卒＝1　それ以外＝0）	.174	1.217	.650	1.072	.455	1.137	.863	1.032
世帯収入	.005	1.119	.035	1.092	.371	1.043	.433	1.039
都市度	.267	1.063	.364	1.052	.446	.950	.364	.940
東北（東北＝1　それ以外＝0）	.847	.957	.955	1.013	.526	1.189	.498	1.204
ケータイ利用期間			.288	1.013			.123	.974
ケータイ・インターネット平日利用時間			.190	.998			.447	1.001
ケータイ・メール送信数			.016	1.004			.079	1.003
PCインターネット利用期間			.039	1.025			.195	1.019
PCインターネット平日利用時間			.150	1.001			.332	1.001
PCメール送信数			.512	.998			.877	1.000
SNSの利用（ケータイ・パソコンから）（利用＝1　利用していない＝0）			.030	1.463			.332	1.199
定数	.000	.273	.000	.142	.207	1.573	.649	1.213
Nagelkerke R^2	.036		.064		.078		.130	
HosmerとLemeshowの検定	.858		.433		.115		.514	
N	1214		1214		1222		1222	

※〈友人の使い分け〉は，「場合に応じて，いろいろな友人とつきあうことが多い」＝1，「たいていの場合，同じ友人と行動をともにすることが多い」＝0．〈自己の可変性〉は「話す友人によって，相手に対する自分の性格が変わることがよくある」＝1，「どんな友人と話しても，相手に対する自分の性格はほとんど変わらない」＝0．グレーの網掛けは10%水準で有意．

〈選択化〉に影響を与える要因

〈選択化〉に関連する2つの項目についてみてみよう．表20に示したように，〈友人の使い分け〉は，「SNSの利用」，「ケータイ・メール送信数」，「PCインターネット利用時間」と正の関連がある．それに対して，〈自己の可変性〉はケータイやPCインターネットとの関連は弱いようである．「ケータイ・メール送信数」と正の関連がみられるのみである．

ケータイやPCインターネットの利用が友人関係の〈選択化〉を促進する可能性はある．しかし，その選択的な関係は強い主体を想定するような機能的な使い分けである．場面や状況によって自分を変化させながら関係を築いていくような状況志向的な〈柔軟な関係〉との関連は明確ではない．先にみたように，〈柔軟な関係性〉は10代以外でも広まりをみせているが，ケータイやPCインターネットの利用がそれを促進するとは必ずしもいえないようである．

5　まとめ

最後に，本章での分析結果をまとめ，それに基づいてケータイ利用と友人関係の変化について考察を行うこととしよう．

5.1　分析結果の要約

今回の分析結果をまとめると以下のようになろう．

①ケータイ利用が拡大・深化したこの10年間において，友人数においても，友人とのつきあい方においても，最も顕著な変化は，〈縮小〉傾向であった．しかし，この〈縮小〉傾向は，震災による一時的にものである可能性が高い．

②年齢階級別など，より詳細な変化をみると，この10年間で友人関係は〈希薄化〉ではなく，〈濃密化〉が進展したといえる．また，〈選択化〉に関しては，顕著に進展したとはいえないが，年代における差が縮まり，〈柔軟な関係〉の一般化と呼びうるような変化がみられる．強固な自己による機能的な友人関係の使い分けというような選択から，場面や状況によって自分を変化させながら関係を築いていくような状況志向的な〈柔軟な関係〉への変化である．

③ケータイの利用は，友人関係の〈希薄化〉を促進するものではなく，むしろ〈濃密化〉を促すと考えられれる．また，ケータイやPCインターネットの利用が友人関係の〈選択化〉を促進する可能性がある．しかし，その選択的な関係はどちらかといえば機能的な使い分けである．状況志向的な〈柔軟な関係性〉は10代以外で広まりをみせているが，ケータイやPCインターネットの利用がそれを促進するとは必ずしもいえない．

5.2　友人関係の〈縮小〉傾向と〈柔軟な関係〉の一般化のゆくえ

このように，今回の調査結果においては，友人関係における最も顕著な変化は，〈縮小〉であった．ただし，今回の結果だけで〈縮小〉を結論づけることは難しい．他の調査では友人数の減少傾向がみられないことなどから，震災の一時的な影響と考えるのが妥当だと思われる．

無論，友人関係の拡大が飽和状態に達し，この10年間で転換点を迎えた可能性もないわけではない．ケータイの利用が深化し，ソーシャル・メディアなども普及することで，友人関係が〈拡張〉しているようなイメージがもたれることが多いが，このような単純なイメージを前提に議論することには少なくとも慎重であるべきだろう．

この傾向が震災による一時的なものでない場合，このような「量」的な面での〈縮小〉は，「質」という点ではどのような意味をもっているのだろうか．辻（2011）が指摘するような選択化の1つの帰結としての〈同質化〉説を支持するものなのであろうか．残念ながら，今回の調査からこの点を直接検討することはできない．量の側面における「広がり」が異質性を担保する側面があることからすれば，今回の調査は辻の指摘するような事態が実際に生起し始めていることを示唆していると考えることもできる．

しかしながら，他方で，やや異なる傾向もみいだされた．友人数で減少が著しいのは身近な友人数であった．遠方の友人数の減少幅は大きくない．この離れた友人関係の持続に，特に影響を与えているのがケータイ利用である．ケータイを多く利用するということだけなく，利用期間が長いほど，離れた友人の数が多くなる傾向がある（属性などを統制すると統計的に有意ではなくなるがSNSの利用も正の関係）．過去からの友人の蓄積による〈多層化〉によって友人の〈多元性〉が高まる可能性がある．

このようなケータイ利用による友人関係の蓄積も，友人関係の異質性よりも，同質性を高める可能性がないわけではない（同質性－異質性をどのような観点から把握するか，ということもあるが）．なぜなら，遠方の友人も何らかの同質性をもっている可能性もあるからである．しかしながら，遠方の友人は自らとは異なる社会的な文脈で生活しているという意味では，やはり異質性をも備えた存在といえよう．すなわち，ケータイ利用が，異質性を含みもつ友人関係の〈重層

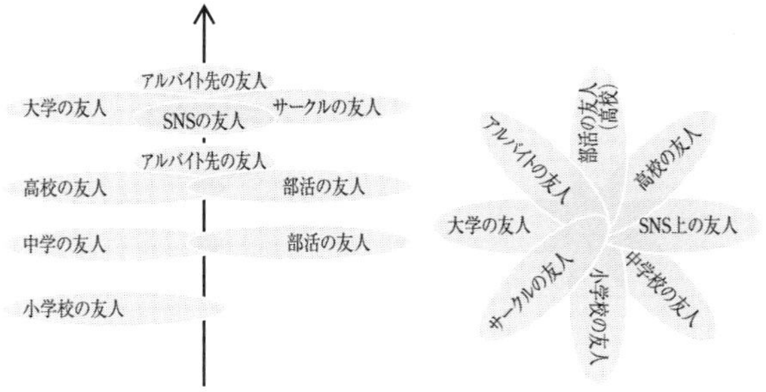

図４　ケータイやSNSで重層化し多元化する友人関係

※あくまでもイメージであり，重複する友人や関係が切れてしまう友人も当然だがいる

化〉をもたらす可能性がある．〈同質化〉が進展していると結論づけるのは早計だろう．

最後に，〈希薄化〉および〈選択化〉という点についてまとめよう．先述したように，この10年間で，友人関係は〈希薄化〉しておらず，〈濃密化〉が進展したといえる．また，ケータイの利用も，友人関係の〈希薄化〉を促進するものではなく，むしろ〈濃密化〉を促すと考えられる．

〈選択化〉に関しては，顕著に進展したとはいえないが，〈自己の可変性〉の年代における差が縮まり，〈柔軟な関係〉の広がりがみられた．強固な自己による機能的な友人関係の使い分けというような選択ではなく，2001年調査の分析でその重要性が明らかとなった，場面や状況によって自分を変化させながら関係を築いていくような状況志向的な〈柔軟な関係〉が一般化していることが示唆された．

さらに，ケータイやPCインターネットの利用が友人関係の〈選択化〉を促進する可能性があることも示された．しかしながら，その選択的な関係はどちらかといえば機能的な使い分けである．2001年に比べ〈柔軟な関係性〉は10代以外でも広まりをみせているが，分析結果からは，ケータイやPCインターネットの利用がそれを促進するとは必ずしもいえない．ただし，スマートフォンやソーシャル・メディアの普及に伴い，今回十分な分析を行うことができなかったSNSなどが〈柔軟な関係〉を促進する可能性がないわけではない．

今回の調査で示された友人関係の〈縮小〉傾向や〈柔軟な関係〉の広がりは，

どれほど確実なものであろうか．今後も継続的に調査していく必要があるといえよう．

注

1）ただし，松田は「「選択的な人間関係」を望む傾向」は「「今日の若者」特有の傾向ではなく」，「「都市化」といったより広い文脈で検討すべきもの」（松田，2002: 220-221）であるとした．

2）2001年10代→2011年20代は，1982（昭和57）年から1991（平成3）年頃に生まれた者．同様に，20代→30代は，1972（昭和47）年から1981（昭和56）年．30代→40代は，1962（昭和37）年から1971年（昭和46）年．40代→50代は，1952（昭和27）年から1961（昭和36）年．50代→60代は，1942（昭和17）年から1951（昭和26）年．

3）筆者もメンバーである青少年研究会（代表：上智大学教授藤村正之）が東京都杉並区と兵庫県神戸市において若者を対象に実施した調査では，2002年から2012年にかけて友人数は増加している（辻，2013）．

4）以下では，各メディアを利用していない人は，期間，時間，送信数を0として分析している．

5）SNSにはTwitterは含まれていない．

6）表18～20のExp（B）はオッズ比．各説明変数が増えた際に，非説明変数がどのように変化するかを示している．つまり，1以上の場合には正の関係，1以下の場合には負の関係にあることを意味する．

参考文献

浅野智彦（1995）「友人関係における男性と女性」高橋勇悦監修『都市青年の意識と行動――若者たちの東京・神戸90's分析編』恒星社厚生閣，53-66.
浅野智彦（1999）「親密性の新しい形へ」富田英典・藤村正之編『みんなぼっちの世界――若者たちの東京・神戸90's・展開編』恒星社厚生閣，41-57.
浅野智彦（2011）『若者の気分　趣味縁からはじまる社会参加』岩波書店
浅野智彦編（2006）『検証・若者の変貌――失われた10年の後に』勁草書房
土井隆義（2008）『友だち地獄――「空気を読む」世代のサバイバル』筑摩書房
原田曜平（2010）『近頃の若者はなぜダメなのか 携帯世代と「新村社会」』光文社
橋元良明（2003）「若者の情報行動と対人関係」正村俊之編『情報化と文化変容』ミネルヴァ書房，26-57.
橋元良明（2005）「パーソナル・メディアの普及とコミュニケーション行動――青少年にみる影響を中心に」竹内郁郎・児島和人・橋元良明編著『新版メディア・コミ

ュニケーション論Ⅱ』北樹出版，326-346.
橋元良明（2011）『メディアと日本人』岩波新書.
岩田考（1999）「友人関係の現在——友人関係・自己意識・不安」深谷昌志監修『モノグラフ・高校生 高校生の他者感覚——ゆるやかな人間関係の持ち方』ベネッセ教育研究所，32-51.
岩田考（2000）「モノグラフ・高校生 高校生の自分探し——「自分探し」という神話」深谷昌志監修『高校生の自我像——「自分探し」をする高校生』ベネッセ教育研究所，36-49.
岩田考（2001）「大学生における自己意識の現在——自己の複数性と選択的関係性」青少年研究会『今日の大学生のコミュニケーションと意識』.
岩田考（2002a）「携帯電話の利用と友人関係」モバイル・コミュニケーション研究会（代表 吉井博明）『携帯電話の利用とその影響——科研費：携帯電話利用の深化とその社会的影響に関する国際比較研究 初年度報告書（日本における携帯電話利用に関する全国調査結果）』2001年度科学研究費補助金研究成果報告書.
岩田考（2002b）「若者の友人関係は「選択的」といえるのか？——携帯電話の利用に関する全国調査より」第18回国際コミュニケーション・フォーラム報告原稿.
岩田考（2006）「多元化する自己のコミュニケーション——動物化とコミュケーション・サバイバル」岩田考ほか編『若者たちのコミュニケーション・サバイバル——親密さのゆくえ』恒星社厚生閣，3-16.
岩田考（2011）「低成長時代を生きる若者たち——〈満足する若者〉の可能性とその行方」藤村正之編『いのちとライフコースの社会学』弘文堂，211-224.
松田美佐（2000）「若者の友人関係と携帯電話利用——関係希薄化論から選択的関係論へ」『社会情報学研究』4，111-122.
松田美佐（2002）「モバイル社会のゆくえ」岡田朋之・松田美佐編『ケータイ学入門』有斐閣，205-227.
牟田武生（2004）『ネット依存の恐怖——ひきこもり・キレる人間をつくるインターネットの落とし穴』教育出版.
小原信（2002）『iモード社会の「われとわれわれ」』中央公論新社.
岡田努（2010）「友人関係は希薄になったか」松井豊編『対人関係と恋愛・友情の心理学　朝倉実践心理学講座8』朝倉出版，90-104.
辻大介（1999）「若者のコミュニケーションの変容と新しいメディア」橋元良明・船津衛編『シリーズ情報環境と社会心理3　子ども・青少年とコミュニケーション』北樹出版，11-27.
辻泉（2006）「「自由市場化」する友人関係——友人関係の総合的アプローチに向けて」岩田考・羽渕一代・菊池祐生・苫米地伸編『若者たちのコミュニケーション・

サバイバル』恒星社厚生閣，17-29.
辻泉（2011）「ケータイは友人関係を広げたか」土橋臣吾ほか編『デジタルメディアの社会学――問題を発見し，可能性を探る』北樹出版，112-127.
辻泉（2013）「友人関係」青少年研究会『「都市住民の生活と意識に関する世代比較調査」調査結果速報』.
吉井博明（2000）『情報のエコロジー――情報社会のダイナミズム』北樹出版.

補論 4

ソーシャル・メディアと若者

辻　泉

(1) ソーシャル・メディアとは何か

2000 年代後半以降，インターネット上において目覚ましい発展を遂げてきたものとして，何よりもソーシャル・メディアが挙げられるだろう．今日における代表的なものとしては，いわゆる SNS（Facebook や mixi，Twitter など）であったり，動画や写真の共有サイト（YouTube やニコニコ動画，pixiv など）が該当する．

図 1 は，主なソーシャル・メディアに関する 2005 年以降の利用者数（推定接触者数）の推移を表したものである（トライバルメディアハウス＋クロス・マーケティング，2012）．

この図を見れば，各種ソーシャル・メディアの利用者数の増加が，2000 年代後半以降における比較的新しい現象であるということ，また Twitter や Facebook といった近年ではよく知られているサービスも，その伸長は 2010 年代以降におけるものであり，さらに今日では，動画共有サイトである YouTube が圧倒的な強さを見せていることなどが伺えよう．

さて，これらのメディアに対して，包括した定義付けをしようとすると意外と難しい．というのも，一口にソーシャル・メディアといっても，実に様々な種類のサービスが存在しており，また多くの場合，複数のサービス内容を含んでいるため，その外縁を定めるのが難しいからだ．

したがって，それが今までのメディアとは何が違うのか，という観点から説明をした方がわかりやすいだろう．

第 1 に，それは 1 対 1 でやり取りをするようなパーソナル・メディア（メールなど）とは異なる．もちろん，それに類するサービスが含まれていることも多いが，どちらかといえば，より多人数間でのコミュニケーションを享受する

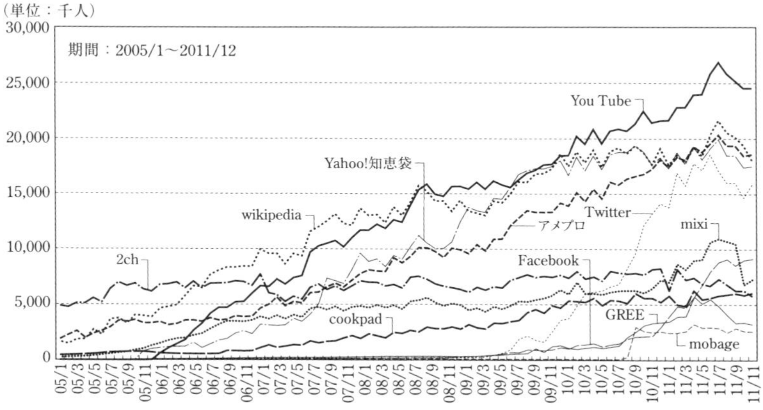

図１ ソーシャル・メディアの推定接触者推移数

出典：トライバルメディアハウス＋クロス・マーケティング（2012）：2

ことに焦点が当てられている．

第２に，しかしそれは１対 n（不特定多数）で，情報を一方向的に発信するマス・メディア（テレビなど）とも異なる．

これら既存のメディアと対比させるならば，むしろソーシャル・メディアは，n 対 n のコミュニケーションを成立させるメディアである．マス・メディアほど大規模ではないにしても，ある程度多人数の集まりが，何がしかの一定のまとまりを持って双方向的にコミュニケーションをする（その点において，社会的＝ソーシャルな）メディアなのである．この点では，以前から存在していたものとして，インターネット掲示版（BBS）をソーシャル・メディアの初期段階に位置付けることもできよう．

実はインターネットも，その普及初期においては，マス・メディアの補完的な位置づけに過ぎなかったといわれている（辻，1997）．今日，その潜在性を発揮した双方向的なコミュニケーションがようやく展開されつつある動向については，「web 2.0」と総称されているが，ソーシャル・メディアはまさにその代表例と言えるだろう．

さて，東（2007）の分類を元にすれば，ソーシャル・メディアには大きく分けて，コミュニケーション志向のものとコンテンツ志向のものとがあるといえる．前者の代表が SNS であり，後者の代表が動画共有サイトである．もちろん，動画共有サイトでも投稿されたコメントをめぐってコミュニケーションが盛んになされるし，SNS 上でもリンクを貼られた動画を鑑賞して楽しむことはあり得るので，厳密に両者を切り分けることは難しいが，さしあたりこの2種類に分かれると理解しておくとよいだろう．

(2) 誰がどのように使っているのか

このように，2000年代後半以降に急速に広まってきたソーシャル・メディアだが，誰もが同じように利用しているわけではない．

例えば，モバイル・コミュニケーション研究会が実施した2011年調査の結果を見ると，現在なんらかのSNS（ただしTwitterは除く）を利用しているものが回答者全体に占める割合は，12～29歳（以降は，20代以下と記す）では45.2％とほぼ半数に達していたのに対し，30～40代では25.0％，50～60代では3.1％と明確な差が見られた．

また同様の差は動画共有サイトについても見られた．ケータイ経由とパソコン経由とに分けた上で，ふだん何らかの頻度で利用しているものの割合を見ると，ケータイ経由では，20代以下が37.9％，30～40代が20.1％，50～60代が2.5％，同じくパソコン経由では20代以下が57.5％，30～40代が43.2％，50～60代が11.0％であった（いずれもχ^2検定で0.1％水準の有意性）．

パソコン経由での動画共有サイトについては，30～40代においてもそれなりの割合となっているが，全体的に見れば，これらのソーシャル・メディアは，20代以下の若者たちが主たる利用層であるといえるだろう．コミュニケーション志向のものであれ，コンテンツ志向のものであれ，これらの年齢層のおよそ半数かそれ以上の若者たちが，ふだんから何らかのソーシャル・メディアを利用しているのである．

では，中心的な利用層である20代以下の若者（N＝336）に対象を限定して，いくつかの調査結果を紹介してみよう．

まずコンテンツ志向である動画共有サイトについて，ケータイ経由かパソコン経由かを問わずに，ふだん何らかの頻度で利用しているものに対して（N＝242），よく見るサイトは何かと尋ねたところ，YouTubeが94.6％と圧倒的に多く，次いでニコニコ動画が30.2％であった．

またどのような内容の動画を見るかという点については，ケータイ経由では，音楽 43.8%，アニメ 19.4%，バラエティ・お笑い 17.8%となり，同様にパソコン経由でも，音楽 65.3%，アニメ 38.8%，バラエティ・お笑い 27.3%と割合の差こそあれ順位に差は見られなかった．

次に，コミュニケーション志向のソーシャル・メディアについて，なんらかの SNS を利用しているものに（N＝152），最もよく利用している SNS を尋ねたところ，mixi 45.4%，モバゲータウン 19.7%，GREE 11.2%となり，Facebook は調査時点では 5.3%であった．しかし，こうした動向についてはその後も大きな変化があったものと予想されよう．

同様に，最もよく利用している SNS について，複数回答でどのようなサービスを利用しているかを尋ねたところ，他人の日記・近況を読む 70.4%，コメントを書く 52.0%，ゲームをする 49.3%，自分で日記・近況を書く 46.7%，コミュニティに参加する 44.7%の順となった．

もちろん，どの SNS を利用しているかによって，回答傾向が変わることが予想されるが，他者とのコミュニケーションを活発に行いながら（コメントを書く，コミュニティに参加するなど），その動向を観察する（日記・近況を読む）という，SNS に特徴的な行動が多くみられたといえる．またゲームをするという割合がほぼ半数に達しているのも特徴的だが，この点は次節でさらに掘り下げてみよう．

(3) 今後，どのようなメディアとなっていくのか：進むゲーミフィケーションとライフログ化

利用する若者の約半数が，SNS 上でゲームをしているということは，それが盛んな日本社会においては，ある意味で当然の結果といえるのかもしれない．だが，あえて踏み込むならば，これはソーシャル・メディア，とりわけ SNS がどのようなメディアとなっていくかという，今後の展望とも大きく関わっているように思われる．

というのも，SNS にアクセスして，各種のサービスやコミュニケーションを楽しむというふるまいは，ある意味において，自らの人生を「ゲーム」のようにプレイしていくものとも言えるからだ．

こうした動向は，近年では「ゲーミフィケーション」と呼ばれている．「ゲーミフィケーション」は，あるコンテンツがゲームとして発売されるというような，いわゆる「ゲーム化」とは異なった現象である．むしろ「現実のゲーム化／ゲームの現実化」が折り重なっておこるような，新たなリアリティ変容のことだといったほうがいいだろう（詳細は，井上（2012）など）．

たとえばSNS上には，利用者（ゲームになぞらえればプレイヤー）のプロフィールであったり，普段の行動の記録が可視化されている．わかりやすいもので言えば，友達の人数であったり，学歴や職歴がそれにあたるが，こうした個人の生活記録のことを「ライフログ」と呼ぶ（安岡，2012）．まずもってSNSは，こうした「ライフログ」を一元化したアーカイブであり，さらにそれを可視化するメディアだといえるだろう．

さらに，こうした「ライフログ」が，友人同士や同世代間といった，他者と比較可能になった時，あたかもSNSは，あるステージをクリアすることが義務付けられたゲーム画面のように化すこととなる．わかりやすく言えば，SNS上の友人数や，自分の日記に対するコメントや反応の多さを競い合うようなふるまいがそれにあたる．

さきほどの調査結果の紹介を続ければ，なんらかのSNSを利用している20代以下の若者について，ケータイとパソコン経由とで利用頻度を比べた場合に，1日に数回以上アクセスすると答えたものは，ケータイ経由では55.3%に上るが，パソコン経由では9.9%に留まった．

このように若者たちの多くが，パソコンよりもケータイ経由でSNSを利用しているという事実は，なぞらえて言うならば，「ゲーミフィケーション」された自分の人生，いわば「人生ゲーム」をプレイするためのコントローラーとして，ケータイが位置づけられつつあるともいえるのではないだろうか．

だとすれば，若者たちが以前にもまして，より一層ケータイが手放せなくなっていくことも想像に難くない．

たしかに大学でも，講義内容そっちのけでケータイを操作する若者に対して，「メールは後にしなさい」と注意すると，「メールではありません，SNSです」という答えばかりが返ってくるようになった．だからと言って許されるというわけではもちろんないのだが，若者たちにとっては，単なるメール端末ではなく，「人生ゲーム」のすべてが関わったコントローラーとしての存在感が，ますます増すばかりなのだろう．

このようにソーシャル・メディアは，単に既存のサービスを複合した利便性の高いものというだけではなく，むしろ中心的な利用層である若者たちとその動向をめぐって，新たなリアリティの変容すら垣間見える存在となりつつあるのである．

果たして現在の若者たちが年齢を重ねていった際に，こうした利用動向が，この先も広まっていくのか，それともあくまで若者に限った現象に留まり続けるのかどうかは，今後も調査を継続していくなかで検討すべき点といえるだろう．

参考文献

東浩紀（2007）『ゲーム的リアリズムの誕生――動物化するポストモダン2』講談社現代新書.

井上明人（2012）『ゲーミフィケーション――“ゲーム”がビジネスを変える』NHK出版.

松下慶太（2012）『デジタル・ネイティブとソーシャルメディア――若者が生み出す新たなコミュニケーション』教育評論社.

トライバルメディアハウス＋クロス・マーケティング編（2012）『ソーシャルメディア白書2012』翔泳社.

辻大介（1997）「マスメディアとしてのインターネット――インターネット利用者調査からの一考察」『マス・コミュニケーション研究』50，168-181.

安岡寛道編（2012）『ビッグデータ時代のライフログ――ICT時代の“人の記憶”』東洋経済新報社.

7 ジェンダーによるケータイ利用の差異

松田美佐

1 ジェンダーとケータイ

かつて筆者は2000年に行ったケータイ利用に関する質問紙調査をもとに，ジェンダーとライフステージによって，ケータイの使われ方が異なることを示し，議論したことがある（松田，2001）．それによれば，独身層にとってケータイは男女とも「パーソナルフォン」（個人専用電話）である．自ら採用を決定し，ケータイで連絡を取る相手は多く，長電話も多い．かかってきた相手と話すかどうか「番通選択」する．一方，既婚者にとってのケータイは「モバイルフォン」（移動電話）であり，独身者と比べると，限られた相手と固定電話の使えない状況でケータイを利用する傾向にある．また，既婚男性の利用は家族以外では「仕事」が規定しているのに対し，女性は「仕事」以外の友人や知人が鍵となる．このため，「モバイルフォン」を既婚男性の特徴と限定すると，より私的なネットワークが利用の中心となっている既婚女性のケータイは「プライベートフォン」（私的電話）と名づけることができる．そして，このような違いの原因を個人のもつネットワークの差異に求め，さらに，個人のネットワークの差異は個人が占める社会構造上の位置から来ることをパーソナル・ネットワーク論から議論した．その上で，ケータイ利用をジェンダー論の観点から論じた最初の論考であるラコウとナバロ（Rakow & Navarro, 1993＝2001）の議論を援用し，他の新しいメディア同様ケータイは古い社会的政治的慣習を破壊し，ハイアラーキーを再配置し，公的領域と私的領域の境界を再構成する潜在的可能性をもっているが，現状でのケータイの利用にはジェンダーポリティクスが働いていると結論づけた．

これを踏まえ土橋（2006）は，主婦へのケータイ利用についてのインタビュー調査から，ケータイというテクノロジーと主婦という社会的役割の相互作用に注目する．たとえば，パソコンよりケータイを主婦が好むのは，家事をしながら，あるいは家事の合間の細切れの時間に利用するのに適しているからである．また，リヴィングストン（Livingstone, 1992）がさまざまなテクノロジーの利用についてインタビュー調査から見いだしたのと同じように，ケータイ・メールについても，機器の操作性の次元から評価しようとする夫に対し，子どものメールを念頭に妻はコミュニケーションの感情的な次元で評価するという．このように家庭や家族といった具体的な文脈に新しいテクノロジーを埋め込むのは，主婦という社会的役割からくるものであって，本質的な性差からくるものではないことを具体的に示した上で土橋臣吾は，ケータイという技術的なものと社会や人間が不可分であることを強調する．

ジェンダーを軸としたケータイ利用については，子育て期の家族／家庭に焦点を当てた天笠邦一の一連の研究（天笠，2007，2010，2011）も重要である．なかでも，天笠（2007）はケータイを活用した母親や父親の育児実践を通じ，母親（父親）としてアイデンティティ構築する過程やケータイ利用を通じ夫婦・家族間での衝突や調整がなされるさまを具体的な事例から描き出している．また，松田（Matsuda, 2008b）は小学生へケータイ利用が広まるなか，母親がどのように母親としての役割を果たす上で活用しているかを明らかにしている（Matsuda, 2008a; Wajcman et al., 2009 も参照）．いずれの研究もケータイが利用される具体的な文脈に焦点を当て，家庭や家族関係のなかでケータイが飼い慣らされる（domesticate）過程を明らかにするものである．これらの知見は興味深いものの，同時に必要なのは，それぞれの事例が全体的な傾向に占める位置の把握である．

2000 年時点と比較すると 2011 年には，ケータイの普及率はさらに上がり，日常のさまざまな場面で使われるようになった．それぞれの人の利用歴も長くなり，ケータイはすっかり飼い慣らされたメディアとなっている．本章で検討したいのは，そのように当たり前の存在となったケータイが，ジェンダーとライフステージによって，どのように異なって利用されているかである．

2　コミュニケーション志向が強く，ケータイ中毒を自覚する若年女性

まずは，10～20 代の若年層，30～40 代の壮年層，50～60 代の高年層にわけ，男女でケータイ利用にどのような差が見られるか検討する[1)]．概して，若年層と壮年・高年層では，ケータイ利用の性差は異なっている．そこでまず，若年層におけるケータイ利用の性差を見ていきたい．

通話の頻度や通話料金，登録している連絡先の数には，若年層では性差が見られない．メールを利用しているかどうかについても性差が見られないが，実際に送信するメール数を尋ねたところ，「メールをほとんど送信しない」と答えた若年男性（9.0%）は女性（2.8%）より多い（χ^2 検定，$p<.001$）．ただし，送信している人に限ったメール数では有意差が見られない[2)]．また，ケータイ・メールのうちのプライベートなメールの割合を尋ねたところ，若年男性（8.4 割）は女性（8.9 割）より少ない（t 検定，$p<.05$）．このようなメールについての傾向は，おおむね壮年・高年層にも見られるものであり，男性より女性にメールが利用されており，とりわけ，プライベートな関係性で活用されていることがわかる[3)]．

ケータイからのインターネット利用については，年齢による利用率の差が大きく，若年・壮年層では性差が見られない．しかし，利用頻度については，若年層と壮年層では逆の性差が見られ，若年層では女性の，壮年層では男性の利用頻度が高い[4)]．ただし，利用時間については，平日・休日ともどの年齢層でも有意差はない．

では，ケータイから利用するサイトに違いはあるのか．若年層に限ると，女性より男性の利用が多いのは「ニュース」（男性 40.5%＞女性 27.7%，$p<.05$），「ゲーム」（男性 36.0%＞女性 23.5%，$p<.05$），「スポーツ」（男性 14.4%＞女性 5.9%，$p<.05$）である．一方，女性の利用が多いのは，「ブログ・ホームページ」（女性 39.5%＞男性 22.5%，$p<.01$），「オンラインショッピング」（女性 26.9%＞男性 11.7%，$p<.005$），「料理・レシピ」（女性 22.7%＞男性 4.5%，$p<.001$），「映画（館）情報」（女性 17.6%＞男性 8.1%，$p<.05$），「ケータイ小説」（女性 16.0%＞男性 3.6%，$p<.005$）[5)] である．

ここで注目したいのは,「ブログ・ホームページ」である.ケータイからの情報発信について「ホームページ」「ブログ」「SNS」「Twitter」「プロフィールサイト」など媒体別に行っているかどうか尋ねた項目でも,「SNS」(若年女性 42.0%>若年男性 25.2%,χ^2 検定 $p<.01$),「ブログ」(女性 21.0%>男性 9.9%,χ^2 検定 $p<.05$),「ホームページ」(女性 11.8%>男性 3.6%,χ^2 検定 $p<.05$)を選んだ人は女性に多い.逆に若年女性で「発信していない」人は 41.2% しかおらず,若年男性の 61.3% と比べ大きく差がある(χ^2 検定 $p<.005$)[6].

このような結果からは,若年男性と比べ若年女性のケータイからのインターネット利用頻度が高い「原因」の1つが,SNS のような友人や知人とコミュニケーションを行うサイトやブログをはじめとする情報発信サイトを,若年女性が多く利用することにあると推測できる.

では,別の角度から,若年女性が家族や友人とのコミュニケーションにケータイを活用していることを確認したい.

「あなたは携帯電話を利用していて,次のようなことを経験したり感じたりすることはありますか」と 16 の項目について尋ねたなかで[7],年齢層別に男女差が見られたものが,表1である.若年層で差が見られるのは,「ふだんから会う友人・知人と常に親密なやり取りができる」「ふだん会わない友人・知人とも関係を保てる」「家族・親戚とのやり取りができる」「予定していたよりも多くの時間,携帯電話に触ってしまいがちだ」「体によくないと思っても,時間に見境なく携帯電話に触ってしまいがちだ」「携帯電話が原因で,睡眠不足になることがある」の6項目である.他の項目として,ケータイを通じた新しい出会いや情報入手,現実逃避などの経験を挙げていたが,これらでは性差が見られず,前3項目のような,友人・知人や家族など既存の関係性の維持・促進において,若年層では女性の方が男性より「あてはまる」と答える傾向が見られた.また,後3項目は,自身の意図以上にケータイを利用しがちであることについて,本人が自覚していることを示す項目であるが,これらについても,若年女性の方が男性より「あてはまる」と答えている.

若年女性の「ケータイ中毒」は別の回答からも見て取れる.自宅でのケータイの利用状況について,男女で差が見られるのは若年層のみであり,若年女性の 79.5% が「いつでも出られるように手元に置いておく」と答えたのに対し,

表１　年代別ケータイ利用による経験の性差（%）

			あてはまる	ややあてはまる	あまりあてはまらない＋まったくあてはまらない	
ふだんから会う友人・知人と常に親密なやり取りができる	若年層	男性	40.4	39.7	19.9	$p<.005$
		女性	60.1	28.0	11.9	
	壮年層	男性	24.5	41.4	34.2	$p<.05$
		女性	34.9	38.1	27.0	
ふだん会わない友人・知人とも関係を保てる	若年層	男性	29.6	39.3	31.1	$p<.05$
		女性	42.7	39.9	17.5	
	壮年層	男性	14.3	38.8	46.8	$p<.001$
		女性	29.4	41.7	29.0	
	高年層	男性	8.8	27.9	63.2	$p<.005$
		女性	17.1	31.2	51.7	
家族・親戚とのやり取りができる	若年層	男性	151.5	30.1	18.4	$p<.005$
		女性	66.4	27.3	6.3	
	壮年層	男性	48.3	35.3	16.4	$p<.005$
		女性	62.7	27.8	9.5	
			あてはまる＋ややあてはまる	あまりあてはまらない	まったくあてはまらない	
寂しさを紛らわせることができる	高年層	男性	5.2	20.3	74.5	$p<.05$
		女性	10.3	24.3	65.4	
携帯電話が原因で，仕事や勉強，家事がおろそかになることがある	壮年層	男性	10.1	25.3	64.6	$p<.05$
		女性	15.9	30.7	53.4	
予定していたよりも多くの時間，携帯電話に触ってしまいがちだ	若年層	男性	48.5	25.7	25.7	$p<.01$
		女性	63.9	23.6	12.5	
	壮年層	男性	16.9	32.9	50.2	$p<.05$
		女性	26.2	30.6	43.3	
体によくないと思っても，時間に見境なく携帯電話に触ってしまいがちだ	若年層	男性	26.7	37.8	35.6	$p<.01$
		女性	43.8	32.6	23.6	
携帯電話が原因で，睡眠不足になることがある	若年層	男性	14.1	28.9	57.0	$p<.005$
		女性	25.7	36.1	38.2	

χ^2 検定　若年層 N＝288，壮年層 N＝497，高年層 N＝547

男性で同じ回答を選んだのは55.1％であった．一方，「決まった場所に置き，いつも電源を入れておく」は，女性が20.5％，男性は39.9％であった（χ^2 検定 $p<.001$）．

まとめると，通話の頻度や通話料金，メール送信数，ケータイからのインターネット利用時間では，若年男女間に有意な差が見られず，ケータイからのインターネット利用頻度のみ，女性が多い．女性の方が友人・知人や家族との間でケータイを活用していると感じており，また，ブログやSNSといった個人による情報発信も積極的である．加えて，自分に「ケータイ中毒」の傾向があると考えるのも女性に多い．

この「原因」として考えられるのは，女性の方が男性よりコミュニケーション志向であることであろう．松田（2000）はケータイ普及以前の家庭の電話利用の頻度，通話相手などの性・ライフステージによる違いを検討し，同じライフステージにある男女なら女性の方が電話利用が多いことを示した上で，その「原因」を女性がコミュニケーション志向となるよう社会化されることから説明したが，ケータイにおいても同様のことが当てはまっていると考えられる．

3 壮年男性・高年男性のビジネスフォン

では，壮年・高年層では男女でケータイの利用にどのような違いが見られるのか．表1で示したように，若年女性だけでなく壮年女性もケータイは友人・知人や家族など既存の関係性の維持に役立っていると感じている人が同じ年代の男性より多い．

若年層以上に，性差が見られるのがメール利用である．まず，若年層では性差が見られなかったメールの利用率は，壮年女性で99.6%であるのに対し，男性は95.1%，高年女性は85.1%であるのに対し，男性は64.5%とそれぞれの年齢層で有意差が見られる（それぞれ，χ^2検定，$p<.005$，$p<.001$）．メール利用者における「メールをほとんど送信しない」という人も壮年層，高年層とも男性が多い（壮年男性10.8%＞女性3.2%　χ^2検定，$p<.001$，高年男性19.1%＞女性6.2%，χ^2検定，$p<.001$）．ただし，すでに述べたように送信している人に限ったメール数では有意な性差は見られない[8)]．ケータイ・メールのうちのプライベートなメールの割合を尋ねたところ，壮年男性（7.7割）は壮年女性（8.7割）より少なく（t検定，$p<.001$），高年男性（7.5割）も高年女性（8.4割）より少ない（t検定，$p<.005$）．若年層同様，壮年・高年層でも，男性より女性にメールが利用されており，とりわけ，プライベートで活用されていることがわかる．なお，プライベートで女性が男性より活用しているのはメールだけではない．ケータイから発信する電話に占めるプライベートな通話の割合も，女性の方が男性よりど

表2　性・年代別　発信に占めるプライベート通話の割合（2001年と2011年）（割）

		10代	20代	30代	40代	50代	60代	全体
全体	2001年	7.6	7.8	6.5	6.1	5.0 ↘	5.9	6.5
	2011年	8.2	7.7	7.0	6.7	6.1	6.6	6.9
男性	2001年	7.5	7.4	5.3	5.4 ↘	4.1 ↘	5.6	5.7
	2011年	7.6	7.0	5.3	5.4	5.0	5.7	5.7
女性	2001年	7.6	8.1	7.4	7.1	6.4 ↘	7.1	7.4
	2011年	8.9	8.3	8.4	8.1	7.5	7.5	8.0

2001年 N＝1878，2011年 N＝1452

表3　壮年・高年層のケータイの通話利用（男女別）（%）

		1日3～4通話以上	1日1～2通話・週5～6通話	週2～4通話以下	
壮年	男性	47.7	26.7	25.5	$p<.001$
	女性	18.5	39.4	42.1	
高年	男性	40.4	29.5	30.2	$p<.05$
	女性	28.6	38.7	32.7	

χ^2検定　壮年層 N＝497　高年層 N＝547

の年代でも多い[9)]．

プライベート通話の割合については，2001年の結果と経年比較すると興味深いことが見えてくる（表2）．2001年時点でプライベート通話の割合が一番少なかったのは50代であり，なかでも50代男性は最も少なく4.1割であった．若年層ほど多く，年齢が上がるほど少なくなる傾向が見られるが，底は50代であり，60代は50代よりプライベート通話の割合が多い．同じ傾向は2011年調査でも見られ，50代男性は5.0割と最も少なかった．さて，2001年にプライベート利用が最も少なかった50代男性は，2011年には60代となっているが，彼らは10年前よりプライベート通話の割合が増えており（4.1割→5.7割），2011年の50代（5.0割）よりプライベート利用の割合が多い．代わって，50代となった2001年時点の40代は，彼らが40代の時よりプライベート通話の割合が減っている（5.4割→5.0割）．このことから，プライベートな通話の割合は，世代効果を受けるものではなく，50代という年代が社会において果たす公的な活動の多さなどを反映しているものと考えることができる．

さて，若年層と異なり壮年・高年層で性差が見られるのが，通話の頻度や登録している連絡先数，ケータイの複数台所有，通話料金である．

まず，ケータイからの受発信は壮年・高年層では男性に多い（表3）．このような傾向は2001年には，若年層を含め，すべての年齢層に見られたものだが，2011年調査では，若年層での性差は消え，壮年・高年層のみ性差が見られる．

全年齢層で見ると，「1日に10通話以上」という人は全体では8.1%であるが，「男性」（13.1%）に多く，なかでも30代後半から50代の男性に多い．職業も雇用形態では「経営者，役員」（32.1%），仕事内容では「管理職」（30.2%）に該当者が多いことが目立つ．そこで，男女とも該当者が多い「フルタイム勤務者」や「正社員・正職員」に限って通話頻度を検討したところ，高年層での有意差は見られないが，壮年層では男性の方が女性より通話頻度が有意に高い．すなわち，通話頻度は単に賃金労働に携わっているかどうかではなく，壮年男性の「働き方」と関連していることが推測される[10)]．

次に，ケータイに登録している連絡先の数であるが，これも壮年男性（181.0件）が壮年女性（120.1件）より多く（t検定，$p<.001$），高年男性（146.6件）も高年女性（85.0件）より多い（t検定，$p<.001$）．「フルタイム勤務者」や「正社員・正職員」に限っても，壮年・高年層とも有意差は残る．また，ケータイの複数台所有は全体では性差がある（男性15.3%＞女性7.3%，$p<.001$）ものの，若年層では性差が見られず，壮年・高年層で差が見られる（壮年男性22.2%＞女性5.1%，$p<.001$，高年男性9.8%＞女性4.5%，$p<.01$）．同様に「フルタイム勤務者」や「正社員・正職員」のみで比較しても，壮年層では男性に複数台所有の傾向が見られる（フルタイム勤務壮年層男性22.7%＞女性5.2%，$p<.001$，正社員・正職員壮年層男性23.9%＞女性7.1%，$p<.005$）．一方，通話料金については，壮年・高年層とも男性が有意に多いものの[11)]，「フルタイム勤務者」や「正社員・正職員」のみで比較すると男女差が見られなくなる．

これらの傾向をまとめると，「フルタイム勤務者」や「正社員・正職員」である壮年・高年の男性は同じ「フルタイム勤務者」や「正社員・正職員」である女性と比べ，ケータイを仕事上の連絡手段として活用しており，頻繁にケータイで通話をしている（ただし，通話料金には差がないため，男性はかかってくる電話が多いのかもしれないし，1回あたりの通話時間が短めであるのかもしれない）．

これらの結果から，どのように考えるべきなのか．

従来の知見同様，女性の方が男性よりプライベート目的でのケータイ利用が多く，なかでも，メールをプライベートな関係性で駆使している．一方，若年層では差が見られない通話の利用について，壮年・高年層で性差（男性>女性）が見られるのは，ケータイからの通話が仕事において活用されるようになったためだ．加えて，10年前同様2011年調査でも，プライベート通話の割合が50代男性で最も少なくなることは，ケータイがどのように仕事で利用されているのか，具体的に検討する必要性を示している．

メールを利用している人に限るとメール送信数は男女で差がなく，一方で，通話の頻度は男性の方が有意に多い．だとすると，実際に，ケータイを「頻繁に」利用しているのは女性より男性であるかもしれない．しかし，表1に示したように，「ケータイ中毒」は，若年層を中心に他の年齢層でも女性に「自覚」される傾向にある．「ケータイ中毒」をあくまで個人の問題と考えるならば，必要不可欠ではないと思われるプライベートな利用が多い女性に，「ケータイ中毒」傾向が自覚されているのは，理解できる（もっとも，プライベートな関係性を維持管理することは，社会のなかで生活する人間にとっては必要不可欠であるのだが）[12]．しかし，「ケータイ中毒」を個人の問題ではなく，「ケータイに依存せざるをえない社会」の問題と考えるならば，別のことが見えてくる．実際には女性よりケータイを「頻繁に」利用している可能性があるにもかかわらず，男性——なかでも，壮年男性には，その「自覚」がない．ケータイは普及当初「束縛のメディア」として意識されていた（松田，2008）．しかし，ケータイが日常生活のあらゆる面に組み込まれるようになった今日の社会では，「ケータイに束縛される」ことは自明視されており，特に仕事での利用の多さは，問題状況とは意識されづらくなっているのではないか．

1990年代前半にケータイは仕事などでの利用から普及が始まったが，1990年代後半は若年層を中心としたプライベート利用が普及を牽引し，その多様な利用が関心を集めた．このため，ケータイ利用の実態やその社会的影響について探る研究のほとんどが，プライベートな利用に焦点を当てるものとなった．一方，プライベートと対応させ「パブリック」に注目する際には，ケータイがプライベート（私）とパブリック（公）の境界を揺るがすこと——たとえば，公共交通機関や劇場・コンサートホールなど公的な空間に「割り込む」プライベートな会話——などが検討されてきた．

しかし，2001年から2011年の10年間でケータイはさらに普及した．2001年調査では20～30代での普及率が8割を超えているのに対し，50代では5割程度であったが，2011年には20～30代ではほぼ100%，50代でも9割を超えている．また，本章で示したように壮年・高年男性のケータイ利用から浮かび上がるのは，プライベートな領域だけでなく，仕事などを含めたパブリックな領域でも活用されているケータイの姿だ[13]．だとすると，さらに日常生活に組み込まれたメディアとなったケータイについて，より多様な状況における利用に焦点を当てた研究が必要であると考えられる[14]．

4 結婚の「効果」

次に，男女でライフステージの影響が異なるものについて，見ていくこととする．

4.1 請求書の宛先

ケータイの請求書の宛先を尋ねたところ，「自分」との回答は60.9%であり，残りの4割近くは「自分以外の家族など」や「勤務先」となっている．2001年の調査では，「自分で支払っている」人は84.3%であり，この10年間でケータイ料金の支払いが「自分」ではない人が増えている[15]．「自分以外の家族」となっている人は男性（22.1%）より女性（46.8%）に多く（χ^2検定，$p<.001$），10代の95.9%，20代でも34.6%がケータイの請求書の宛先は「自分以外の家族」と答えている．このような傾向が見られるのは，「家族割サービス」などの普及により，ケータイ料金が家単位の出費として家計に組み込まれていったためであろう．

実際，在学中である人の請求書の宛先は，95.2%が「自分以外の家族など」であるのに対し，在学中でない人は「自分以外の家族など」が27.0%，「自分」が67.9%と，「学校からの卒業」を契機とし，「自分」でケータイ料金を払うようになることがわかる．しかし，請求書の宛先を規定するのは，在学か否かだけではない．

配偶者の有無がほぼ半々にわかれる25～39歳を対象に[16]，性と配偶者の有無別にケータイ料金の請求書の宛先を検討した．すると，男性は配偶者の有無と請求書の宛先に関連が見られないが（請求書の宛先が「自分」の人は，既婚者で81.4%，独身者で68.0%），女性は現在配偶者のいる人の方がいない人より「自分」が宛先の人が少なく，「自分以外の家族」が多い傾向にあった（請求書の宛先が「自分」の人は既婚者で50.5%，独身者で86.1%，「自分以外の家族」と答えた人は既婚者の47.3%，独身者の12.7%，$p<.001$）．つまり，夫婦の間ではケータイ料金の請求書の宛先は男性（夫）が選ばれる傾向が見られるのだ．

なぜ，男性（夫）が選ばれるのかについては，いくつか理由――たとえば，男性は「一家の代表」としての象徴的地位にあることが多いため，男性が生計の主たる担い手であることが多いため，あるいは，テクノロジーへの関心の高さからケータイの購入の決定権を握ることが多いため――などが考えられよう．

4.2　通話・メール相手の性差

請求書の宛先と同じように，男女で結婚の「効果」が異なって現れるのは，プライベートでの通話やメールの相手である．同様に25～39歳を対象に分析した結果を表4にまとめた．

まず，電話やメールの相手として「家族」を選んだ人は，男女とも既婚者が独身者より多い．「親せき」については，電話の相手として，女性のみ既婚者の方が独身者より多く選ぶ傾向にある．ただし，ここでいう「家族」や「親せき」は，配偶者の有無で異なっている．独身者にとっての「家族」とは，多くは自分の生まれ育った家族＝定位家族のメンバーである．しかし，既婚者にとって「家族」は，定位家族が含まれることもあるだろうが，生殖家族が中心となる．同様に，「親せき」については，既婚者にとっては，定位家族のメンバーが含まれる可能性があるが，独身者の場合大半はそうではない．

そのように考えるならば，女性は配偶者の有無にかかわらず，ケータイでの通話やメールの相手として，定位家族のメンバーを挙げる人が男性より多い．それに対し，男性は定位家族との間でケータイを用いる人はより少なく，生殖家族のいる人は，そのメンバーとの間でケータイを用いる．このような傾向はケータイ普及以前の電話の利用と同じであり[17]，「家族」との関係の取り方が男女で異なることやパーソナル・ネットワークに対する結婚の「効果」が異な

表4 電話やメールの相手 性・婚姻状況別（%）

			既婚者	独身者	
電話の相手	家族	男性	92.9	59.2	p<.001
		女性	94.4	81.3	p<.01
	親戚	男性	7.1	4.1	
		女性	17.8	5.3	p<.05
メールの相手	家族	男性	96.3	37.0	p<.001
		女性	87.8	73.1	p<.05
	親戚	男性	3.7	2.2	
		女性	14.4	10.3	
電話の相手	ふだんよく会う友人	男性	23.8	57.1	p<.001
		女性	36.7	48.0	
	あまり会わない友人	男性	9.5	26.5	p<.01
		女性	10.0	14.7	
メールの相手	ふだんよく会う友人	男性	37.8	69.6	p<.001
		女性	61.1	67.9	
	あまり会わない友人	男性	20.7	41.3	p<.05
		女性	48.9	39.7	

χ^2 検定 N＝312

っていることが原因である．

次に，電話やメールの相手として「友人」を選んだ人であるが，女性では配偶者の有無で差が見られなかったのに対し，男性では既婚者の方が独身者より，通話やメールの相手として「友人」を挙げる人が有意に少ない．なかでも，ふだんメールをやり取りしている相手として「ふだんよく会う友人」や「あまり会わない友人」を選んだ人の割合は，女性独身者や，女性既婚者，男性独身者が近いのに対し，男性既婚者のみが少ない．メール送信数自体は，男女でも，また，配偶者の有無でも差が見られないことをあわせて考えると，結婚した男性は，ケータイ・メールを，家族――多くの場合，妻――とはやりとりをするが，それ以外の友人とはあまりしなくなるのかもしれない[18)]．

ただし，友人の数[19)]やケータイに登録している連絡先数は男女とも結婚しているか否かで差はないことを考えると，結婚している男性は友人が少ないというわけではなさそうだ．さらに，興味深いのは，メールに対する意識を尋ねた項目での回答だ．「携帯電話でメールをうつのはおっくうだ」と答えた人は，女性では配偶者の有無では差が見られないが（女性既婚者 29.7%，女性独身者 32.9%），男性既婚者では 47.1％と男性独身者 22.9％より多い（p＜.01）．男性においいては，結婚することとメールが面倒であると感じることに何らかの関連性があるのかもしれず，友人との関係の取り方を含め，今後検討が必要である[20]．

4.3　ケータイの家事利用

個人が所有し，利用するケータイは，個人が果たしている社会的役割に基づく行動を明瞭に反映する．2001 年調査でも，育児に関わるケータイ利用は，同じフルタイム勤務であっても男性より女性に多かった．今回の調査についても，序章で家族が関係する連絡業務でのケータイ利用は 30〜40 代では男性より女性に多いことを示した．ここでは，さらに，30〜40 代の配偶者のいる男女に限り，学齢期の子どもがいるかどうかを軸に，ケータイの家事利用について分析した結果を紹介する．

「家族が関係する団体やその団体のメンバーからの連絡用として，メーリングリストに登録する」について，30〜40 代の配偶者のいる男女全体では 17.7%が「したことがある」と回答しているが，学齢期の子どもがいる男性（7.9%）より女性（37.4%）の方が経験ありと答える人が多く（$p<.001$），学齢期の子どもがいない人では男女で差が見られない．同様に，「家族が関係する団体やその団体とのメンバーとの連絡のために，自分の携帯電話やメールを使う」についても，30〜40 代の配偶者のいる男女全体では 21.7%が「したことがある」と回答しているが，学齢期の子どものいる女性は 39.0%であり，男性（15.9%）より多く（$p<.001$），学齢期の子どもがいない男女では差が見られない[21]．なお，フルタイム勤務者や「正社員・正職員」のみに限った場合でも，学齢期の子どもがいる女性は，男性より，上記 2 つの家事利用をしたことがある人が多かった[22]．

男性と同様に女性がフルタイムで仕事をしている場合でも，家事負担の多くが女性にかかっていることは，以前から指摘されているが，今回のデータからも，子ども関連の連絡業務のようなケータイを通じた家事は，引き続き女性の担当となっていることがうかがえる．いつでもどこででも連絡を取るために利用できるというケータイの特性は，現状では，女性がいつでもどこででも家事を行うことを「支援」しているのである．

5　おわりに

本章では，日常生活において当たり前の存在となったケータイが，ジェンダーや年齢，ライフステージなどによって，どのように異なって利用されているか，通話やメールの利用を中心に検討してきた．その結果，ケータイはおおむね既存の社会構造に沿うかたちで日常生活において多様に利用されていることが見て取れた．これを踏まえ次に必要なのは，ジェンダーやライフステージにより異なる利用傾向の「原因」や「影響」を探ることである．そのためには，具体的な利用状況に焦点を当てた多様なアプローチが有効であろう．なぜ，若年女性は自分のことをケータイ依存だと思っているのか．なぜ，結婚した男性は，ケータイ・メールを，家族とはやりとりをするが，それ以外の友人とはあまりしなくなるのか．ケータイでいつでもどこででも家事ができることは，女性にとって労働強化なのか，それとも，ケータイで連絡がつくため，家にいる必要がなくなった分，自由に行動できると評価されているのか．興味深い今後の課題がいくつもある．

注

1）若年層で現在配偶者がいる人は男性8.2%，女性10.4%，壮年層では男性75.4%，女性69.4%，高年層では男性82.1%，女性80.8%である．

2）メール送信数は，性別による差は見られず，年代による差が大きい．若年層では男性が47.9通，女性が58.3通，壮年男性は17.7通，女性は22.6通，高年男性は10.5通，女性は11.1通である．

3）「メールの方が，電話より相手に気兼ねせずに連絡ができる」という人は，すべての年齢層で性差があり，若年層男性37.0%＜女性59.4%（$p<.05$），壮年層男性41.0%＜女性67.0%（$p<.001$），高年層男性32.4%＜女性51.2%（$p<.005$）．

4）調査票では6段階のカテゴリーで尋ねたが，回答者（N＝673）を「1日10回以上」「1日数回程度」「1日1回以下」の3つにまとめ分析したところ，若年男性では順に31.8%，37.4%，30.8%であったのに対し，女性は35.0%，48.7%，16.2%と女性の方が頻繁に利用している（χ^2検定，$p<.05$）．一方，壮年男性は24.9%，37.3%，37.9%，壮年女性　14.2%　34.6%　51.2%であり，男性の利用が多い（χ^2検定，$p<.05$）．

5）すべて，χ^2 検定．なお，「アダルトサイト」「占い」「プロフィールサイト」「ウェブメール」にも差が見られたが，利用者自体が少ない（10%未満）ため分析から外した．

6）「発信していない」を選んだ人は全体で 72.0%であり，壮年・高年層では性差が見られない．

7）設問では 4 段階「あてはまる」「ややあてはまる」「あまりあてはまらない」「まったくあてはまらない」で尋ねたが，回答傾向から「あてはまる」「ややあてはまる」を 1 カテゴリーに，あるいは「あまりあてはまらない」「まったくあてはまらない」を 1 カテゴリーにし，無回答を外して分析した．

8）注 2 を参照．

9）若年男性 7.2 割，若年女性 8.5 割（χ^2 検定，$p<.001$），壮年男性 5.3 割，壮年女性 8.3 割（χ^2 検定，$p<.001$），高年男性 5.3 割，高年女性 7.5 割（χ^2 検定，$p<.001$）．

10）なお，固定電話利用頻度は若年層では性差が見られないが，壮年・高年層では女性の方が多い傾向にある（壮年：「週 2〜4 回以上」男性 38.0%，女性 47.7%，「週 1 回以下」男性 35.9%，女性 35.9%，「まったく使わない・もっていない」男性 26.1%，女性 16.4%，$p<.05$．高年：「週 2〜4 回以上」男性 51.8%，女性 65.7%，「週 1 回以下」男性 35.1%，女性 28.5%，「まったく使わない・もっていない」男性 13.0%，女性 5.8%，$p<.001$）．

11）壮年男性 8685.0 円＞女性 7039.9 円，$p<.005$，高年男性 5761.8 円＞女性 4607.1 円，$p<.005$（両者とも，t 検定）．

12）「おしゃべり電話」が無駄なものとされ，特に女性の「おしゃべり電話」が問題視されてきたことをジェンダー論的に考察したものとして，松田（2000）．

13）辻（2003）をはじめケータイのアドレス帳から個人のパーソナル・ネットワークをとらえようとする研究がなされてきたが，このような傾向からは，ケータイのアドレス帳を用いた研究方法について再検討が必要な状況になってきたと考えられる．

14）業務におけるケータイ利用に焦点を当てたものとして，田丸・上野（2006）．

15）ただし，2001 年はケータイの支払者を，2011 年はケータイ料金の請求書の宛先を尋ねているため，単純比較は適当ではない．

16）分析対象となったのは 312 人，男性が 44.3%，女性が 55.7%．男性の 62.3%，女性の 53.2%が有配偶であった．

17）NTT サービス開発本部編（1991）．松田（2000，2001），パットナム（Putnam, 2000＝2006）も参照．

18）他に用意されていた選択肢は「恋人」と「仕事関係の人」である．「仕事関係の人」を選ぶ男性の割合は，配偶者の有無と関連していない．

19）「こちらから会いに行くのに 1 時間以内で会うことのできる友人」「こちらから会

いに行くのに，1時間以上かかる友人」の数.

20）2013年7月6日に開催されたWeblab meetingにおいて，柴内康文さんから，男女とも結婚により友人とのやり取りは減少する傾向があるなか，ケータイにより女性のみ友人との関係性を以前と変わらず保つことができるようになったと考えるべきではないか，とのコメントをいただいた．妥当な解釈であり，今後の研究において検討していきたい．感謝し，ここに記す.

21）その他の家事項目（「自宅に出前や宅配便を届けてもらうために，自分の携帯電話やメールを使う」「お店からの連絡を，自分の携帯電話やメールにもらう」「家庭に届いた贈り物のお礼を伝えるために，自分の携帯電話から連絡する」）では学齢期の子どもがいるか否かで差は見られなかった.

22）30～40代で配偶者がおり，学齢期の子どももいる人でフルタイム勤務者は，男性126人，女性36人.「家族が関係する団体やその団体のメンバーからの連絡用として，メーリングリストに登録する」については，女性は36.1%，男性は7.9%（$p<.001$).「家族が関係する団体やその団体とのメンバーとの連絡のために，自分の携帯電話やメールを使う」については，女性が41.7%，男性が15.9%（$p<.001$).

同様に，30～40代で配偶者がおり，学齢期の子どももいる人で「正社員・正職員」の人は，男性104人，女性29人.「家族が関係する団体やその団体のメンバーからの連絡用として，メーリングリストに登録する」については，女性は27.6%，男性は6.7%（$p<.005$).「家族が関係する団体やその団体とのメンバーとの連絡のために，自分の携帯電話やメールを使う」については，女性が37.9%，男性が12.5%（$p<.005$).

参考文献

天笠邦一（2007)「育児活動をめぐるメディア消費と家族／家庭の構築」『情報社会学会学会誌』2(2)，128-143.

天笠邦一（2010)「子育て期のサポートネットワーク形成における通信メディアの役割」『社会情報学研究』14(1)，1-16.

天笠邦一（2011)「子育て支援ネットワークにおける通信メディアの役割とその構造的理解に関する研究」慶應義塾大学大学院政策・メディア研究科博士論文.

土橋臣吾（2006)「家庭・主婦・ケータイ——ケータイのジェンダー的利用」松田美佐ほか編『ケータイのある風景——テクノロジーの日常化を考える』北大路書房，181-199.

Livingstone, S. M. (1992). The Meaning of Domestic Technologies: A Personal Construct Analysis of Familial Gender Relations, In R. Silverstone, & E. Hirsch (eds.), *Consuming Technologies*. Routledge, 113-130.

松田美佐（2000）「電話とジェンダー」廣井脩・船津衛編『情報通信と社会心理』北樹出版，71-93.

松田美佐（2001）「パーソナルフォン・モバイルフォン・プライベートフォン——ライフステージによる携帯電話利用の差異」川浦康至・松田美佐編『現代のエスプリ　携帯電話と社会生活』至文堂，126-138.

松田美佐（2008）「電話の発展」橋元良明編『メディア・コミュニケーション学』大修館書店，11-28.

Matsuda, M.(2008a). Children with Keitai: When Mobile Phones Change from "Unnecessary" to "Necessary", *East Asian Science, Technology and Society: An International Journal*, 2(2), 167-188.

Matsuda, M.(2008b). Mobile Media and the Transformation of Family. In G. Goggin, & L. Hjorth (eds.), *Mobile Technologies* Routledge, 62-72.

NTT サービス開発本部編（1991）『日本人のテレコム生活 1991』NTT 出版.

Putnam, R. D. (2000). *Bowling Anone: The Collapse and Revival of American Community*. Simon & Schuster.（柴内康文訳（2006）『孤独なボウリング——米国コミュニティの崩壊と再生』柏書房）

Rakow, L. F., & Navarro, V. (1993). Remote Mothering and the Parallel Shift: Women Meet The Celllular Telephone, *Critical Studies in Mass Communication*,10.（松田美佐訳（2001）「リモコンママの携帯電話」川浦康至・松田美佐編『現代のエスプリ　携帯電話と社会生活』至文堂，106-124）

田丸恵理子・上野直樹（2000）「修理技術者たちのワークプレイスを可視化するケータイ・テクノロジーとそのデザイン」松田美佐ほか編『ケータイのある風景——テクノロジーの日常化を考える』北大路書房，200-220.

辻泉（2003）「携帯電話を元にした拡大パーソナル・ネットワーク調査の試み——若者の友人関係を中心に」『社会情報学研究』7，97-111.

Wajcman, J. et al. (2009). Intimate Connections: The Impact of the Mobile Phone on Work Life Boundaries. In G. Goggin & L. Hjorth (eds.), *Mobile Technologies: From Telecommunications to Media*. Routledge, 9-22.

8 ケータイは社会関係資本たりうるか

辻　泉

1　はじめに

本章では，ケータイに代表されるモバイル・メディアを通したコミュニケーション（モバイル・コミュニケーション）が，十全な社会関係資本（ソーシャル・キャピタル）たりうるのか，あるいはその涵養を促していると言えるのかどうか，多角的な視点から検討を行う．

社会関係資本とは，日本でも特に2000年代以降，急速に注目されてきた概念である．論者によって定義が異なることもあるが，本章では後にも触れるように，この点に関する第一人者，アメリカの政治学者ロバート・パットナムの議論を参照し，（パーソナル）ネットワーク，（互酬性の）規範，（一般的）信頼といった主要概念からなるものとしてとらえていく（Putnum 1993＝2001，2000＝2006）．

世界価値観調査などのデータに基づいた分析やまとめ（例えばNorris（2002）や坂本（2010a）など）によれば，日本社会における社会関係資本は，国際的にみて，けっして低い水準ではなく，どちらかと言えばやや高い分類に含まれるという．だが，社会全体が流動化していくような，近年の大きな社会変動の中で，果たしてそれが維持できるのかどうか，あるいは，どのように変化していくのかといった点が，今まさに問われつつある．

こうした背景を踏まえ，2003年には内閣府が，『ソーシャル・キャピタル――豊かな人間関係と市民活動の好循環を求めて』（内閣府，2003）と題して，日本全国における実態調査を行っている．

その結果に基づいて，日本国内における社会関係資本の地域別状況を試算したところ，大都市部で相対的に値が低く，逆に地方部において値が高くなる傾向が見られたという．そして今後の対策として，水平的でオープンな市民活動の運営や，さらには橋渡し型の社会関係資本の礎となるような活動の展開を推進するとともに，そのための手段としての「IT ネットワークの活用」が提唱されることとなった（内閣府，2003）．

その後 2009 年には，『情報通信白書』でも「つながり力」とパラフレーズされた上でこの概念が取り上げられ，それがインターネット利用における不安感の低下や情報行動のスキルと関連することが指摘された．そして，オンラインとオフラインの人間関係を相対立するものとしてとらえるのではなく，むしろ互いに補い合いながら，社会関係資本を豊かにしていくことが提起された（総務省，2009b）．

このように，社会関係資本という概念は，近年，急速に注目が集まるとともに，その涵養に対してメディアが果たす役割については，特に大きな期待を交えた議論がなされてきた．

後にも触れるように，質問紙調査の結果に基づいてなされた主要な研究だけでもいくつか挙げられるが，本章もまたその系譜に連なりつつ，実証的かつ批判的に議論を進めていくことを目的としたい．とりわけここでは，ケータイを通したメールやインターネットの利用に注目しながら，それらと社会関係資本を構成する主要概念との関連を探っていくこととする．

また序章でも触れられているように，モバイル・コミュニケーション研究会では，2011 年だけでなく，10 年前の 2001 年にも同規模の質問紙調査を行っている．したがって，まずは 2011 年調査のデータに基づいて現状を掘り下げつつ，比較可能な範囲で 2001 年調査のデータに言及し，この間の変化についても論じていきたい．

一部，調査票の文言に変更が加えられた点などはあるものの，（パーソナル）ネットワークと（一般的）信頼については，どちらの調査でも尋ねており，また類似の調査でも，同じような質問がなされているため，これらの比較を通して，この間の変化を論じることが可能となろう．

とりわけ，（パーソナル）ネットワークそのものが，2000 年代初頭のこの 10 年間で，どのように変容してきたのかという点は，節を改めつつ詳細な記述を行う．というのも，今日ではケータイに代表されるモバイル・メディアを介さないことの方が珍しいほどであり，いわば我々の人間関係そのものが「モバイル・コミュニケーション化」していると言っても過言ではないからである．（パーソナル）ネットワークの変容は，まさにその象徴と言えるだろう．

すでに他の章でも触れられているように，これらのメディアの本格的な普及が進んだのが，短く見積もっても2000年代以降の10数年程度のスパンのことであることを思えば，そこには短期間における驚くべき変わりようが存在していよう．だが一方で，そこには期待されているような結果がもたらされたのかどうか，データを元に検討していくことが肝要であろう．

よって本章は，以下のような構成となる．

まず今日の状況の概略を述べた本節（第1節）に続き，第2節では社会関係資本の概念および，特にそれがケータイに代表されるモバイル・メディアとの関連で，どのような議論がなされてきたのかを概観する．特に日本社会を対象としたものを中心的に取り上げていく．

その上で第3節では，先にも記した社会関係資本を構成する主要概念に着目し，年齢や性別，居住地といった基本属性を考慮しつつ，モバイル・コミュニケーションとの関連を統計的に検討し実態を把握する．

最後の第4節では，第3節の分析結果を踏まえつつ，さらに2001年調査データとの比較から今日に至る変化をとらえ，今後を見据えた考察を記して本章をまとめることとする．

少し先取りすれば，（パーソナル）ネットワークや（一般的）信頼については，10年前の調査と比べて，減少または低下の傾向がうかがえる．このことから，残念ながら期待が寄せられているほどには，モバイル・コミュニケーションが社会関係資本の涵養とはあまり結びついていない可能性を示唆する結論が導かれることとなろう．

2　社会関係資本とモバイル・メディア

2.1　社会関係資本とは何か

ではまず，社会関係資本という概念について，ここで改めて整理しておきた

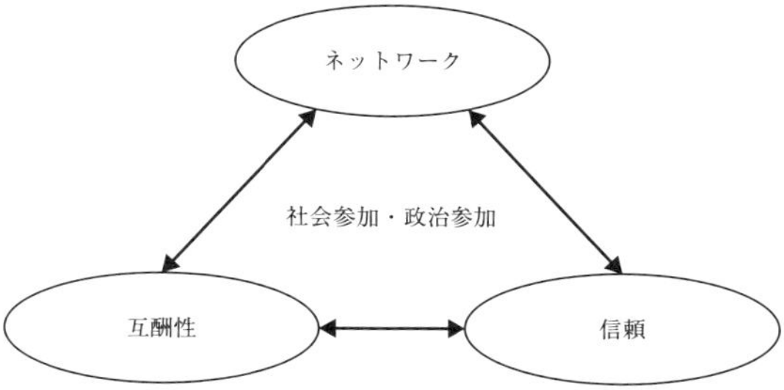

図1 社会関係資本のモデル（Putnum（1993＝2001, 2000＝2006），内閣府（2003），小林（2009）を元に筆者が手を加えて作図）

い．先にも触れたように，本章が主として依拠するパットナムは，1993年の著作 *Making Democracy Work: Civic Traditions in Modern Italy*（邦題『哲学する民主主義——伝統と改革の市民的構造』）において，社会学者のジェームズ・コールマンの議論も参照しながら（Coleman, 1990），その概念を「調整された諸活動を活発にすることによって社会の効率性を改善できる，信頼，規範，ネットワークといった社会組織の特徴」であると定義した（Putnam, 1993＝2001：206-207）．

わかりやすく言い換えるならば，他者との間で，インフォーマルで水平的なネットワークが広がっていくことを通して，その中での助け合いや支え合いのような体験に伴って互酬性の規範が内面化され，加えて，未知の他者に対しても過剰に防衛的にならないような一般的信頼が醸成されていくということである．

よって，ケータイやインターネットが普及する段階においては，実社会の「しがらみ」にとらわれないネットワークの広がりを期待するような議論が多々喧伝されたこととも合わせて，それらのメディアが社会関係資本を涵養することに強い期待が寄せられたのも，故あることと言えるだろう．

いずれにせよこの3つの概念は，少なくとも理論上は，互いに関連し合い分かちがたく結びついているものと想定されており，また「資本」という言葉が含まれていることからもわかるように，個人が有するにせよ，社会が有するにせよ，いずれにせよその蓄積が多いほどに，社会的な諸活動が効率的になされ

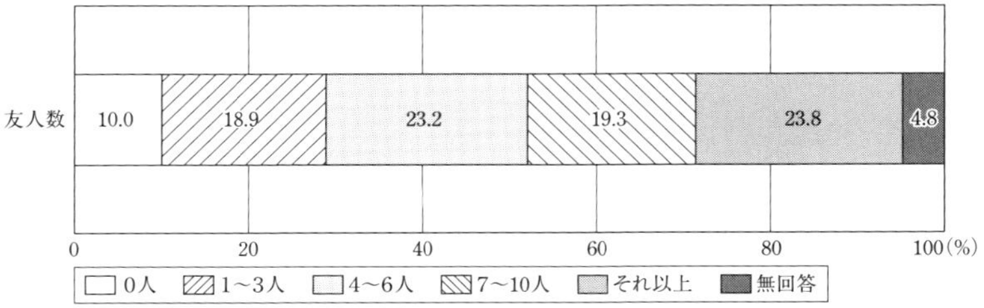

図2　友人数の分布
N＝1452

るようになるというわけである（図1）.

では，2011年調査データを元にして，日本社会における社会関係資本の現状を，まずは単純集計レベルから見ていこう（以下も同様に，特段の断り書きのない場合は，2011年調査データの結果によるものである）.

まず，インフォーマルで水平的な（パーソナル）ネットワークについて，パットナムらの議論では（Putnum，2000＝2006など），結社への加入状況などが分析に用いられているが，それに類似するものはなかなか見出し難く，それゆえに2011年調査でも該当する質問項目を設けていない．そこでむしろ，日本社会における水平的な（パーソナル）ネットワークを象徴するものとして，友人数を用いることとした.

具体的には，「問61　あなたが日頃親しくつきあっている友人は，それぞれ何人いますか.」という問いで，「(a) こちらから会いに行くのに1時間以内で会える友人」と「(b) こちらから会いに行くのに1時間より多くかかる友人」の回答数を足し合わせたものを，友人数と定義した．平均値は9.42人であり，分析では数値をそのまま用いるが，便宜上，一定の人数ごとに区切りを設けて図示したのが図2である.

これを見ると，「0人」と回答したものは1割だけであり，ほとんどの回答者に一定数の友人がいるということ，なおかつ10人より多いものも2割以上いるということがわかる.

一方，互酬性の規範と一般的信頼については，関連する複数の質問項目のうち，それにもっともふさわしいと思われる項目の結果を用いることとした．具体的に，前者については「問55 (c) 人を助ければ，いずれその人から助けて

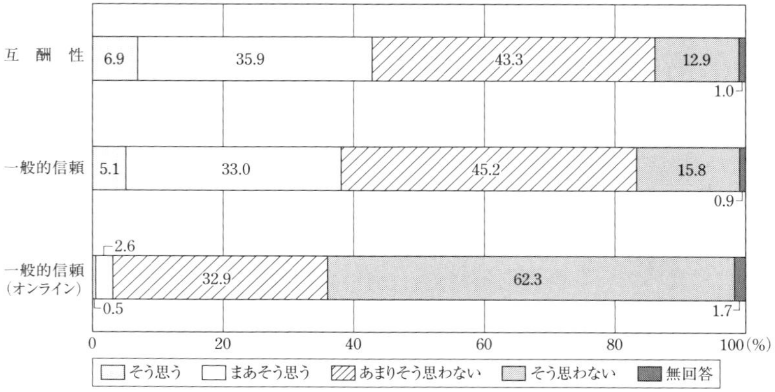

図3 互酬性の規範と一般的信頼（オフライン／オンライン）の分布
N＝1452

もらえる」，後者については，オフラインとオンラインの場合とを分けて，「問55（a）ほとんどの人は信頼できる」（オフライン），「問55（e）インターネット上のほとんどの人は信頼できる」（オンライン）という項目の結果を用いた（ただし以降では，一部の場合を除いて，オンラインの場合のみ，カッコ付きで表記することとする）．

その結果を表したのが，図3である．互酬性の規範と一般的信頼については，「そう思う」「まあそう思う」という肯定的回答の割合の合計が，それぞれ42.8％と38.1％となっているが，オンラインの一般的信頼については3.1％と著しく低くなっている．こうした傾向はおおむね他の類似の調査とも同じと言えるが，後に詳述する通り，特に一般的信頼については，ゆるやかな減少の傾向を認めざるを得ない数値でもある．

なお以降の分析では，「そう思う～そう思わない」までそれぞれ4点～1点を与え，これらの結果を点数化して用いることとする．

次に，これらの3つの概念が，パットナムが想定したように互いに関連し合うものなのかどうか，まずは相関係数を検討してみた結果が表1である（なお以降も同様に，分析結果に関する統計的検定の結果については，以下のように表記することとする．すなわち，***＝0.1％水準で有意，**＝1％水準で有意，*＝5％水準で有意，※＝10％水準で有意，である）．

表1　社会関係資本に関する項目同士の相関係数

上段 N，下段相関係数	友人数	互酬性	一般的信頼	一般的信頼（オンライン）
問 61　（a）（b）友人数	—	1372	1373	1365
問 55　（c）互酬性	.049 ※	—	1437	1425
問 55　（a）一般的信頼	.132***	.341***	—	1426
問 55　（e）一般的信頼（オンライン）	.029	.225***	.334***	—

表2　社会関係資本と基本属性との関連に関する重回帰分析（数値は標準化係数β）

	友人数	互酬性	一般的信頼	一般的信頼（オンライン）
問 66　性別（男性＝1　女性＝0）	.03	－.032	－.055	.048
問 67　年齢	－.078*	－.115**	.006	－.072*
問 68　学歴（大卒以上＝1　それ以外＝0）	－.012	.04	.067*	.085**
問 71　結婚状況（既婚＝1　それ以外＝0）	－.038	.005	.014	.026
問 73　就労状況（フルタイム＝1　それ以外＝0）	－.046	.033	.018	.002
問 74　世帯年収	.103**	.06 ※	.049	.03
都市規模	.042	－.031	.017	.001
調整済み R^2 値	.013**	.021***	.005 ※	.015**
N	1097	1131	1133	1126

たしかにこの結果を見ると，友人数と一般的信頼（オンライン）との間のみを除いて，全ての項目の間に，統計的にも有意な正の相関関係があることがわかる．

また，これらの項目と基本属性との関連を検討した結果が，表2である．この結果を見ると（モデルの説明力の低さについては留意が必要だが），年齢層については低め，学歴，世帯年収については高めの層で，社会関係資本に関するいくつかの項目が高い傾向がうかがえる．具体的には，年齢層が低く，世帯年収が多い人ほど友人数が多く，互酬性の規範意識も高い．一般的信頼については，オフライン，オンラインともに学歴が高いほど度合いが高く，オンラインの一般的信頼については，年齢が低い方が高くなっている．なお都市規模については，「東京都区部～町村」までの5段階に，それぞれ5点～1点を与えた点数化したデータを用いているが，このように他の変数を統制した結果，有意な関連は見られなかった．

次に，これらの社会関係資本を構成する概念が，社会的な諸活動と関連するのかを検討した．ここで用いたのは，「問 56　次に，人々が行う社会的，政治

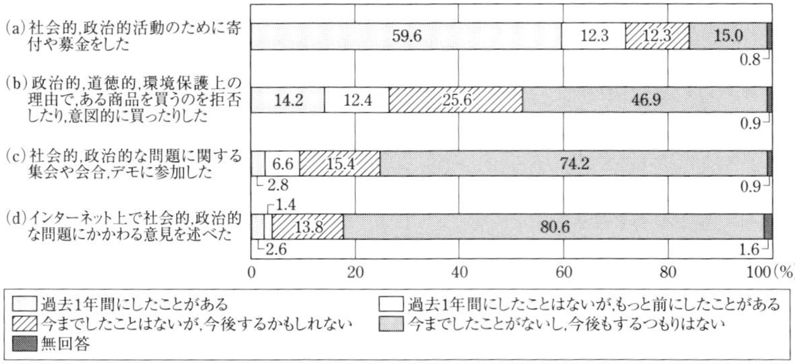
(a)社会的,政治的活動のために寄付や募金をした
59.6
12.3
12.3
15.0
0.8
(b)政治的,道徳的,環境保護上の理由で,ある商品を買うのを拒否したり,意図的に買ったりした
14.2
12.4
25.6
46.9
0.9
(c)社会的,政治的な問題に関する集会や会合,デモに参加した
6.6
15.4
74.2
2.8
0.9
(d)インターネット上で社会的,政治的な問題にかかわる意見を述べた
1.4
13.8
80.6
2.6
1.6
0
20
40
60
80
100(%)
過去1年間にしたことがある
過去1年間にしたことはないが,もっと前にしたことがある
今までしたことはないが,今後するかもしれない
今までしたことがないし,今後もするつもりはない
無回答

図4　社会的行動に関する分布

N = 1452

的な行動をいくつかあげてあります．以下の（a）〜（d）のそれぞれについて，あてはまるものに1つずつ○をつけてください．」という項目であり，その回答結果は図4の通りである．

図4を見ると，「（a）社会的，政治的活動のために寄付や募金をした」などは，「過去1年間にしたことがある」と答えたものが59.6%と過半数に上っているが，より直接的かつ積極的な行動項目である「（b）政治的，道徳的，環境保護上の理由で，ある商品を買うのを拒否したり，意図的に買ったりした」や「（c）社会的，政治的な問題に関する集会や会合，デモに参加した」などについては経験した割合が少なくなっており，同様に「（d）インターネット上で社会的，政治的な問題にかかわる意見を述べた」についても経験した割合は少ない．

ここでは，これら4つの項目に関する回答について，「過去1年間にしたことがある〜今までにしたことがないし，今後もするつもりはない」に便宜上，4点〜1点を与えて点数化し，その合計値を社会的行動尺度として用いることとする．平均値は7.66で，クロンバックのα係数も.571であり，一定の尺度の信頼性はあると言えよう．

表3は，この社会的行動尺度を従属変数に，さらに基本属性を統制しながら，社会関係資本に関する諸概念をそれぞれ個別に独立変数に投入した重回帰分析の結果である（モデル1〜4）．

表 3　社会関係資本と社会的行動尺度との関連に関する重回帰分析（数値は標準化係数 β）

	a. 従属変数　問 56　社会的行動尺度			
	モデル 1	モデル 2	モデル 3	モデル 4
問 66　性別（男性＝1　女性＝0）	.015	.001	.005	－.015
問 67　年齢	.016	.026	.018	.032
問 68　学歴（大卒以上＝1　それ以外＝0）	.115***	.11**	.106**	.105**
問 71　結婚状況（既婚＝1　それ以外＝0）	－.064 ※	－.076*	－.077*	－.078*
問 73　就労状況（フルタイム＝1　それ以外＝0）	－.029	－.016	－.016	－.011
問 74　世帯年収	.113**	.122***	.12***	.119***
都市規模	.038	.05 ※	.048	.052 ※
問 61　（a）（b）友人数	.101**			
問 55　（c）互酬性		.051 ※		
問 55　（a）一般的信頼			.101**	
問 55　（e）一般的信頼（オンライン）				.121***
調整済み R^2 値	.042***	.035***	.044***	.048***
N	1097	1131	1133	1126

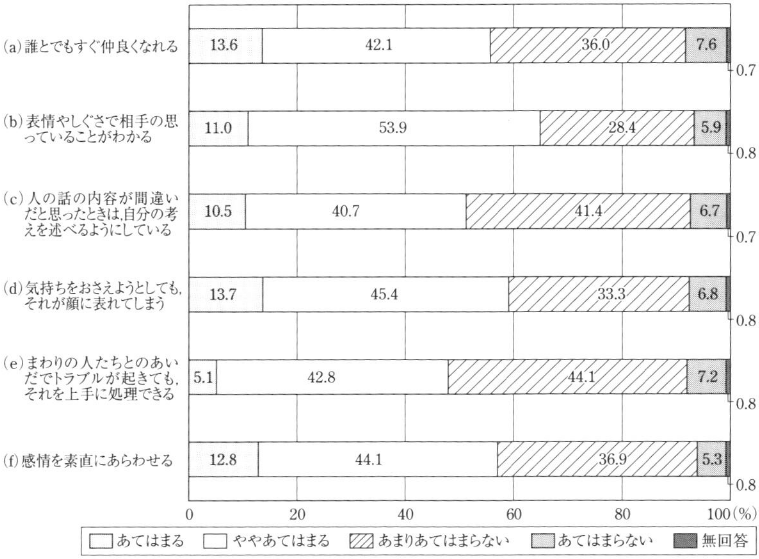

図 5　ソーシャル・スキルの分布

N＝1452

表4　社会関係資本とソーシャル・スキル尺度との関連に関する重回帰分析（数値は標準化係数 β）

	従属変数　問60　社会的スキル尺度			
	モデル1	モデル2	モデル3	モデル4
問66　性別（男性＝1　女性＝0）	－.046	－.027	－.022	－.039
問67　年齢	.01	.006	－.014	－.005
問68　学歴（大卒以上＝1　それ以外＝0）	.058 ※	.059 ※	.054 ※	.061 ※
問71　結婚状況（既婚＝1　それ以外＝0）	－.028	－.025	－.027	－.025
問73　就労状況（フルタイム＝1　それ以外＝0）	－.014	－.029	－.027	－.02
問74　世帯年収	.109**	.109**	.111**	.12***
都市規模	.01	.015	.008	.019
問61　（a）（b）友人数	.165***			
問55　（c）互酬性		.158***		
問55　（a）一般的信頼			.167***	
問55　（e）一般的信頼（オンライン）				.007
調整済み R^2 値	.043***	.04***	.043***	.012**
N	1097	1131	1133	1126

いずれのモデルの結果を見ても（説明力は高くはないものの），友人数，互酬性の規範，一般的信頼（オフライン／オンライン）といった概念が，社会的行動尺度と有意な正の関連を持っていることが確認されよう．

加えて，より個人的なレベルでのソーシャル・スキルと社会関係資本との関連も検討しておきたい．2011年調査では，回答者のソーシャル・スキルについて図5にあるような6つの項目で尋ねている．

これは「成人用ソーシャルスキル自己評定尺度」（相川・藤田，2005）を参照し，同尺度を構成している6つの因子（①「関係開始（質問項目では（a）に該当，以下同様）」②「解読（b）」③「主張性（c）」④「感情統制（d）」⑤「関係維持（e）」⑥「記号化（f）」）にそれぞれあてはまる項目の中で，適宜因子負荷量の大きい項目を列挙して用いたものである．

ただし，これら6つの項目についてさらに因子分析を行うと，逆転項目でもある（d）だけが別の因子を構成するため，それを除いた5つの項目について，便宜上与えた4点～1点の点数を合計し，その値をソーシャル・スキル尺度として用いることとした．平均値は12.89，クロンバックの α は0.717なので，尺度としての一定の信頼性はあると言えよう．

表4は，このソーシャル・スキル尺度を従属変数に，さらに基本属性を統制

しながら，社会関係資本に関する諸概念を独立変数に投入した重回帰分析の結果であり，ここでもモデル1〜4に分けて，それぞれ別々に投入することとした．

モデル4にあるように，オンラインの一般的信頼だけ有意な関連が見られなかったが，この項目は，肯定的回答の割合が突出して低かったということもあり，また後にも見るように，他とは少し異なった傾向を持ち合わせている可能性が示唆される．なお（モデルの説明力はいずれも高くはないのだが），友人数，互酬性の規範，一般的信頼といった概念は，ソーシャル・スキル尺度と有意な正の関連を持っていることが確認される．

よって全体的な傾向としては，社会関係資本を多く有している回答者ほど，社会的諸活動が活発であったり，ソーシャル・スキルが高いという関連が，改めて確かめられたと言えるだろう．

2.2　社会関係資本とモバイル・メディアに関する先行研究

次に，社会関係資本とその涵養に対してメディアが果たす役割を論じた先行研究を検討しよう．

そもそも，社会関係資本の研究において，ロバート・パットナムの影響が大きいことは知られる通りだが，彼は，代表的著作として知られる *Bowling Alone: The Collapse and Revival of American Community*（邦題『孤独なボウリング——米国コミュニティの崩壊と再生』）においても，メディアが果たす役割については懐疑的であり，とりわけテレビについては社会関係資本を損なうものとして批判してきた．余暇活動について，「見る」時間が増大する代わりに「する」時間が減少し，それゆえ「以前と比べて友人や隣人と過ごす時間を大きく減らして」いて「インフォーマルなつながりすらも行われなく」なり，「社会的交流からの静かなる撤退」が起こっているという指摘はその典型である（Putnum，2000＝2006：125-133）．

同著のなかでパットナムは，今ほどは本格的に普及していなかったインターネットに対しても懐疑的な視線を向けていたが，こうした議論は，その後様々な賛否両論を巻き起こすこととなった．

ここでは，日本社会を対象とした，実証的な調査研究の中から主要なものに絞って，その論点を検討していきたい．なおこの点については，小林（2009）

や柴内（2011）の整理が簡便にして的確であり，ここでも参照していくこととする．

モバイル・メディアだけに特化した研究はあまり多くないが，インターネット利用，とりわけオンライン・コミュニティへの参加やメールなどの利用と，それが社会関係資本の涵養に果たす役割を論じた代表的なものとしては，宮田加久子の一連の研究が挙げられるだろう（宮田，2005a，2005b，2008 など）．

とりわけ宮田（2008）においては，山梨県で行われた数度にわたるパネル調査の結果に基づき，データの時系列的な分析を通して，オンラインにおいて涵養された一般的信頼が，オフラインにおける一般的信頼を高める効果について示唆した．あわせて，この研究で重要であったのは，より多様な相手と交わす可能性のあるパソコンでのメール利用のほうが，一般的信頼を高める効果があり，逆に，親しい相手との間で中心的に用いられるケータイ・メールには，その効果が認められなかったという点である．

これについては，小林・池田（2005a，2005b）などでも同様の指摘がなされている．すなわち，パソコンでのメール利用は，フォーマルな社会参加を促進し，さらに他者への非寛容性を減少させる傾向が見られた一方で，ケータイ・メールにはそのような効果がなく，逆に私生活的な志向を強める影響が見られたのだという．

こうしたケータイとパソコンでの利用による違いについては，本章でも注目すべき論点と言えるだろう．さらには，小林と池田は，パソコンとケータイ利用との間の「デバイド」についても議論を展開させていくのだが，この点については，本書の第3章でも詳細な検討がなされているので，そちらも参照してほしい．

さらに辻大介（2006）は，2005年に行われた全国調査の結果に基づき，テレビ視聴が社会関係資本を衰退させるというパットナムの主張が，少なくとも現在の日本社会においては否定されざるを得ないと指摘している．実際に，テレビと新聞およびインターネットの利用時間と社会関係資本の関連を調べてみると，新聞とテレビについては，正の関連が見られ，またその一方で，インターネット利用時間については，有意な関連が見られなかったという．この点は，新しいメディアに大きな期待を寄せた議論がなされやすい中で，それを冷静かつ批判的にとらえなおすという意味においても，重要な指摘だと言えるだろう．あわせて，辻は，2001 年に行われた調査との比較から，一般的信頼の低下を示唆しているが，同様の傾向は木村（2012）でも指摘されている．

このように，テレビだけでなく，後続の新たなメディアの普及が進む中で，それが社会関係資本の涵養に資するのか否かという点を巡っては，日本においても未だに賛否両論が続いている．だが，ケータイをめぐっては，それを通したメール利用にせよ，インターネット利用にせよ，社会関係資本との正の関連を指摘した調査研究に乏しいのが象徴的であろう．この 10 年間でこれほど急速に普及し，ごく身近なパーソナル・メディアとなったものが，社会関係資本については，本当にあまり関連していないのだろうか．この点はデータを元に，改めて十分に検討する必要があると言えよう．

3　ケータイは社会関係資本たりうるか

3.1　社会関係資本とモバイル・メディア利用の関連

前節でも検討したような先行研究に倣い，本章では特にケータイに焦点を当てつつ，適宜パソコンについても比較対象として取り上げながら，それらからのメールやインターネット利用に注目して，社会関係資本との関連を検討していく（なお 2011 年調査では，テレビの視聴時間を尋ねていないためその比較検討については，別の機会に譲ることとする）．

メールとインターネットの利用については，その有無を「1 か 0 か」に置き換えたダミー変数を投入し，さらにメール利用については送信数も別途投入して，その関連を深く掘り下げることとする．あわせて，近年利用が進んでいる SNS についても，利用状況に関するダミー変数を投入することとする．

表 5 は，以降の詳細な分析に先立って，これらのメディア利用に関する変数と，社会関係資本を構成する概念との相関係数を見たものである．

表 5 を見れば，友人数については，ケータイ・メールの利用，送信数，そして SNS およびケータイとパソコンからのインターネット利用との間に，正の関連が見て取れる．同様に，互酬性についても，ケータイ・メールの利用状況を除いて同じ変数との正の関連が，一般的信頼（オンライン）については，ケ

表5　メールおよびインターネット利用と社会関係資本との相関係数

上段N，下段相関係数	友人数	互酬性	一般的信頼	一般的信頼（オンライン）
問13　ケータイ・メール利用（している＝1　それ以外＝0）	1382	1438	1439	1428
	.048 ※	.034	.021	.067*
問33　PCメール利用（している＝1　それ以外＝0）	1382	1438	1439	1428
	.029	.021	.037	.066*
問14　ケータイ・メール送信数	1382	1438	1439	1428
	.162**	.097**	.019	－.015
問33　PCメール送信数	1382	1438	1439	1428
	.002	－.017	.029	.023
問41　SNS利用	1382	1438	1439	1428
	.085**	.071**	.041	.086**
問21　ケータイ・ネット利用（している＝1　それ以外＝0）	1382	1438	1439	1428
	.083**	.109***	.018	.083**
問31　PCネット利用（している＝1　それ以外＝0）	1382	1438	1439	1428
	.093**	.085**	.043	.127***

ータイとパソコンからのメールの送信数を除く，全ての変数との正の関連が見て取れる．

この結果だけからすれば，宮田などの先行研究とやや異なり，ケータイと比べて，むしろパソコンからのメールやインターネット利用と社会関係資本との間にあまり関連が見られないようにも見える．加えて，一般的信頼についてどの変数とも正の関連が見られないことも特徴的であろう．

だが，これらの点については，基本属性を統制するなどして，さらに詳細に検討する必要があろう．また先行研究と今回の調査とはタイムラグもあるので，そうした点も加味した検討を以降では展開していくこととしよう．

3.2　友人数とモバイル・メディア利用の関連

表6は，友人数を従属変数に，さらに基本属性を統制しながら，モバイル・メディアの利用状況を独立変数に投入した重回帰分析の結果である．ケータイおよびパソコンからのメール利用の有無（モデル1），ケータイおよびパソコンからのメール送信数（モデル2），モデル2にSNS利用の有無を加えたもの（モデル3），ケータイおよびパソコンからのインターネット利用の有無（モデル4）といった利用状況ごとに分析を行った．なおモデル3について補足しておくと，

表 6　友人数とモバイル・メディア利用との関連に関する重回帰分析（数値は標準化係数β，2011 年調査データ）

	従属変数　問 61 （a）（b）友人数			
	モデル 1	モデル 2	モデル 3	モデル 4
問 66　性別（男性＝1　女性＝0）	.035	.038	.038	.029
問 67　年齢	－.063 ※	－.055	－.048	－.053
問 68　学歴（大卒以上＝1　それ以外＝0）	－.016	－.011	－.013	－.015
問 71　結婚状況（既婚＝1　それ以外＝0）	－.042	－.032	－.032	－.038
問 73　就労状況（フルタイム＝1　それ以外＝0）	－.05	－.05	－.051	－.048
問 74　世帯年収	.096**	.094**	.096**	.102**
都市規模	.04	.039	.038	.039
問 13　ケータイ・メール利用（している＝1　それ以外＝0）	.034			
問 33　PC メール利用（している＝1　それ以外＝0）	.011			
問 14　ケータイ・メール送信数		.075*	.073*	
問 33　PC メール送信数		.01	.009	
問 41　SNS 利用（している＝1　それ以外＝0）			.018	
問 21　ケータイ・ネット利用（している＝1　それ以外＝0）				.048
問 31　PC ネット利用（している＝1　それ以外＝0）				－.004
調整済み R^2 値	.012**	.016**	.015**	.012**
N	1097	1097	1097	1097

表 7　友人数とモバイル・メディア利用との関連に関する重回帰分析（数値は標準化係数β，2001 年調査データ）

	従属変数　問 61（d）（e）友人数		
※ 2001 年調査	モデル 1	モデル 2	モデル 4
問 66　性別（男性＝1　女性＝0）	.080*	.082**	.075*
問 67　年齢	－.026	－.005	－.046
問 68　学歴（大卒以上＝1　それ以外＝0）	－.024	－.023	－.025
問 70　結婚状況（既婚＝1　それ以外＝0）	－.027	－.005	－.025
問 71　就労状況（フルタイム＝1　それ以外＝0）	－.020	－.021	－.017
問 72　世帯年収	.059*	.061*	.060*
都市規模	－.037	－.042	－.036
問 24　ケータイ・メール利用（している＝1　それ以外＝0）	.067*		
問 9　PC メール利用（している＝1　それ以外＝0）	－.02		
問 25　ケータイ・メール発信数	－.017	.206***	
問 9　PC メール発信数（自宅とそれ以外合計）		.002	
問 36　ケータイ・ネット利用（している＝1　それ以外＝0）			.025
問 2　PC ネット利用（している＝1　それ以外＝0）			－.008
調整済み R^2 値	.008*	.042***	.005*
N	1400	1400	1400

表8 互酬性の規範とモバイル・メディア利用との関連に関する重回帰分析（数値は標準化係数β，2011年調査データ）

	従属変数 問55 （c）互酬性			
	モデル1	モデル2	モデル3	モデル4
問66 性別（男性＝1 女性＝0）	－.042	－.028	－.028	－.034
問67 年齢	－.127***	－.111**	－.109**	－.088*
問68 学歴（大卒以上＝1 それ以外＝0）	.036	.043	.042	.034
問71 結婚状況（既婚＝1 それ以外＝0）	.007	.007	.007	.004
問73 就労状況（フルタイム＝1 それ以外＝0）	.034	.035	.034	.03
問74 世帯年収	.061 ※	.061 ※	.061 ※	.055
都市規模	－.031	－.031	－.031	－.035
問13 ケータイ・メール利用（している＝1 それ以外＝0）	－.033			
問33 PCメール利用（している＝1 それ以外＝0）	.031			
問14 ケータイ・メール送信数		.017	.016	
問33 PCメール送信数		－.022	－.022	
問41 SNS利用（している＝1 それ以外＝0）			.006	
問21 ケータイ・ネット利用（している＝1 それ以外＝0）				.037
問31 PCネット利用（している＝1 それ以外＝0）				.022
調整済みR^2値	.021***	.02***	.019***	.021***
N	1131	1131	1131	1131

SNSはケータイ，パソコンのいずれからも利用可能であるため，それらとはある程度独立した変数と対比させるために，ケータイおよびパソコンからのメール利用と組み合わせた形でのモデルを設けることとした（なお以降も含め，全般的にモデルの説明力が低いことには留意せねばならないだろう．またそのことは，モバイル・コミュニケーションと社会関係資本との，今日における関連のありようを示唆しているようでもある）．

表中のモデル1と4にあるように，ケータイ，パソコンからのメールおよびインターネット利用の有無とは有意な関連が見られないが，モデル2と3にもあるように，ケータイ・メールの送信数だけが，有意に正の関連が見られた．つまり，ケータイ・メールの送信が多いものほど，友人数が多いということである．なおモデル3にあるように，SNS利用との関連は見られなかった．

友人数については，2001年調査でも同じ尋ね方をしているので，同様の分析を行って比較することができる．ただしSNS利用については尋ねていないので，モデル3以外の3つのモデルについて分析した結果が表7である．

表6との違いに注目すると，まず基本属性については，世帯年収との正の関連は共通しているが，2011年調査と違って，性別で男性であるほど友人数が多いという関連が見られたことがわかる．メディアの利用状況との関連については，モデル1と2にあるように，ケータイ・メールを利用しているものほど，さらにその送信数が多いほど，友人数が多かったということがわかる．

いくつかの違いはあるものの，友人数については，特にケータイ・メールの利用との関連が変わらずに続いているということがうかがえよう．

3.3　互酬性の規範とモバイル・メディア利用の関連

表8は，互酬性の規範意識を従属変数に，表6と同様に基本属性を統制しながら，モバイル・メディアの利用状況を独立変数に投入した重回帰分析の結果である（モデル1～4）．

先ほどの友人数とは異なり，互酬性の規範意識については，モデル1～4のどれを見ても，メディア利用状況と有意な関連が見られないということがわかる．これは，とりわけケータイやSNSなどの利用が下の年齢層に偏っているために，基本属性を統制した結果，先の表5で有意だった関連が見られなくなったものと思われよう．

3.4　一般的信頼とモバイル・メディア利用の関連

表9は，一般的信頼を従属変数にして，これまでと同様の手順で行った重回帰分析の結果である（モデル1～4）．

表9を見ると，いずれのモデルにおいても，ケータイやパソコンを通したメールおよびインターネットの利用状況が，一般的信頼と有意な関連を持たないばかりか，モデル1を除いた3つのモデルでは，そもそも決定係数が統計的に有意なものとなっていないことがわかる．

この点については，引き続き2001年調査データを分析した表10と比較しながら考えてみたい．表10は，モデル3以外のモデルについて，表9と同様に，一般的信頼を従属変数にして，これまでと同様の手順で行った重回帰分析の結果である．ただし一般的信頼に関しては全く同じ項目を設けていなかったため，もっとも内容が近いものとして，「問60（a）ほとんどの人は基本的に善良で親

表9　一般的信頼とモバイル・メディア利用との関連に関する重回帰分析（数値は標準化係数β，2011年調査データ）

	従属変数　問55　（a）一般的信頼			
	モデル1	モデル2	モデル3	モデル4
問66　性別（男性＝1　女性＝0）	－.063 ※	－.058 ※	－.058 ※	－.056
問67　年齢	.009	.006	.02	.011
問68　学歴（大卒以上＝1　それ以外＝0）	.056 ※	.064 ※	.06 ※	.063 ※
問71　結婚状況（既婚＝1　それ以外＝0）	.012	.012	.013	.013
問73　就労状況（フルタイム＝1　それ以外＝0）	.013	.016	.015	.017
問74　世帯年収	.041	.047	.05	.043
都市規模	.016	.016	.014	.016
問13　ケータイ・メール利用（している＝1　それ以外＝0）	0			－.007
問33　PCメール利用（している＝1　それ以外＝0）	.054			.029
問14　ケータイ・メール送信数		－.004	－.008	
問33　PCメール送信数		.029	.027	
問41　SNS利用（している＝1　それ以外＝0）			.035	
問21　ケータイ・ネット利用（している＝1　それ以外＝0）				－.007
問31　PCネット利用（している＝1　それ以外＝0）				.029
調整済み R^2 値	.006 ※	.004	.004	.004
N	1133	1133	1133	1133

表10　一般的信頼とモバイル・メディア利用との関連に関する重回帰分析（数値は標準化係数β，2001年調査データ）

	従属変数　問60　（a）一般的信頼		
※2001年調査	モデル1	モデル2	モデル4
問66　性別（男性＝1　女性＝0）	－.03	－.032	－.034
問67　年齢	.149***	.132***	.156***
問68　学歴（大卒以上＝1　それ以外＝0）	.018	.027	.015
問70　結婚状況（既婚＝1　それ以外＝0）	.01	.012	.013
問71　就労状況（フルタイム＝1　それ以外＝0）	.018	.02	.013
問72　世帯年収	－.019	－.015	－.024
都市規模	.008	.008	.008
問24　ケータイ・メール利用（している＝1　それ以外＝0）	.03		
問9　PCメール利用（している＝1　それ以外＝0）	.051 ※		
問25　ケータイ・メール発信数		.009	
問9　PCメール発信数（自宅とそれ以外合計）		.039	
問36　ケータイ・ネット利用（している＝1　それ以外＝0）			.042
問31　PCネット利用（している＝1　それ以外＝0）			.063*
調整済み R^2 値	.013**	.011**	.015***
N	1434	1434	1434

切である」という項目を用いた．

これを見ると，いずれのモデルも決定係数の値は高くはないものの統計的には有意であり，また宮田（2008）などが指摘していたように，ケータイ経由よりもパソコン経由の，メール利用（モデル1）やインターネット利用（モデル4）において，一般的信頼との間に正の関連が見られたということがわかる．

では，2001年（表10）と2011年（表9）の分析結果における違いについては，どのように理解したらよいのだろうか．解釈としては，これも先行研究の中などでよく言われていることだが，大きく2通りがありうるだろう．

1つには，一般的信頼が高止まりに達したのではないかという解釈である．他の章でも検討されているように，この10年間にこれらのメディア利用は急速な普及期から安定した段階へと移行した．それゆえに，一部の先行研究が主張するように，これらのメディア利用に伴って社会関係資本（特にここでは一般的信頼）が涵養されてきたのならば，それが遍く広まり，もはや高止まりに達したがゆえに，分析上は有意な関連が見出せなくなったという可能性がありうる．だが，モバイル・メディアの普及が高止まりした安定段階へと移行したのとは異なり，とりわけ社会関係資本の中でも一般的信頼については，この後も検討するように，むしろ減少の傾向が認められ，その可能性は低いと言わざるを得ない．

とするならば，もう1つの解釈として，2001年調査やこれまでの先行研究でみられていたパソコン経由でのメールやインターネット利用との間での有意な関連が，あくまで利用初期段階に限られたものなのではないか，という可能性がありえよう．つまりこれらのメディアの，普及の初期段階においてだけ，先端的な利用層に対してパソコン経由でのメールやインターネット利用経験が一般的信頼を高める効果を持っていたか，あるいはもともと一般的信頼の度合いの高い先端的な層が，先んじてパソコン経由でメールやインターネットを利用していたか，のいずれかではないかということである．

この点については，次の一般的信頼（オンライン）の分析結果も加味して，さらに解釈を深めてみたい．

3.5 一般的信頼（オンライン）とモバイル・メディア利用の関連

表11は，一般的信頼（オンライン）を従属変数にし，これまでと同様の手順（モデル1～4）およびオフラインの一般的信頼も独立変数に含めたモデル5を追加した分析の結果である．

いずれのモデルを見ても，ケータイからのメールおよびインターネット利用との間に有意な関連は見られないが，唯一，モデル4を見ると，PCネットの利用との間にだけ有意に正の関連があることがわかる．

さらにモデル5を見ると，オンラインとオフラインの一般的信頼には有意に正の関連がある．両者の肯定的回答割合の多少を鑑みれば，どちらかと言えば後者を持った人が前者をも併せ持つようになるという解釈が妥当なようには思われるが，それでもなおケータイ経由の場合とは違って，パソコン経由のインターネットの利用には，オンラインの一般的信頼との間に，有意に独立した正の関連があることがわかり，この点は，先行研究における宮田や小林，池田らの指摘が一面においては当てはまっていることを示唆している．

だが，オンラインの一般的信頼については，そもそも肯定的回答の割合も極めて少なく，さらに2001年調査では尋ねる項目を設けていなかったため，以下の議論も解釈の枠を出ないものとなってしまうが，この点について，さらに少しだけ議論を進めてみたい．

先に，オンラインの一般的信頼について，基本属性との関連を検討した際に，年齢が低いほど，また学歴が高いほど，高い傾向があると述べたが（表11のいくつかのモデルでは，メディア利用やオフラインの一般的信頼を独立変数に投入すると，こうした関連は一部では消えてしまっているが），このうち年齢との関連を図示してみたのが図6である．

ここでは概ね10歳刻みの年齢層ごとに，オンラインの一般的信頼に関する分布状況を図示しており，たしかに12～19歳で5.8%，20～29歳で4.3%と，下の年齢層で相対的に多くなっているのがわかるが，その一方で，40～49歳においても5.4%と前後の年齢層よりも有意に多くなっていることに注目したい（χ^2検定で5%水準の有意性）．

というのも，この年齢層は日本社会にインターネットが普及し始めた1990年代中盤においては20代後半～30代前半であり，パソコン通信などを母体と

表 11　一般的信頼（オンライン）とモバイル・メディア利用との関連に関する重回帰分析（数値は標準化係数 β，2011 年調査データ）

	従属変数　問 55（e）一般的信頼（オンライン）				
	モデル 1	モデル 2	モデル 3	モデル 4	モデル 5
問 66　性別（男性＝1　女性＝0）	.052	.044	.044	.043	.06 ※
問 67　年齢	－.049	－.078*	－.068	－.037	－.042
問 68　学歴（大卒以上＝1　それ以外＝0）	.073*	.082*	.08*	.068*	.05
問 71　結婚状況（既婚＝1　それ以外＝0）	.019	.023	.023	.022	.02
問 73　就労状況（フルタイム＝1　それ以外＝0）	－.007	.001	0	－.004	－.01
問 74　世帯年収	.015	.031	.033	.01	－.005
都市規模	－.002	.001	－.001	－.006	－.011
問 13　ケータイ・メール利用（している＝1　それ以外＝0）	.052				
問 33　PC メール利用（している＝1　それ以外＝0）	.045				
問 14　ケータイ・メール送信数		－.022	－.025		
問 33　PC メール送信数		.02	.019		
問 41　SNS 利用（している＝1　それ以外＝0）			.026		
問 21　ケータイ・ネット利用（している＝1　それ以外＝0）				.009	.012
問 31　PC ネット利用（している＝1　それ以外＝0）				.099**	.091**
問 55（a）ほとんどの人は信頼できる（一般的信頼）					.32***
調整済み R^2 値	.018**	.014**	.014**	.021**	.122***
N	1126	1126	1126	1126	1125

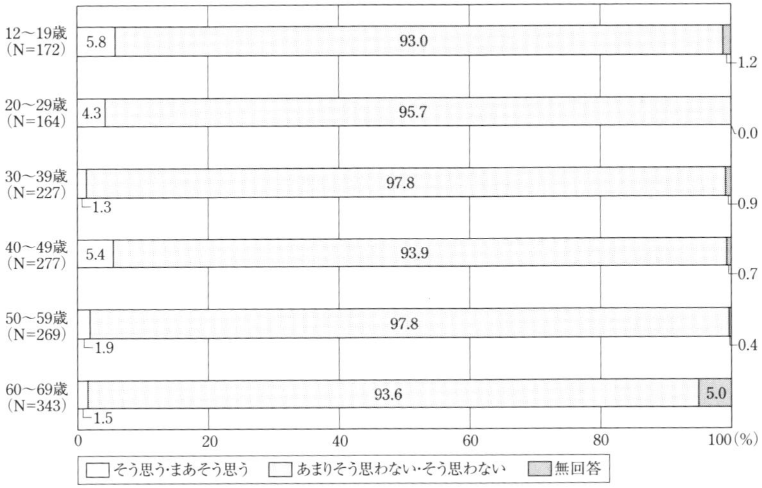

図 6　年齢層ごとの一般的信頼（オンライン）の分布

した先駆的なオンライン・コミュニティの形成において，中心的な役割をなした層と考えられるからである．

筆者は2010年に，そうしたオンライン・コミュニティの典型的な事例について全数調査を実施したことがあるが（辻，2011a），回答者のほぼ半数を40～49歳が占めていたこのオンライン・コミュニティにおいては，同様の項目を用いたところ，オンラインの一般的信頼（肯定的割合が18.4%，以下同様）だけでなく，オフラインの一般的信頼（54.8%）や互酬性の規範意識（55.3%）についても，2011年調査の結果と比べて高い傾向がうかがえた．

こうした結果をもとにするならば，一般的信頼に関して，パソコン経由でのメールやインターネット利用との間での有意な関連が，あくまで利用初期段階に限られたものではないかという先ほどの2通り目の解釈のほうが可能性が高いのではないだろうか．

つまり，まずオンラインの一般的信頼について言えば，2011年調査の結果においても，パソコン経由のインターネット利用との間で有意な正の関連が見られたが，それは特に，利用し始めたばかりの若年層か，かつてのオンライン・コミュニティ黎明期を支えた特定コーホートに限定的に見られる現象の可能性がある．ゆえにそうした現象は，今後もさらにオフラインの一般的信頼へと広がっていくものというよりは，時が経つにつれ薄れていくものと，予想せざるを得ないのではないだろうか．

それゆえに，オフラインの一般的信頼について，2001年調査の結果においてみられたパソコン経由のインターネット利用との関連も，2011年調査の結果では全く見られなくなってきているのではないだろうか．つまり，利用初期段階に限って見られていた関連が，今日ではもはや見られなくなりつつあるのではないだろうか．

一般的信頼は，社会関係資本の中でも大きな核をなす主要概念と言われるが，それがもはやモバイル・コミュニケーションとは関連がなくなりつつあるのだとしたら，それはそれで大きな知見と言わざるを得ないだろう．

4　まとめ

4.1　社会関係資本は衰退しつつあるのか

ここまでの分析結果を振り返ると，社会関係資本を構成する概念の中でも，モバイル・コミュニケーションとの関連は，それぞれにやや異なっていたことがわかる.

例えば友人数などは，10 年前と変わらずにケータイ・メールとの結び付きが見られた．あるいは別な言い方をすれば，社会関係資本に関する概念の中で，モバイル・コミュニケーションと有意に関連があるのは，ほぼ友人数だけであったとも言える.

互酬性の規範意識は，基本属性を統制すると，ケータイやパソコン経由のメールやインターネット利用と間で有意な関連が見られなかった.

そして一般的信頼については，オンライン上のそれについては今でも部分的にパソコン経由のインターネット利用との間に関連が見られたものの，オフラインのそれについては，もはやケータイ経由だけでなく，パソコン経由のインターネットやメール利用との間でも，有意な関連が見られなかった．こうした結果の解釈としては，高止まりに達しつつあるからというよりは，むしろ新しいメディアの利用初期段階の効果や関連性が薄れたからではないかと考えられた．そしてこのことは，社会関係資本が徐々に衰退しつつあるのではないかということを予感させるものでもある.

たしかに，すでに触れてきたように，先行研究においては，とりわけ一般的信頼などについて，その低下傾向を指摘するものがいくつか存在する（辻，2006；木村，2012）.

ここでは，辻大介が分析した 2005 年の全国調査と，モバイル・コミュニケーション研究会が行った 2001 年および 2011 年調査の結果を加味して，一般的信頼の経年変化を検討してみよう．図 7 はこれら 3 つの調査における一般的信頼に関する項目を比較してみたものである.

3 つの時点を共通して比較できる項目は設けられていないのだが，2001 年と 2005 年では，「ほとんどの人は基本的に善良で親切である」という項目が共通

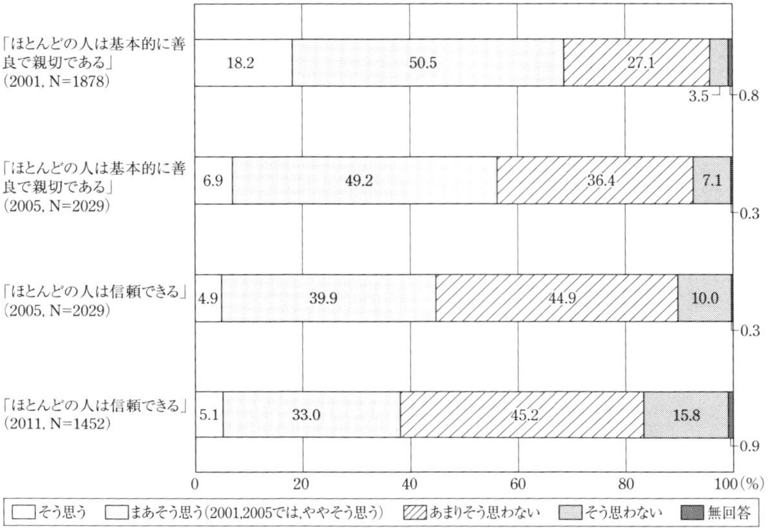

図7　一般的信頼の経年変化

していて，その肯定的回答割合は68.7%から56.1%へと低下していることがわかる．そして2005年と2011年で共通している「ほとんどの人は信頼できる」という項目を見ると，同じく44.8%から38.1%への低下が見られ，合わせて考えると，一般的信頼が全般的に低下していく傾向を見て取ることができるだろう．

とはいえ，この間に著しく普及が進んだのがモバイル・メディアだとしても，一般的信頼の低下の全面的な原因がそこにあるというのは，もちろんミスリーディングだろう．木村（2012）も指摘するように，その原因としては，終身雇用の崩壊や非正規雇用の拡大などに代表される社会的流動化の高まりに伴った，先行きの見通しがたい不透明な社会状況などにあると思われる．つまり，そうした状況の中では，初期段階に見られていたモバイル・コミュニケーションと社会関係資本との関連性も，もはや薄れつつあるということなのだろう．

そしてさらに，モバイル・コミュニケーションと唯一，関連があると思われていた友人数についても，経年比較をすると減少傾向が示唆されることをここで触れておかないわけにはいかない．

先に2011年調査での友人数の平均値を9.42人と述べたが，同じく2001年調査では11.59人であり，平均値にして約2人減少している（t検定で0.1%水準で有意）．第6章でも触れられているように，これは全ての年齢層に共通した現象ともなっている．

では，こうした変化について，回答者のネットワーク構造について尋ねた質問項目の結果を元にさらに詳細に検討しよう．

2011年調査では「問62　同居しているご家族以外で，あなたにとって親しい人を，親しい順に最大3人まで挙げて」もらった上で，それぞれの人についての基本属性（性別や年齢，続柄）や直接会う頻度，（メディアを介して）連絡する頻度，その際に利用するメディアなどを尋ねている．2001年調査では10人まで挙げてもらっていたが，これを3人目までのデータに限定した上で，2つの調査に共通する項目を中心に，比較した結果が表12である．

表中では，2011年と2001年で比較可能な項目について，減少傾向にあるものを▼，増加傾向にあるものを△で示し，さらにそれを，回答者全体と年齢層別に記してある．だがおおむね，減少傾向にある項目が多く，さらにそれが比較的多くの年齢層に共通していることが特徴的と言えるだろう．先に全体的な友人数の減少については触れたとおりだが，この表からは，ごく親しい相手とのネットワークにおいても，いわば「関係性からの撤退」ともいうべき傾向が見て取れよう．

個別の項目について，まず増加傾向にあるものから見ていくと，連絡に用いるメディアにおいて，ケータイ経由の通話やメールがいずれの年齢層においても増加しているのが目につく．そして，親しい相手の住まいまでの距離についても平均値で64.99分から84.27分へと増加しており，より遠くにいる相手とも親しい関係性が保持できるようになってきたことがわかる．

その一方で減少傾向にあるものを見ていくと，連絡に用いるメディアについては，ケータイと入れ替わりに，固定電話やファックス，手紙だけでなく，パソコンからのメールも減少している．さらに興味深いのは，直接会う頻度だけでなく，メディアを介して連絡する頻度も減少していることであろう．ケータイという，より身近に使えるメディアの普及にもかかわらず，連絡頻度が減少していることは，ある意味で逆説的であり興味深い結果と言える．

表12　ネットワークの経年変化

	2011			2001									
	N	平均値	標準偏差	N	平均値	標準偏差	全体	10代	20代	30代	40代	50代	60代
問62　親しい人（0～3人）	1452	2.41	.98	1878	2.39	1.05							
問62〔A～C〕（a）異性比率	1320	.12	.23	1660	.15	.25	▼***			▼*		▼※	
問62〔A～C〕（b）異年齢比率（上下10歳以上）	1320	.15	.27	1660	.18	.31	▼***			▼***	▼**		▼*
問62〔A～C〕（c）友人比率	1320	.75	.36	1660	.68	.39	△***			△**	△**		△*
問62〔A～C〕（d）直接会う頻度（平均得点，1～5）	1320	2.51	1.22	1660	2.74	1.24	▼***		▼*	▼**	▼**	▼***	▼*
問62〔A～C〕（e）①固定電話の通話（比率）	1320	.25	.38	1660	.63	.44	▼***	▼***	▼***	▼***	▼***	▼***	▼***
問62〔A～C〕（e）②携帯電話の通話（比率）	1320	.62	.43	1660	.41	.45	△***			△***	△***	△***	△***
問62〔A～C〕（e）③携帯電話のメール（比率）	1320	.56	.45	1660	.21	.38	△***	△*	△***	△***	△***	△***	△***
問62〔A～C〕（e）④パソコンのメール（比率）	1320	.05	.19	1660	.07	.22	▼***		▼***	▼**			
問62〔A～C〕（e）⑤パソコンのチャット・ビデオ通話（比率）	1320	.01	.09	1660	.00	.04	△***	△*	△*	△*	△*		
問62〔A～C〕（e）⑥SNS・ブログ（比率）	1320	.04	.16										
問62〔A～C〕（e）⑦ファックス（比率）	1320	.01	.07	1660	.03	.14	▼***	▼*		▼***	▼***		▼※
問62〔A～C〕（e）⑧手紙（比率）	1320	.04	.15	1660	.06	.20	▼***	▼**	▼*				▼※
問62〔A～C〕（e）①～⑧多重通信手段（0～8）	1320	1.57	.76	1660	1.41	.71	△***			△**	△***	△***	△***
問62〔A～C〕（f）連絡する頻度（平均得点，1～5）	1320	2.59	1.07	1660	2.77	1.17	▼**		▼*	▼※			
問62〔A～C〕（g）①政治や社会についての話をする	1320	.15	.32										
問62〔A～C〕（g）②お金やものの貸し借りをする	1320	.07	.22										
問62〔A～C〕（g）③悩みを相談する	1320	.41	.44										
問62〔A～C〕（g）④一緒の趣味や娯楽がある	1320	.52	.43										
問62〔A～C〕（g）⑤家族ぐるみのつきあいである	1320	.25	.36	1660	.47	.44	▼***	▼**	▼*	▼***	▼***	▼***	▼***
問62〔A～C〕（g）①～④多重送信性（0～4）	1320	1.15	.86										
問62〔A～C〕（h）相手の住まい（分）	1320	84.27	187.64	1660	64.99	130.61	△***	△※		△**		△*	
問62－1 ネットワーク密度（比率）	1293	.44	.38										

そして社会関係資本との関連で言えば，親しい相手とのネットワークにおいて，異質性が低下していることも重要であろう．表12からは，異性や（上下10歳以上）年齢が異なる相手が含まれる割合が減少していることがわかる．

筆者は以前に，ケータイの普及に伴って，とりわけその中心的な利用者である若年層においてネットワークの異質性が低下する可能性を指摘したことがあるが（辻，2011b），ここではむしろ10年前と比べると，若年層よりも30代以上においてその傾向が見られることが興味深いと言えよう．

このように，ネットワークから異質性が低下し，総じて「関係性からの撤退」

「拡大から縮小へ」とも言えるような傾向が見られる結果については，意識面での変化ともパラレルなものとなっている．

すなわち，友人との関係性について尋ねた項目のうち，「今の友人も含めて，さらに友人の輪を広げたい」と答えたものは，2001年には50.7%であったのが2011年には41.7%と減少し，逆に「新しい友人を作るよりは，今の友人とさらに仲良くしたい」と答えたものが47.4%から53.7%へと増加している．

さらに「情報化」が進むことについての意識を尋ねると，「新たな人との出会いやコミュニケーションの機会が増える」という項目についての肯定的回答割合は，2001年の49.4%から2011年では42.6%と減少しているのに対し，「身近な人とのつきあいやコミュニケーションが密接になる」については，37.4%から43.5%へと増加しているのである．

本章では，これ以上のデータは持ち合わせていないが，これも他の章で触れているように，ケータイの普及についてはすでに高止まりに達しているのなら，仮にそれを経由したメール利用が友人数の多さと関連があっても，今後，継続的に友人数が増加していくということはありえないと想像されよう．

だとするならば，徐々に衰退する傾向が示されている社会関係資本についても，今後それがさらに豊かなものとなっていく兆しは，（すくなくともモバイル・コミュニケーションとの関連においては）見られないと言わざるを得ないのではないだろうか．

4.2　これからのモバイル・コミュニケーションと社会関係資本

以上の結果から，本章のタイトルである，ケータイ（あるいはそれを代表とするメディアを通したコミュニケーション＝モバイル・コミュニケーション）は社会関係資本たりうるか，という問いに答えるとすれば，残念ながら現状ではたりえず，ますますその傾向が強まってきていると言わざるを得ないだろう．

言うなれば，冒頭で取り上げたような白書類が想定あるいは期待するほどには，楽観視できるような状況にはないということであろう．

「モバイル・コミュニケーション」と言った場合に，それを媒介するメディアについては，ますますモバイルで便利なものへと進化を遂げつつあるのだが，我々のコミュニケーション自体は，先のネットワークや友人数に関する分析結果にもあったように，異質性が低下しさらに人数も減少し，実社会の「しがらみ」から解き放たれた広がりへと「モバイル」されていったというよりも，むしろ逆の傾向すらうかがえたのが象徴的であった．

だが，本当に社会関係資本が全面的に衰退しているのかどうかについては，今後も他の調査データなどを交えながら，さらに多角的にかつ精緻に検討を続けていく必要があるだろう．

少なくとも衰退傾向が全面的なものかどうかをめぐっては，そもそもネットワークと互酬性と一般的信頼という3つの概念が，パットナムが想定するほどには不可分のものではなく，むしろもう少し独立した概念なのではないかという指摘をする研究者もいる（坂本，2010b）．本章の分析でも，モバイル・コミュニケーションとの関連においてそれぞれに違った傾向が見られており，たしかに互酬性の規範や一般的信頼とは関連が見られなくなっていたが，友人数とケータイ（の特にメール）利用は強く関連していた．

とするならば，モバイル・コミュニケーションを社会関係資本の涵養に役立てる上では，これら3つの概念の関連をやや見なおしつつ，この点がヒントとなるのかもしれない．例えば，2011年調査の段階では，1割を超える程度であったスマートフォンの普及率がさらに進んだ場合，今までパソコン経由に限られていた類いのメールをモバイル・メディアで利用できるようになることが想定される．つまり，いうなれば，「ケータイ・メールのPCメール化」が進むのならば，ネットワークにおいてもそれに伴った変化が起こり，先行研究が指摘していたような社会関係資本とパソコン経由のメール利用との関連や効果が，モバイル・メディアにおいても期待できるようになるかもしれない．

ただし，もちろん逆に「PCメールのケータイ・メール化」のような事態，すなわち，既存のネットワークのありようにスマートフォン経由のメール利用が適応していくような現象も想定されないわけでない．とするならば，本章で述べてきたような事態はますます進んでいかざるを得なくなろう．

これらの点も含めて，モバイル・コミュニケーションと社会関係資本の関連については，今後もさらに検討を続けていく必要があると言えるだろう．

参考文献

相川充・藤田正美（2005）「成人用ソーシャルスキル自己評定尺度の構成」『東京学芸大学紀要第1部門教育部門』56, 87–93.

浅野智彦（2011）『趣味縁からはじまる社会参加』岩波書店.

Coleman, J. S. (1990). *Foundation of Social Theory*. Harvard University Press.

木村忠正（2012）『デジタルネイティブの時代――なぜメールをせずに「つぶやく」のか』平凡社新書.

小林哲郎・池田謙一（2005a）「携帯コミュニケーションがつなぐもの・引き離すもの」池田謙一編『インターネットコミュニティと日常世界』誠信書房, 47–66.

小林哲郎・池田謙一（2005b）「携帯コミュニケーションがつなぐもの・引き離すもの」池田謙一編『インターネットコミュニティと日常世界』誠信書房, 67–84.

小林哲郎・池田謙一（2005c）「オンラインコミュニティの社会関係資本」池田謙一編『インターネットコミュニティと日常世界』誠信書房, 148–184.

小林哲郎（2009）「地域社会とインターネット」三浦麻子ほか編『インターネット心理学のフロンティア――個人・集団・社会』誠信書房, 218–250.

宮田加久子（2005a）『インターネットの社会心理学――社会関係資本の視点から見たインターネットの機能』風間書房.

宮田加久子（2005b）『きずなをつなぐメディア――ネット時代の社会関係資本』NTT出版.

宮田加久子（2008）「情報メディアがソーシャル・キャピタルに及ぼす影響」稲葉陽二編『ソーシャル・キャピタルの潜在力』日本評論社, 143–169.

内閣府国民生活局（2003）『平成14年度　内閣府委託調査 ソーシャル・キャピタル――豊かな人間関係と市民活動の好循環を求めて』内閣府国民生活局市民活動促進課.

Norris, P. (2002). *Democratic Phoenix: Reinventing Political Activism*. Cambridge University Press.

Putnam, R. D. (1993). *Making Democracy Work: Civic Traditions in Modern Italy*. Princeton University Press.（河田潤一訳（2001）『哲学する民主主義――伝統と改革の市民的構造』NTT出版）

Putnam, R. D. (2000). *Bowling Alone: The Collapse and Revival of American Community*. Simon & Schuster.（柴内康文訳（2006）『孤独なボウリング――米国コミュニティの崩壊と再生』柏書房）

坂本治也（2010a）「日本のソーシャル・キャピタルの現状と理論的背景」関西大学経済・政治研究所『ソーシャル・キャピタルと市民参加』関西大学経済・政治研究所研究双書第150冊, 1–31.

坂本治也（2010b）『ソーシャル・キャピタルと活動する市民――新時代日本の市民政治』有斐閣.

柴内康文（2011）「情報通信技術」稲葉陽二ほか編『ソーシャル・キャピタルのフロンティア――その到達点と可能性』ミネルヴァ書房，197-216.

総務省（2009a）『ユビキタスネット社会における安心・安全なICTの利用に関する調査の請負報告書』総務省情報通信国際戦略局情報通信経済室.

総務省（2009b）『平成21年版　情報通信白書』ぎょうせい.

辻大介（2006）「社会関係資本と情報行動」東京大学大学院情報学環編『日本人の情報行動2005』東京大学出版会，263-275.

辻泉（2006）「自由市場化する友人関係――友人関係の総合的アプローチに向けて」岩田考ほか編『若者たちのコミュニケーション・サバイバル――親密さのゆくえ』恒星社厚生閣，17-29.

辻泉（2011a）「オンライン・ファンコミュニティの実態分析」苅谷寿夫・辻泉『オンライン・ファンコミュニティの実態に関する研究――鉄道フォーラム・ウェブ・アンケート調査の結果から』松山大学総合研究所所報68，29-47.

辻泉（2011b）「ケータイは：友人関係を広げたか」土橋臣吾ほか編『デジタルメディアの社会学――問題を発見し，可能性を探る』北樹出版，50-66.

山岸俊男（1998）『信頼の構造――こころと社会の進化ゲーム』東京大学出版会.

終 章

モバイルな社会性へ向けて

土橋臣吾・辻　泉

1 〈ケータイを使う人々〉の行方

以上本書では，2011年の日本におけるケータイ利用の実態，および2001年から2011年に至る10年間のケータイ利用の変化を見てきた．序章で示したように，本書の基本的な目的は，ケータイが成熟期に入った今日の時点で，あらためて，「ケータイが日常的に利用される社会とはどのような社会なのか」を考えることにあった．議論の焦点は，第1部「メディア利用の深化編」と第2部「つながりの変容編」とで異なるが，各章の記述を通じて「ケータイが日常的に利用される社会」の現実をそれぞれに描き出すことはできただろう．最終章となる本章においては，ではケータイを片手にそうした現実の中にいる私たちはいったい何者なのかというやや抽象的な問いについて考えてみたい．私たちがこの十数年で経験したケータイの普及・定着プロセスは，〈ケータイを使う人々〉という新たな社会－技術的存在が大量に生まれていく過程でもあったわけだが，それは私たちの社会にとってどのような意味を持つ事態なのだろうか．

議論のきっかけとして，まずは〈ケータイを使う人々〉の捉えどころのなさについて考えてみよう．たとえば，ごく日常的な言葉使いを見るだけでも，マスメディアの利用者については，「視聴者」「聴取者」「受け手」など，その社会的な位置・役割についてある程度明確なイメージを結ぶ呼称がある．内部に様々な差異を含むにせよ，要するにそれはマス・コミュニケーションの宛先となる人々であり，その一点において，その社会的位置ははっきりしている．これに対して，〈ケータイを使う人々〉については，私たちはそれをとりあえず

「利用者」「ユーザー」などと呼ぶしかなく，相対的にかなりの曖昧さが残る．人々が「ケータイのユーザー」であることは，人々が「マスメディアの受け手」であることと少なくとも同程度に今日の社会のあり方を規定しているはずだが，それが何者であるかについては容易に明確なイメージを結ばないのである．

もちろん，これはケータイがマスメディアに比べてはるかに流動的な使い方をされるメディアであることを考えれば当然ではある．無数の個人がそれぞれの時と場で思い思いに使うメディアである以上，その利用者像もまた流動的で不定形なものになる他ないというわけだ．だが，同時代のメディアの形がその社会のあり方を多かれ少なかれ規定するとすれば，この単純な事実自体が重要な検討事項だろう．この点についてまず，対比として確認しておきたいのは，私たちがマスメディアの利用者を「視聴者」「聴取者」「受け手」などと呼ぶとき，そこにはある種の社会集団が想定されているという点だ．つまりは同じ時間帯に同じ番組／紙面に接触し，それを共通体験として蓄積・共有する人々である．そして多くの論者が指摘してきたように，それはたとえばテレビの全国放送という制度を通じて国民なるカテゴリーを作り出す契機ともなるだろう．その意味で，マスメディアは明らかに私たちの社会を繋ぎ止める社会統合のメディアなのである．

だとすれば，〈ケータイを使う人々〉の輪郭が曖昧なものにしかならないという事実は，ケータイがそうした社会統合のプラットフォームとしては機能しないメディアであることを示唆している．実際，ネットであればまだ，たとえば「ネット民」といった言葉のリアリティと共に，ユーザーが自らを（問題含みではあれ）オルタナティブな世論を担う集団，ある種の社会性，公共性を担う集団として位置づけることもある．だが，ケータイについてはそのようなことさえほとんどない．先に見たように，これはケータイが徹頭徹尾パーソナルなメディアであることを考えれば無理もない．だが，それこそケータイが成熟期を迎え，人々のコミュニケーションの確固たるインフラとして定着しているにもかかわらず，そこにパーソナルな次元を超える社会性・公共性への契機をまったく見出せないなら，それはある種の機会損失とも言えるのではないだろうか．ケータイがたんに個人化を促進するだけのメディアだとすれば，「ケー

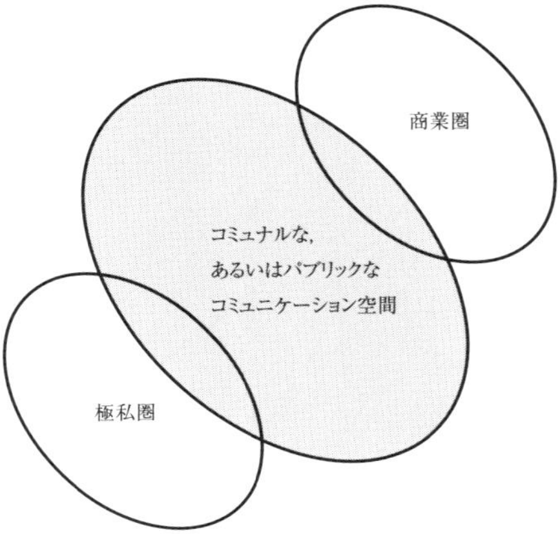

図 1　極私圏と商業圏への二極化
出典：水越（2007）：40

タイが日常的に利用される社会」は，むしろ社会の厚みをやせ細らせていく社会になるかもしれないのである．

こうした問題意識は，たとえば「ケータイ利用の二極化」に早くから警鐘を鳴らしていた水越伸の議論を参照するとより具体的になる．水越が指摘するのは，要するに，私たちのケータイ利用が「プライベートなおしゃべりやメールのやりとりなどからなる，いわば極私圏と，ネットを介したモノやサービスの売買，交換といった商業圏での活用に二極化」していく傾向についてだ（水越，2007: 41）．やや戯画的な描写になるが，ケータイをもっぱら親しい人とのやりとり（極私圏）と携帯ゲーム（商業圏）にしか使わないユーザーを想起すれば，その姿をイメージできるだろう．そこには，極私圏と商業圏の間にありうるはずの「コミュナルでパブリックなコミュニケーション空間」で活用されるケータイの姿がほとんど見えてこないのである（図 1）．水越の議論は 2000 年代半ばの状況を踏まえてのものなので，ソーシャル・メディアの展開など，より今日的な事態までは念頭に置いていない．だが，本書で見てきたように，少なくとも 2011 年の時点ではソーシャル・メディアの利用には未だ大きな偏りが残っているし，水越の認識は今日でも大枠で妥当なものだろう．

実際，本書の各章の議論を振り返ってみても，ケータイの利用が私的なコミュニケーションを超えた社会性や公共性の領域へ人々を繋ぎ止めていく，あるいは開いていく契機を見出すことは容易ではない．むしろ，いくつかの章で明確に論じられているように，ケータイの利用がそうした効果を持たないことを示すエビデンスのほうが目立つ，というのが実情だったのである．簡単に振り返っておくなら，まず辻泉が第8章で論じたように，ケータイの利用と人々の社会関係資本の関係を追っていくと，一般的な期待とは裏腹に，ケータイのコミュニケーションが人々の社会関係資本を豊かにしているわけではないことが明らかになってしまう．辛うじて確認できるのは，ケータイ・メールの利用と友人数における弱い関連のみであり，ケータイのコミュニケーションは，一般的信頼や互酬性の規範の涵養に貢献してはいない．また，ケータイ利用と市民的参与の関係を検討した辻大介の第3章によれば，PC ネットの利用が市民的参与行動と関連するのに対して，ケータイ・ネット利用においてはそうした関連は見られず，そこでのデバイドが「民主主義デバイド」を拡大していく可能性までが指摘されている．

以上のように見るなら，冒頭で発した問い，すなわち〈ケータイを使う人々〉の登場は私たちの社会にとってどのような意味を持つのか，という問いに対して暫定的な答えを与えることができるだろう．見てきたように，少なくともそれは現状では，これまでの私たちの社会の厚みを増していくような方向へは向いていない．個人の裁量で自由に使えるメディアを持った私たちは，それによって新たな社会性や公共性へ向かうのではなく，むしろそうした領域をオミットするという選択をしつつあるように見えるのである．冒頭で見たように，テレビに代表されるマスメディア，すなわち，その利用者を同じ情報が流れる画面の前に同期的に固定するメディアが，その時空間的構造を通じて，人々を自動的に何らかの社会性・公共性に巻き込んでいくのに対し，個人が個人の裁量で扱うことのできるケータイにはそうした契機がない．だからこそ，一方では，自由なコミュニケーションによる自発的な市民社会形成が期待されもするのだが，他方でそれは，そうした社会性・公共性から降りる自由も保障してしまうのである．

2　モバイルな社会性，公共性へ

では，それはケータイがあらゆる意味での社会統合を浸蝕し，社会解体へ向かわせるメディアであることを意味するのだろうか．おそらくそう簡単には言い切れないし，より実際的な問題として，「成熟するモバイル社会」のさらに先を考えるのなら，それとは別のシナリオを積極的に探っておく必要もあるだろう．では，どのような議論が可能だろうか．マスメディアを対比に置いた時点ですでに明らかだが，本章はここまで，メディアを起点に立ち現れる社会性・公共性を，その20世紀的なあり方を念頭に議論をすすめてきた．つまりは，産業社会の仕組みとマスメディア的な情報社会の仕組みが相補的に機能するような社会である．だが，実のところ，今日の社会的・技術的環境で同じ前提を共有する必要はない．だとすれば，少なくとも論理的には，ケータイのようなモバイル・メディアには，マスメディア的なそれとは異なるそれ独自の社会性・公共性の形というものもありうるし，現時点でもその萌芽を探ることはできるように思われる．

この点について考えるために，アンソニー・ギデンズが国民国家を論じた際に用いた「脱埋め込み－再埋め込み」の概念を想起しておくのがよいだろう(Giddens, 1990＝1993)．近代社会のメルクマールを時間と空間の分離に見る彼の議論を経由するなら，先の議論もまた別の含意をもつことになるからである．まず確認しておきたいのは，初期のマスメディアが国民としての社会統合に資するというとき，それに先立って，人々が時間と空間の未分化な前近代的な共同体から「脱埋め込み」されていく経緯があったという単純な事実である．つまり，「標準時」という概念が示すような，空間を超えて時間が共有される新たな近代社会への「再埋め込み」は，あくまでそれを前提にして起きたのであり，マスメディア的な社会統合もそうしたプロセスの延長にあったのである．マスメディアは社会的真空に突如現れて社会統合を果たしたわけではない．それはある特定の形で「脱埋め込み」された人々を文字通り「再埋め込み」していったのである．

このように見るなら，今日のモバイル・メディアをめぐる状況も，決して単線的に捉えることのできない複雑さを帯びたものとして現れてくるだろう．つまり，今日のケータイを中心とするモバイル・メディアをめぐる状況においては，一見，時間と空間のありようがさらにルーズになる「脱埋め込み」ばかりが進んでいくように見える．そして，それはもちろんモバイル・メディアのみによってではなく，マクロな産業構造や諸個人のライフスタイルの変容と深く関わりながら進展しているという意味で根底的な変化だろう．だが，それがすべてというわけではおそらくない．私たちがかつてのそれとは異なる新たな「脱埋め込み」を経験しつつあるとすれば，マスメディアがかつて「再埋め込み」のメディアとして機能したように，その先には，モバイル・メディアが積極的な役割を果たす形でなされる新たな「再埋め込み」の可能性もある，というわけだ．

もちろん，ギデンズ自身が「脱埋め込み－再埋め込み」の概念を持ち出した際に企図していたのは，どちらかといえば既存の国民国家のバージョンアップ，あるいは，その枠の中で社会の厚みを増すことであり，この点については留保が必要だろう．だが，ギデンズの議論に汎通性を認めるとすれば，同じ道具立てで今日の状況を考えることも許容されるように思われるし，そこには一定の意義もある．どういうことか．見てきたように，確かにケータイというメディアにおいては，そのコミュニケーションも，利用者像も，流動的で不定形なものになりやすい．だが，ギデンズを経由しつつ，それを新たな形での「脱埋め込み」と捉えるなら，それを無理に従来の社会統合の形に組み込もうとするより，そうした新たな「脱埋め込み」に対応した，別の形の「再埋め込み」のありようを想像することのほうが現実的な課題なのではないか，という着想が得られるのである．

では，それは具体的にどのようなものとして構想されるのだろうか．ごく素朴に考えるなら，〈ケータイを使う人々〉が流動的で不定形なままに，しかし，それを社会と名指しうるような何かを形成していく可能性を探ることがまず重要だろう．つまりは，明確に境界付けられ，固定化された社会性や公共性の領域を考えるのではなく，流動化し個人化した生活を送る人々が，そのままの形で，時と場合に応じてゆるやかに参入していけるような社会性・公共性のあり方の可能性である．

この点ではいくつかの先行研究が示唆に富むが，否定的・肯定的両方の見解を示すものを取り上げてみよう．たとえば，ジグムント・バウマンは，そうしたイメージに近い共同体のありようを，「クローク型共同体」ないし「カーニバル型共同体」と呼んで批判する．すなわちそれは流動化の進んだ近代社会における「特有の社会的混乱の病理学的兆候に，そして，その要因にさえなって」おり，「人間の孤独を永久化する」とまで指摘している（Bauman, 2000＝2001: 260）．だがこうした指摘は，繰り返すように，あくまで社会性・公共性の従来的なあり方を念頭に置いており，新たな可能性を見逃してしまっているとは言えないだろうか．

一方で，マニュエル・カステルは，第三世界における社会運動やインターネット開発の経緯に触れながら，必ずしも従来的なあり方を経由せずとも，流動化・個人化したままにネットワークを形成しうる可能性を指摘し，それを「ネットワークされた個人主義」と呼んでいる．そしてさらに，近年のモバイル・メディアの進展にも触れつつ，それが「個人化されたネットワーキングが多数の社会的な場へと拡張するきっかけを増やし，こうして個人が社会の下部から社会性の構造を再建する能力を高める」ものであると期待を寄せている（Castells, 2001＝2009: 150）．

こうした議論を参照した上で，本章では，ケータイに代表されるモバイル・メディアをプラットフォームに，流動化・個人化が進展し，今以上に時間と空間の結びつきが緩やかになりつつも，そのようなものとして営みうるような社会のありようを，さしあたり「モバイル・ソーシャリティ（モバイルな社会性）」と呼び表しておきたい．そしてさらに「モバイル・ソーシャリティ」には，これまでの“公共性”という概念を読み込みにくいということも付け加えておきたい（だから，“ソーシャリティ＝社会性”なのである）．というのも，公共性という概念自体が，「公／私」という実体的にフィックスされた空間の分離を前提としているが，モバイル・メディアはこれを無化していくからである．

それは換言すれば，これまでのような公共性の領域を経由せず，個々人がダイレクトに社会へとかかわっていく変化が生じつつあるということでもあるが，私たちがここでイメージしたいのは，「むき出しの無力な個人が社会の荒波に放り出される」といった疎外感に特徴付けられるような場ではない．先に紹介したカステルが述べていたように，考えたいのはあくまで，流動化・個人化したままにネットワークを形成し，分断されつつ統合されているような，そうした社会性のあり方なのである．そして，きわめて萌芽的なものに過ぎないとはいえ，今日の技術的条件のなかで，そうした社会性のあり方へ近づきつつある具体的な事例もいくつか挙げることができる．

たとえば，未だ私たちの日常的なメディア利用からは距離があるとはいえ，近年注目を集めているゲーミフィケーションといった発想は，ここでの議論を具体的に展開していく上でひとつの先行事例になるだろう．周知のように，ゲーミフィケーションとは，人々の参加と協働を調達するゲームの手法をゲーム以外の活動へ応用することの総称であり，その意味では，動員のテクノロジーにもマーケティングツールにもなる．だが，「ゲーム」という設定は，個人が自分の好きなタイミングで参加できる場であること，さらには，人格の一部で関与できる場であることを保障するという意味で，分断されつつ統合された社会的な場の可能性を示唆している．実際，分野の代表的な論者であるジェーン・マクゴニガルが取り組むように，こうした手法はすでに社会問題の解決などへも応用されつつあり，そこでは不特定多数の部分的な貢献の蓄積が大きな成果へ結実しつつある（McGonigal, 2011＝2011）．

もちろん，こうした事例はあくまでひとつのイメージを得るためのものに過ぎず，それがモバイル・メディア環境の下であり得る新たな社会性のすべてを体現しているわけではない．また，いうまでもなく，それがモバイル社会の現在，あるいは今後の問題を一掃してくれるわけでもない．実際，これに類した事例は，ゲーミフィケーション以外にも，先に見たカステルも参照するオープン・ソースによる開発や，やはりここ数年注目を集めているオープン・データ，オープン・ガバメントの動向などいくつも発見できる．そして，それらとて万能な処方箋というわけではなく，たとえば，そうした場の設定自体が，そこに参加できる人と参加できない人の差を拡大する，といった基本的な問題を含んでいる．

だが，それでもこうした事例が重要なのは，こうした場の存在を前提としたとき，ケータイをはじめとするモバイル・メディアが，社会からの離脱を促す装置としてではなく，社会へ参加するための装置として見えてくるからである．

それは，個々の事例の具体的な成果／問題において重要なだけでなく，「成熟するモバイル社会」のさらなる成熟を構想するときのリソースとして重要なのである．本書で見てきたのは，一言でいえば，社会の成員の大半が〈ケータイを使う人々〉になりつつある状況で私たちがどのような現実を経験しているか，だったといえるだろう．だとすれば，次の課題として重要なのは，モバイル社会の次の現実をいかにつくっていくかであり，本章でひとまず到着したモバイル・ソーシャリティという萌芽的なアイデアはそうした課題へと向けられている．

参考文献

Bauman, Z. (2000). *Liquid Modernity*, Polity Press.（森田典正訳（2001）『リキッド・モダニティ——液状化する社会』大月書店）

Castells, M. (2001). *The Internet Galaxy: Reflection on the Internet, Business, and society*. Oxford:Oxford University Press（矢澤修次郎・小山花子訳（2009）『インターネットの銀河系——ネット時代のビジネスと社会』東信堂）.

Giddens, A. (1990). *The Consequence of Modernity*, Polity Press（松尾精文・小幡正敏訳（1993）『近代とはいかなる時代か？——モダニティの帰結』而立書房）.

McGonigal, J. (2011). *Reality Is Broken: Why Games Make Us Better and How They Can Change the World*, Penguin Press.（妹尾堅一郎・武山政直・藤本徹・藤井清美訳（2011）『幸せな未来は「ゲーム」が創る』早川書房）

水越伸（2007）『コミュナルなケータイ——モバイル・メディア社会を編みかえる』岩波書店.

第3部

調査票（単純集計結果）・経年比較

【付属資料】2011年調査票および単純集計結果／2001年調査・2011年調査経年比較結果

携帯電話の利用に関する調査

○この調査票に記載された内容については，統計として取りまとめるだけで，皆様の個人的な内容はいっさい明らかにされることはありませんので，ご安心してご回答ください．
○この調査は，12歳以上69歳までの全国で2,500人の方々が対象となります．

〔ご記入に際してのお願い〕

1）この調査は，**お願いしたご本人様ご自身で**ご記入をお願いいたします．
2）お答えは，あてはまる選択肢の番号を○印で囲んでいただくか，数字をご記入ください．
　また，「その他」の（　）内はなるべく具体的に言葉をご記入ください．
3）お答えは原則的に1つの質問につき1つ選んでいただきます．
4）ご記入は，質問の番号や矢印（→）の指示にそってお願いします．一部の方だけにお答えいただく質問もありますので，その場合は，【　】内の指示に従ってお答えください．
5）ご記入は鉛筆または黒・青のペン，ボールペンでお願いします．
　なお，記入上おわかりにならない点などがありましたら，お伺いした調査員にお尋ねいただくか，下記の実施機関である（社）新情報センターにお問い合わせください．

〔ご記入例〕

	したことがない	昔はしたが今はしない	月に一回以下	週に一回以下	週に数回	ほぼ毎日する
a　音楽を聴く（ダウンロードを含む）	1	2	③	4	5	6

〔回収日時〕
ご記入いただきました調査票は＿月　日　時頃に調査員が回収にお伺いします．それまでにご記入くださいますようお願い申し上げます．

2011年11月

【調査企画】

中央大学文学部教授　松田美佐
法政大学社会学部准教授　土橋臣吾
東京学芸大学教育学部准教授　浅野智彦
大阪大学大学院人間科学研究科准教授　辻大介

調査員氏名	点検者氏名

―
地点　　　　対象

問1　あなたは，現在，携帯電話・PHS・スマートフォンなどを利用していますか．また，ご利用の方は何台利用していますか．あてはまるものに**いくつでも○**をつけて，（　）内に台数をご記入ください．　N=1452

1. 携帯電話　81.9%（N=1189，1台92.9% 2台6.1% 3台0.3% 4台0.4% 5台0.3%　NA0.1%）
2. PHS　2.3%（N=34，1台94.1%　2台2.9%　NA2.9%）
3. スマートフォン（iPhoneなど）12.1%（N=176，1台93.8%　2台5.1%　3台0.6%　NA0.6%）
4. どれも利用していない　8.3%　DKNA0.3%

【問1で「4. どれも利用していない」と答えた人にお聞きします】

問1-1　あなたが携帯電話などを利用していないもっとも大きな理由は何ですか．

理由：（省略）

→（問31へ）

【問2～問30は，携帯電話（PHS・スマートフォンなどを含む）を利用している方にお聞きします】

問2　あなたが携帯電話を使い始めたのは，西暦でいうと何年ごろからですか．　N=1328

西暦（　最頻値は2000　）年ごろから使い始めた　NA.1.3%

【問3～問7については，現在もっとも利用頻度の高い1台についてお答えください】

問3　その携帯電話の利用料金は，月平均いくらくらいですか．電話，メール，ウェブ利用料金など**すべてを含んだ金額**でお答えください．あてはまる番号**1つに○**をつけ，「1」と答えた方は金額を記入してください．　N=1328

1. 月におよそ　平均6856.03　円ぐらい　2. よくわからない　10.2%　NA.0.4%

問4　その料金の請求書はだれを宛先に発行されていますか．下の中から**1つだけ○**をつけてください．N=1328

1. 自分　60.8%　2. 自分以外の家族など　34.5%　3. 勤務先　4.1%　4. その他　0.5%　NA0.2%

問5　あなたの携帯電話には，何件の連絡先が登録されていますか．登録されてない場合は「0」と記入してください．

平均128.77件　NA.1.7%　N=1328

問6　あなたは，ご自分の携帯電話の連絡先を，どの範囲の人（プライベートな関係の人に限る）に教えていますか．下の中から**1つだけ○**をつけてください．　N=1328

1. 誰でも教える　8.4%
2. 必要に応じて，教えたり教えなかったりする　70.7%
3. ごく限られた相手にしか教えない　20.3%
4. 誰にも教えない　0.3%

NA0.2%

問7　ご自宅での携帯電話の利用状況は，以下の中のどれにもっとも近いですか．**1つだけ○**をつけてください．　N=1328

1. いつでも出られるように手元に置いておく	56.9%	
2. 決まった場所に置き，いつも電源を入れておく	40.7%	
3. かかってくることがわかっている時のみ，電源を入れておく	1.7%	
4. 常に電源を切っておく	0.7%	NA0.2%

携帯電話（PHS・スマートフォンなどを含む）では，電話（通話），メールの送受信，ウェブ（ホームページ）閲覧などができます．

まず，電話（通話）としての利用についてお聞きします．携帯電話を複数台お持ちの方は，**通話について現在もっとも利用頻度の高い1台**についてお答えください．

問8　あなたは携帯電話を使って，1日に何回くらい電話をかけたり受けたりしますか．あてはまるものに**1つだけ○**をつけてください．　N=1328

1. 1日に10通話以上	8.1%	4. 1日に1～2通話	26.4%	7. 週に1通話以下	13.1%
2. 1日に5～9通話	8.5%	5. 週に5～6通話	8.4%	8. 電話はまったく使わない	1.4%
3. 1日に3～4通話	13.9%	6. 週に2～4通話	20.1%	NA0.2%	→(問13へ)

問9　あなたが携帯電話を使ってかける電話のうちプライベートな電話の割合は大体どのくらいですか．あてはまる番号**1つに○**をつけ，「**1**」と答えた方は（　）に割合を記入してください．　N=1308

1.（　平均6.54割　）　2. プライベートでは使わない　3.1%　NA.0.5%

「プライベートでは使わない」は「0」として集計　→(問11へ)

問10　あなたがふだん携帯電話を使って，プライベートでよく電話する相手はどなたですか．あてはまるものに**いくつでも○**をつけてください．　N=1261

1. ふだんよく会う友人	41.1%	5. 親せき	16.5%	
2. あまり会わない友人	12.5%	6. 仕事関係の人	23.4%	
3. 恋　人	7.1%	7. その他	2.8%	
4. 家　族	83.7%	（具体的に　　）		NA　0%

問11　一般的に，携帯電話には，かかってきた相手の電話番号や名前が表示されます．あなたは，その表示を見て，相手によっては電話に出ないことがありますか．あてはまるものに**1つだけ○**をつけてください．　N=1308

1. よくある　9.6%　2. 時々ある　34.4%　3. ほとんどない　38.8%　4. まったくない　16.4%　NA0.8%

問12 あなたが携帯電話で電話をかける場所としてはどこが多いですか．下にあげた中であてはまる場所に**いくつでも○**をつけてください． N=1308

1. 自宅 78.5%	4. 駅・バス停 12.9%	7. 電車・バスの中	1.7%	
2. 職場 40.1%	5. 路上・街頭 29.7%	8. 飲食店・レストラン・喫茶店	5.1%	
3. 学校 4.1%	6. 自動車の中 26.5%	9. その他	4.7%	NA0.3%
		（具体的に　　）		

次に，携帯電話でメール（携帯電話同士でやりとりするショートメッセージも含む）を送受信することについてお聞きします．携帯電話を複数台お持ちの方は，**メール利用について現在もっとも利用頻度の高い1台**についてお答えください．

問13 あなたは，携帯電話のメールを使っていますか． N=1328

1. 使っている 88.2%　　2. 使っていない 11.7%　　NA0.1%

→（問21へ）

問14 あなたは，携帯電話のメールを週に何通くらい送信していますか．あてはまる番号**1つに○**をつけ，「**1**」と答えた方は（　）に数字を記入してください． N=1171

1. 送信は，週に（ 平均23.04 ）通くらい　　2. メールはほとんど送信しない 8.3%　　NA0.5%
「ほとんど送信しない」は「0」として集計

問15 あなたの携帯電話のメールのうちプライベートなメールの割合は大体どのくらいですか．あてはまる番号**1つに○**をつけ，「**1**」と答えた方は（　）に割合を記入してください． N=1171

1. （ 平均 7.93 ）割くらい　　2. プライベートでは使わない 2.8%　　NA0.6%
「プライベートでは使わない」は「0」として集計　→（問17へ）

問16 あなたがふだん携帯電話のメールを使って，プライベートでよく連絡をとる相手はどなたですか．あてはまるものに**いくつでも○**をつけてください． N=1131

1. ふだんよく会う友人 54.7%	4. 家　族 79.8%	7. その他 2.6%	
2. あまり会わない友人 29.8%	5. 親せき 13.9%	（具体的に　　）	
3. 恋　人 9.3%	6. 仕事関係の人 18.9%		NA 0%

問17　あなたが現在，携帯電話のメールのやりとりをしている相手の中に，次のような人は何人くらいいますか．いない場合は「0」と記入してください．　N=1171

(a)　最近はほとんど会わないが，メールで連絡を取り合っている人は	（平均2.88）人	0人42.5%	NA2.0%
(b)　メールのやりとりだけで，まだ一度も会ったことがない人は	（平均0.20）人	0人90.7%	NA4.5%
(c)　メールのやりとりから，直接会うようになった人は	（平均0.38）人	0人88.3%	NA4.4%

すべて「0人」も含む平均値

問18　あなたが携帯電話でメールする場所としてはどこが多いですか．下にあげた中であてはまる場所に**いくつでも○**をつけてください．　N=1171

1. 自宅　89.0%	4. 駅・バス停　17.5%	7. 電車・バスの中　22.6%	
2. 職場　40.4%	5. 路上・街頭　22.0%	8. 飲食店・レストラン・喫茶店　16.4%	
3. 学校　6.2%	6. 自動車の中　23.6%	9. その他　1.3% （具体的に　　　）	NA0.9%

問19　下にあげた中で，あなたにあてはまることに**いくつでも○**をつけてください．　N=1171

1. 携帯電話でメールを打つのは，おっくうだ	30.4%	
2. 友人からメールが来たら，すぐに返事を出すのが礼儀だと思う	45.5%	
3. 毎日のように会う友人とメールをやりとりしたり，携帯電話で話をする	13.0%	
4. メールの方が，電話より相手に気兼ねせずに連絡できる	51.8%	
5. 友人にメールを送ってもすぐに返事がなければ，無視されたような気がする	11.7%	
6. メールアドレスをよく変更するほうだ	1.4%	
7. あてはまるものはない	11.2%	NA0.9%

問20　あなたは，ご自分の携帯電話を使って，次のようなことをしたことがありますか．あてはまるものに**いくつでも○**をつけてください．なお，ここでいう団体とは仕事以外の集まり（趣味のサークル，ボランティアサークル，習い事，PTA，町内会など）を指します．　N=1171

1. 自分が関係する団体やその団体のメンバーからの連絡用として，メーリングリストに登録する		29.8%
2. 家族が関係する団体やその団体のメンバーからの連絡用として，メーリングリストに登録する		7.9%
3. 家族が関係する団体やその団体のメンバーとの連絡のために，自分の携帯電話やメールを使う		11.3%
4. 自宅に出前や宅配便を届けてもらうために，自分の携帯電話やメールを使う		23.4%
5. お店からの連絡を，自分の携帯電話やメールにもらう		41.2%
6. 家庭に届いた贈り物のお礼を伝えるために，自分の携帯電話から連絡する		19.5%
7. あてはまるものはない	33.0%	NA1.1%

次に，ご自身の携帯電話（PHS・スマートフォンなどを含む）で，インターネット（ウェブ，アプリなど）を利用することについてお聞きします．携帯電話を複数台お持ちの方は，**インターネット利用について現在もっとも利用頻度の高い1台**についてお答えください．

問21　あなたは，自分の携帯電話でインターネットを利用していますか．　N=1328

1. 利用している　52.3%	2. 利用していない　47.5% →（問28へ）	NA0.2%

問22　あなたは，どのくらい頻繁に，プライベートで携帯電話を使ってインターネットにアクセスしていますか．あてはまるものに**1つだけ○**をつけてください．　N=694

1. 1日に10回以上　20.7%	4. 週に数回程度　13.5%			
2. 1日に数回程度　35.9%	5. 月に数回程度　14.8%			
3. 1日に1回くらい　6.9%	6. 月に1回以下　5.0%			NA3.0%

問23　あなたは携帯電話を使って，インターネットを利用している時間は，ふだんどのくらいですか．平日と休日にわけてお答えください．利用していない場合は「0」分と記入してください．　N=694

(a) 平日（　平均52.18　）分くらい　NA4.5%　(b) 休日（　平均64.58　）分くらい　NA8.4%

問24　あなたは携帯電話でインターネットをどのような時に利用していますか．以下の中であてはまるものに**いくつでも○**をつけてください．　N=694

1. 外出中に，急に情報が知りたくなった時	67.1%	
2. 自宅や職場で，情報が知りたくなった時	56.6%	
3. ひまで特にすることがない時	51.2%	NA3.5%

問25　あなたが携帯電話でインターネットにアクセスする場所としてはどこが多いですか．下にあげた中であてはまる場所に**いくつでも○**をつけてください．　N=694

1. 自宅	74.2%	4. 駅・バス停	22.0%	7. 電車・バスの中	31.4%	
2. 職場	35.0%	5. 路上・街頭	24.6%	8. 飲食店・レストラン・喫茶店	23.8%	
3. 学校	7.3%	6. 自動車の中	25.1%	9. その他（具体的に　　）	1.6%	NA3.0%

問26　あなたが携帯電話でよくアクセスするのは，どのようなウェブサイトですか．以下の中であてはまるものに**いくつでも○**をつけてください．　N=694

1．検索サイト	59.1%	13. レジャー・旅行関連	11.0%	25. マンガ	1.9%
2．ニュース	40.2%	14. 映画（館）情報	11.7%	26. 動画共有（投稿）サイト（YouTubeなど）	16.7%
3．天気予報	49.0%	15. 交通機関情報	32.3%		
4．着メロダウンロード・サイト	15.9%	16. チケット予約	8.1%	27. アダルトサイト	1.7%
5．音　楽	14.0%	17. 株取引	1.3%	28. SNS（mixiやFacebook，モバゲータウンなど）	22.8%
6．スポーツ	13.1%	18. 出会い・友達	0.9%		
7．料理・レシピ	11.5%	19. バンキング	2.6%	29. ブログ，ホームページ（個人が開設しているもの）	17.3%
8．待ち受け画面サイト	6.2%	20. オンラインショッピング	12.4%		
9．ゲーム	18.6%	21. レストラン予約	4.2%	30. Twitter	9.7%
10. 占い	2.3%	22. 転職・求人情報	1.7%	31. プロフィールサイト	1.9%
11. 地　図	21.5%	23. オークション	8.4%	32. ウェブメール	6.1%
12. テレビ番組関連	4.3%	24. ケータイ小説	4.5%	33. その他（具体的に　　）	3.3%
				NA	2.9%

問27　あなたは携帯電話で，以下のようなサービスを使って**情報を発信**（日記などを書いたりすること）していますか．以下の中であてはまるものに<u>いくつでも○</u>をつけてください．　N=694

1. ホームページ	3.9%	4. Twitter	8.8%	7. 発信していない	72.0%
2. ブログ	7.8%	5. プロフィールサイト	0.9%		
3. SNS（mixi，Facebook など）	18.3%	6. その他	0.3%		NA2.2%

【問28～問30については，複数の携帯電話をお持ちの方はそれらすべてを思い浮かべながらお答えください】

問28　あなたは，携帯電話を次のようなことに使っていますか．使っているものに<u>いくつでも○</u>をつけてください．　N=1328

1．時　計	78.3%	7．住所録	29.6%	13. 電子マネー（おサイフケータイ）	5.2%
2．目覚まし時計	61.4%	8．カメラ	67.5%	14. 定期券	0.2%
3．電　卓	58.4%	9．画像・動画のやりとり	18.8%	15. GPS（位置情報検索サービス）	8.4%
4．ゲーム	18.1%	10. テレビをみる（ワンセグ）	20.0%	16. その他	2.2%
5．辞　書	28.0%	11. 音楽を聴く	16.7%	（具体的に：　　）	
6．手帳・スケジュール管理	22.7%	12. 動画ファイルを再生する	9.7%		NA4.2%

問29　あなたにとって携帯電話は，どの程度必要なものですか．あてはまるものに<u>1つだけ○</u>をつけてください．　N=1328

1. なくてはならないもの 36.7%	2. あった方がよいもの 56.9%	3. なくてもよいもの 4.5%	NA1.9%

問30　あなたは携帯電話を利用していて，次のようなことを経験したり感じたりすることはありますか．次の(a)～(p)それぞれについて，最も<u>あてはまるところに1つずつ○</u>をつけてください．なお，携帯電話の利用には，通話やメールだけではなくウェブ等のすべての利用を含みます．　N=1328　（単位％）

	あてはまる	ややあてはまる	あまりあてはまらない	まったくあてはまらない	無回答
(a) 趣味や関心が同じ人と出会える	6.8	11.6	22.6	56.8	2.3
(b) ふだんから会う友人・知人と常に親密なやり取りができる	32.3	35.2	17.8	13.0	1.6
(c) 日常のわずらわしさから逃れることができる	4.5	10.1	27.4	56.1	1.9
(d) 世の中で何が起こっているかを知ることができる	18.0	24.6	21.2	34.1	2.0
(e) 考え方や意見が自分と全く違う人と出会える	3.7	7.2	20.4	66.6	2.1
(f) ふだん会わない友人・知人とも関係を保てる	20.9	35.0	18.1	24.0	2.0
(g) 現実から離れて自由にふるまえる	2.9	5.6	21.8	67.7	2.0
(h) いち早く新しい情報を得ることができる	18.5	25.2	20.0	34.5	1.8
(i) 自分の存在を知ってもらうことができる	4.5	11.4	26.6	55.6	1.9
(j) 家族・親戚とのやり取りができる	55.8	27.9	7.5	7.3	1.5
(k) 寂しさを紛らわせることができる	5.1	12.7	27.3	52.9	2.0
(l) 知識を広げることができる	11.1	23.6	27.0	36.1	2.3
(m) 携帯電話が原因で，仕事や勉強，家事がおろそかになることがある	2.9	9.9	24.5	60.8	1.9
(n) 予定していたよりも多くの時間，携帯電話に触ってしまいがちだ	7.5	14.4	25.4	50.9	1.8
(o) 体や心によくないと思っても，時間に見境なく携帯電話に触ってしまいがちだ	4.3	8.0	21.5	64.3	1.9
(p) 携帯電話が原因で，睡眠不足になることがある	1.6	5.6	16.4	74.5	1.9

【全員の方にお聞きします】

次に，パソコン系機器でインターネットを利用することについてお聞きします．
ここでの，「パソコン系機器」とは，**パソコン，タブレット型コンピューター（iPadなど），ゲーム機など**をいいます．

問31　あなたは，パソコン系機器を使って，インターネットを利用していますか．N=1452

1. 利用している　58.7%　　2. 利用していない　41.1%　　NA0.1%

→（問40へ）

問32　あなたがパソコン系機器を使ってインターネットを利用し始めたのは，西暦でいうと何年ごろからですか．N=853

西暦（　最頻値は2000　）年ごろから使い始めた

問33　パソコン系機器でやりとりする電子メールについておたずねします．あなたは，1週間に平均何通くらい電子メールを送信しますか．送信しない場合は「0」をご記入ください．N=853

（　平均　9.48　）通くらい　　送信しない　57.6%　　NA2.3%
「送信しない」は「0」として集計

問34　パソコン系機器で送信するメールのうちプライベートなメールの割合は大体どのくらいですか．あてはまる番号**1つに○**をつけ，「1」と答えた方は（　）に割合を記入してください．N=853

1. （　平均2.75　）割くらい　%　　2. プライベートでは使わない　50.2%　　NA8.0%
「プライベートでは使わない」は「0」として集計

【問35～問40については，パソコン系機器からインターネットをプライベートに利用することについて，お答えください．】

問35　あなたがパソコン系機器を使って，インターネットを利用している時間は，ふだんどのくらいですか．平日と休日にわけてお答えください．利用していない場合は「0」分と記入してください．N=853

(a) 平日（　平均71.84　）分くらい　NA.5.2%　(b) 休日（　平均92.67　）分くらい　NA6.4%

問36　あなたがパソコン系機器でよくアクセスするのは，どのようなウェブサイトですか．以下の中であてはまるものに**いくつでも○**をつけてください．N=853

1．検索サイト	74.6%	13．レジャー・旅行関連	29.0%	25．マンガ	3.3%
2．ニュース	46.4%	14．映画（館）情報	15.8%	26．動画共有（投稿）サイト（YouTubeなど）	31.8%
3．天気予報	36.2%	15．交通機関情報	27.3%	27．アダルトサイト	3.4%
4．着メロダウンロード・サイト	2.1%	16．チケット予約	15.1%	28．SNS（mixiやFacebook，モバゲータウンなど）	12.4%
5．音　楽	18.6%	17．株取引	3.4%	29．ブログ，ホームページ（個人が開設しているもの）	19.3%
6．スポーツ	17.7%	18．出会い・友達	0.9%	30．Twitter	6.3%
7．料理・レシピ	20.6%	19．バンキング	7.5%	31．プロフィールサイト	0.6%
8．待ち受け画面サイト	1.8%	20．オンラインショッピング	30.4%	32．ウェブメール	6.1%
9．ゲーム	17.0%	21．レストラン予約	3.9%	33．その他（具体的に　　　）	2.0%
10．占い	2.3%	22．転職・求人情報	4.1%		
11．地　図	34.0%	23．オークション	13.8%		
12．テレビ番組関連	8.3%	24．ケータイ小説	1.3%	NA	3.0%

問37　あなたはパソコン系機器で，以下のようなサービスを使って情報を発信（日記などを書いたりすること）していますか．以下の中であてはまるものに<u>いくつでも○</u>をつけてください．　N=853

1．ホームページ	5.7%	4．Twitter	6.7%	7．発信していない	75.7%
2．ブログ	8.3%	5．プロフィールサイト	0%		
3．SNS（mixi，Facebookなど）	11.5%	6．その他（具体的に　　　）	0.1%	NA	2.8%

問38　あなたが自宅でインターネットを使うときに利用するパソコン系機器は家族と共用ですか，それとも自分専用ですか．複数の機器から使う場合は，最も良く使うものについて<u>1つだけ○</u>をつけてください．　N=853

1．家族共用　64.5%	2．自分専用　29.4%	3．自宅では利用していない　4.5%　→（問39へ）	NA1.6%

【問38で「1．家族共用」または「2．自分専用」と答えた人にお聞きします】

問38-1　そのパソコン系機器は自宅のどこにありますか．あてはまるものに<u>1つだけ○</u>をつけてください．　N=801

1．家族共有の部屋（リビングや居間など）	60.3%	3．他の家族の部屋	5.0%
2．自分の部屋	29.7%	4．特に決まっていない	4.5%
		NA	0.5%

問39 あなたがパソコンでインターネットを利用する理由についてお聞きします．次の(a)～(p)それぞれについて，最も**あてはまるところに1つずつ○**をつけてください．なお，インターネットの利用には，メールやウェブ等のすべての利用を含みます． N=853 （単位%）

	あてはまる	ややあてはまる	あまりあてはまらない	まったくあてはまらない	無回答
(a) 趣味や関心が同じ人と出会える	10.1	16.2	18.3	53.3	2.1
(b) ふだんから会う友人・知人と常に親密なやり取りができる	7.3	13.8	23.3	53.5	2.1
(c) 日常のわずらわしさから逃れることができる	6.8	16.3	25.6	49.2	2.1
(d) 世の中で何が起こっているかを知ることができる	42.6	33.5	9.0	12.9	2.0
(e) 考え方や意見が自分と全く違う人と出会える	7.0	11.0	22.4	57.3	2.2
(f) ふだん会わない友人・知人とも関係を保てる	7.6	14.1	21.0	55.0	2.3
(g) 現実から離れて自由にふるまえる	5.9	8.9	22.2	61.0	2.1
(h) いち早く新しい情報を得ることができる	43.1	34.2	8.4	12.2	2.0
(i) 自分の存在を知ってもらうことができる	3.5	8.4	18.3	67.1	2.7
(j) 家族・親戚とのやり取りができる	5.4	10.9	20.9	60.7	2.1
(k) 寂しさを紛らわせることができる	4.6	15.0	25.1	53.0	2.3
(l) 知識を広げることができる	39.5	42.8	6.7	8.6	2.5
(m) インターネットが原因で，仕事や勉強，家事がおろそかになることがある	5.9	14.9	25.3	51.8	2.1
(n) 予定していたよりも多くの時間，インターネットを利用してしまいがちだ	14.5	29.1	21.8	32.4	2.2
(o) 体や心によくないと思っても、時間に見境なくインターネットを利用してしまいがちだ	7.2	13.0	28.5	49.4	2.0
(p) インターネットが原因で，睡眠不足になることがある	5.9	12.5	21.9	57.7	2.0

【全員の方にお聞きします】

問40 あなたは，携帯電話やパソコン系機器からインターネットを利用していて，過去1年間に次のようなことを経験したことがありますか．以下の中であてはまるものに**いくつでも○**をつけてください． N=1452

1. 自分で，インターネットに載せた自宅住所や電話番号が原因で被害にあった 0.5%
2. 他人によって，自宅住所や電話番号を勝手にインターネットに載せられてしまった 0.4%
3. ウイルスや悪質なソフトウェアの被害にあった 4.7%
4. 覚えのない高額な利用料金を請求され支払ってしまった 0.5%
5. インターネットショッピングで支払いに利用したクレジットカードの情報が悪用された 0.5%
6. この中に経験したものはない 92.9% NA1.0%

次に，携帯電話（PHS・スマートフォンを含む）やパソコン系機器からのSNSサイトの利用についてお聞きします．ここでいうSNS（ソーシャル・ネットワーキング・サービス）とは，互いに友人として登録した相手とのみ交流するためのサービスです．例えば，mixiやFacebook，モバゲータウンなどがそれにあたります．ただし，twitterは含みません．

問41 あなたは現在，SNSサイトを利用していますか．以下にあげるもののうち，利用しているものに**いくつでも○**をつけてください．そのうち，**最もよく利用しているもの1つを（ ）に番号で**お答えください． N=1452

1．mixi	12.5%（最もよく 41.4%）	6．趣味人倶楽部	0.6%（1.7%）
2．GREE	7.1%（14.1%）	7．スローネット	0
3．Facebook	3.9%（11.4%）	8．シニアコム	0
4．モバゲータウン	6.1%（14.8%）	9．その他	1.7%（5.7%）
5．前略プロフィール	0.6%（0.7%）	10．利用していない	76.4%　NA3.2%（10.1%）

最もよく利用しているもの　N=297

（問 45 へ）

【問 42 ～問 44 は，問 41 で最も利用しているとしたものについてお答えください】

問 42　あなたは，その SNS サイトにアクセスして，次のようなことをしていますか．あてはまるものに**いくつでも○**をつけてください．　N=297

1．自分で日記・近況を書く	42.4%	8．ゲームをする	46.5%
2．他人の日記・近況を読む	64.3%	9．ニュースを読む	36.4%
3．コメントを書く	47.1%	10．メッセージ機能を利用する	18.9%
4．足跡・訪問者をチェックする	34.0%	11．短文のメッセージ（ボイス機能など）を利用する	11.4%
5．コミュニティに参加する	36.4%	12．イベントを告知する	2.7%
6．自分で写真をアップする	24.9%	13．自分の現在地を知らせる	3.0%
7．他人がアップした写真をみる	38.4%	14．実名を公開している　14.5%	NA1.3%

問 43　あなたの SNS 上の友人リスト（マイミクやフレンズ）には，何人くらい登録されていますか．あてはまるものに**１つだけ○**をつけて（　）に人数を記入してください．　N=297

1.（　　平均 42.19　　）人くらい登録されている　　2．１人も登録されていない　10.8%　　NA1.0%

「1 人も登録されていない」は「0」として集計

（問 44 へ）

問 43-1　その中に，次のような人は登録されていますか．あてはまるものに**いくつでも○**をつけてください．　N=262

1．ふだんよく会う友人	68.7%	5．親せき	6.5%
2．あまり会わない友人	62.2%	6．仕事関係の人	21.8%
3．恋　人	7.3%	7．ネット上でのやり取りだけでまだ一度もあったことのない人	50.4%
4．家　族	19.8%	8．ネット上のやり取りから直接会うようになった人　13.0%	NA0

問 44　あなたは，ふだんどのくらいの頻度で SNS を利用していますか．(a)携帯電話経由と(b)パソコン系機器経由に分けてお答えください．（**それぞれ１つだけに○**をつけてください）　N=297

(a)　携帯電話経由

1．1 日に数回以上	48.1%	3．週に数回くらい	10.1%	5．月に 1 回以下	3.0%　NA2.7%
2．1 日に 1 回くらい	10.8%	4．月に数回くらい	5.4%	6．携帯電話経由ではほとんど利用しない	19.9%

(b)　パソコン系機器経由

1．1 日に数回以上	16.5%	3．週に数回くらい	12.8%	5．月に 1 回以下	6.4%　NA4.4%
2．1 日に 1 回くらい	7.4%	4．月に数回くらい	10.1%	6．パソコン系機器経由ではほとんど利用しない	42.4%

【全員の方にお聞きします】

次に，携帯電話やパソコン系機器からの「動画共有（投稿）サイト（YouTubeやニコニコ動画など）」利用についてお聞きします．

問45　あなたは，ふだんどのくらいの頻度で動画共有（投稿）サイトにアクセスしていますか．(a)携帯電話経由と(b)パソコン系機器経由に分けてお答えください．（**それぞれ1つだけに○をつけてください**）　N=1452

(a)　携帯電話経由

1. 1日に数回以上	3.8%	3. 週に数回くらい	5.9%	5. 月に1回以下	2.3%	NA3.4%
2. 1日に1回くらい	1.3%	4. 月に数回くらい	3.5%	6. 携帯電話経由ではほとんどアクセスしない	79.8%	

(b)　パソコン系機器経由

1. 1日に数回以上	5.1%	3. 週に数回くらい	11.6%	5. 月に1回以下	3.1%	NA7.3%
2. 1日に1回くらい	3.8%	4. 月に数回くらい	9.3%	6. パソコン系機器経由ではほとんどアクセスしない	59.8%	

(a)(b)で，ともに「6」と答えた方は問49へお進みください

問46　あなたがよくご覧になる動画共有（投稿）サイトは，どのようなものですか．以下の中であてはまるものに**いくつでも○**をつけてください．　N=563

1. YouTube	94.0%	
2. ニコニコ動画	21.7%	
3. その他	3.2%	NA1.4%

問47　あなたがインターネットで，動画共有（投稿）サイトをご覧になるとき，よくご覧になるのは，どのような内容の動画ですか．(a)携帯電話経由と(b)パソコン系機器経由に分けてお答えください．（**それぞれあてはまるものにいくつでも○**をつけてください）

(a)　携帯電話経由　N=563　　NA11.9%

1．バラエティ・お笑い	12.8%	5．アダルト	1.2%	9．二次創作系	1.4%
2．アニメ	11.9%	6．ニュース	4.6%	10．ホームビデオ系	1.6%
3．ドラマや映画	7.1%	7．スポーツ	8.5%	11．その他（具体的に　）	1.8%
4．音楽	30.0%	8．芸能関係ニュース	3.2%	12．ほとんどアクセスしない	46.5%

(b)　パソコン系機器経由　N=563　　NA5.7%

1．バラエティ・お笑い	24.2%	5．アダルト	3.9%	9．二次創作系	6.7%
2．アニメ	27.7%	6．ニュース	16.7%	10．ホームビデオ系	8.5%
3．ドラマや映画	22.6%	7．スポーツ	20.4%	11．その他（具体的に　）	3.7%
4．音楽	57.5%	8．芸能関係ニュース	6.2%	12．ほとんどアクセスしない	8.9%

問48　あなたは動画共有（投稿）サイトに動画を投稿したり，コメントをつけたりしたことがありますか．あてはまるものに**いくつでも○**をつけてください．　N=563

1．投稿したことがある 5.0%　2．コメントをつけたことがある 10.1%　3．いずれもない 86.1%　NA0.9%

【ふたたび全員の方にお聞きします】

問49　本年3月11日に発生した「東日本大震災」に関しておうかがいします．発生から1週間以内に，この「震災」に関する情報を得るために，実際に用いた情報源を以下の選択肢から**すべて選んで○**をつけてください．　N=1452

1．テレビ　96.6%
2．ラジオ　36.1%
3．新聞　72.2%
4．役所，自治体などの公的機関　5.8%
5．近隣の親族・知人・友人　21.5%
6．遠方の親族・知人・友人　13.9%
7．パソコン系機器からみるインターネットのニュースサイト　33.2%
8．携帯電話からみるインターネットのニュースサイト　22.1%
9．パソコン系機器からみるSNS（mixiやFacebookなど）やTwitter，ブログなど　6.3%
10．携帯電話からみるSNS（mixiやFacebookなど）やTwitter，ブログなど　7.6%
11．その他　0.5%（具体的に　　　　）NA0.4%

問50　この「震災」の発生から1週間以内に得ることができた情報についておうかがいします．以下の(a)～(c)のそれぞれの質問について，あなたのお気持ちに近いものを**1つずつ選んで○**をつけてください．　N=1452（単位%）

	そう思う	まあそう思う	どちらともいえない	あまりそう思わない	そう思わない	無回答
(a)　十分な量の情報を得ることができた	12.1	40.7	29.1	11.2	6.1	0.7
(b)　信頼できる情報を得ることができた	9.8	35.4	35.3	11.8	7.0	0.6
(c)　最新の情報を得ることができた	15.7	44.5	25.4	8.7	5.1	0.6

問51　下に携帯電話（PHS・スマートフォンなどを含む）についての一般的な意見をあげました．(a)～(g)のそれぞれに対して，あなたはどう思いますか．それぞれの意見に対して**1つずつ○**をつけてください．　N=1452（単位%）

	そう思う	まあそう思う	あまりそう思わない	そう思わない	無回答
(a)「携帯電話の普及によって，犯罪は増加した」	40.4	39.3	16.0	3.4	1.0
(b)「災害が起こったとき，携帯電話は役立つ」	43.7	35.8	14.9	5.0	0.6
(c)「携帯電話の電磁波は怖い」	9.4	22.1	47.9	19.6	1.1
(d)「携帯電話は身の安全に役立つ」	23.4	50.2	19.6	5.9	1.0
(e)「携帯電話の普及によって，人間関係が希薄になった」	12.4	26.4	46.1	14.3	0.9
(f)「携帯電話の普及によって，公共のマナーが悪くなった」	36.0	39.7	19.8	3.6	1.0
(g)「小学生に携帯電話をもたせるのは，よくないことだ」	26.4	33.7	31.9	7.2	0.8

問 52　あなたは固定電話を使って，ふだんどれくらいの頻度で電話をかけたり受けたりしますか．あてはまるものに**１つだけ〇**をつけてください．　N=1452　NA0.3%

1. １日 10 通話以上　3.5%	4. １日に１〜２通話　11.5%	7. 週に１通話以下　32.1%
2. １日に５〜９通話　1.9%	5. 週に５〜６通話　5.4%	8. 固定電話はまったく使わない　14.9%
3. １日に３〜４通話　4.7%	6. 週に２〜４通話　19.1%	9. 固定電話をもっていない　6.6%

問 53　あなたは，「情報化」が進むことについて，どのようにお考えですか．以下の(a)〜(e)のそれぞれの考えについて，あなたのお気持ちに近いものを**１つずつ選んで〇**をつけてください．　N=1452　（単位％）

	そう思う	まあそう思う	あまりそう思わない	そう思わない	無回答
(a)　情報をうまく利用できる人とできない人の差が広がる	47.1	40.8	9.9	1.7	0.5
(b)　世の中のしくみがますます複雑になる	31.9	40.5	23.8	3.2	0.6
(c)　必要な情報が簡単に手に入り，生活が便利になる	30.4	51.0	15.3	2.5	0.8
(d)　身近な人とのつきあいやコミュニケーションが密接になる	10.7	32.8	45.2	10.7	0.6
(e)　新たな人との出会いやコミュニケーションの機会が増える	10.2	32.4	43.0	13.8	0.6

問 54　あなたには，次の(a)〜(i)のようなことがあてはまりますか．以下のそれぞれについて，あてはまるものに**１つずつ〇**をつけてください．　N=1452　（単位％）

	あてはまる	ややあてはまる	あまりあてはまらない	あてはまらない	無回答
(a)　情報を集める自分なりの方法を持っている	14.0	36.0	31.7	17.3	1.0
(b)　たくさんある情報の中から，自分の必要とする情報を取捨選択できる	17.4	48.3	21.3	12.0	1.0
(c)　関心ある情報は多少苦労しても自分であれこれ探すのが好きだ	20.5	35.1	27.8	15.4	1.2
(d)　他人とのやりとりや仕事でのやりとりで，必要なことをきちんと相手に伝えられる	19.6	48.3	24.0	7.3	0.8
(e)　皆でいろいろな意見を出し合いながら新しいことを生み出すのが好きだ	13.2	36.1	35.1	14.7	0.9
(f)　携帯電話を使いながら，音楽を聞いたり，テレビを見たりすることがある	14.7	19.1	21.3	43.7	1.0
(g)　携帯電話の使い方がわからないとき，周りに相談できる人がいる	33.7	35.6	16.9	12.5	1.2
(h)　「高額請求」などのトラブルに巻き込まれたとき，周りに相談できる人がいる	40.1	31.3	15.0	12.3	1.3
(i)　インターネット上での友人づきあいはわずらわしくて面倒だ	30.2	23.1	23.6	21.3	1.7

問55　次のような意見について，あなたはどう思いますか．以下の(a)〜(e)のそれぞれについて，あてはまるものに**1つずつ○**をつけてください．　N=1452　（単位％）

	そう思う	まあそう思う	あまりそう思わない	そう思わない	無回答
(a)　ほとんどの人は信頼できる	5.1	33.0	45.2	15.8	0.9
(b)　自分は信頼できる人と信頼できない人を見分ける自信がある	7.9	42.0	39.5	9.9	0.8
(c)　人を助ければ，いずれその人から助けてもらえる	6.9	35.9	43.3	12.9	1.0
(d)　人を助ければ，今度は自分が困っているときに誰かが助けてくれるように世の中はできている	7.2	31.5	44.1	16.5	0.8
(e)　インターネット上のほとんどの人は信頼できる	0.5	2.6	32.9	62.3	1.7

問56　次に，人々が行う社会的，政治的な行動をいくつかあげてあります．以下の(a)〜(d)のそれぞれについて，あてはまるものに**1つずつ○**をつけてください．　N=1452　（単位％）

	過去一年間にしたことがある	過去一年間にしたことはないが，もっと前にしたことがある	今までしたことはないが，今後するかもしれない	今までしたことがないし，今後もするつもりはない	無回答
(a)　社会的，政治的活動のために寄付や募金をした	59.6	12.3	12.3	15.0	0.8
(b)　政治的，道徳的，環境保護上の理由で，ある商品を買うのを拒否したり，意図的に買ったりした	14.2	12.4	25.6	46.9	0.9
(c)　社会的，政治的な問題に関する集会や会合，デモに参加した	2.8	6.6	15.4	74.2	0.9
(d)　インターネット上で社会的，政治的な問題にかかわる意見を述べた	2.6	1.4	13.8	80.6	1.6

問57　あなたにとって，「自分」や「自分らしさ」とはどのようなものですか．以下の(a)〜(j)のそれぞれについて，あなたのお気持ちに近いものを**1つずつ選んで○**をつけてください．　N=1452　（単位％）

	そうだ	まあそうだ	あまりそうではない	そうではない	無回答
(a)　私には自分らしさというものがある	25.5	54.5	17.0	2.3	0.8
(b)　自分がどんな人間かはっきりわからない	5.0	25.2	45.1	23.3	1.3
(c)　場面によって出てくる自分というものは違う	11.5	38.6	34.0	14.4	1.4
(d)　本当の自分というものは一つとは限らない	17.8	45.7	22.4	12.9	1.2
(e)　私には本当の自分と偽の自分とがある	7.0	20.7	38.5	32.9	1.0
(f)　いくつかの自分を意識して使い分けている	8.1	34.1	37.3	19.5	1.0
(g)　どんな場面でも自分らしさを貫くことが大切だと思う	16.2	42.9	34.6	5.3	1.0
(h)　自分には他人にはないすぐれたところがあると思う	10.3	31.7	45.5	11.3	1.2
(i)　仲間に自分がどう思われているかが気になる	10.2	35.4	41.0	12.2	1.2
(j)　世間から自分がどう思われているかが気になる	6.8	26.6	47.5	17.9	1.2

問58　あなたは，今の自分が好きですか．それとも嫌いですか．**1つだけに○**をつけてください．　N=1452

1. 大好き　6.3%　2. おおむね好き　70.7%　3. やや嫌い　19.0%　4. 大嫌い　3.2%　NA0.9%

問59　あなたは現在の生活にどの程度満足されていますか．**1つだけに○**をつけてください．　N=1452　NA0.6%

1. 満足している 14.9%　2. まあ満足している 58.1%　3. あまり満足していない 20.0%　4. 満足していない 6.3%

問60　あなたには，次の(a)～(f)のようなことがあてはまりますか．以下のそれぞれについて，あてはまるものに**1つずつ○**をつけてください．（単位％）

	あてはまる	ややあてはまる	あまりあてはまらない	あてはまらない	無回答
(a)　誰とでもすぐ仲良くなれる	13.6	42.1	36.0	7.6	0.7
(b)　表情やしぐさで相手の思っていることがわかる	11.0	53.9	28.4	5.9	0.8
(c)　人の話の内容が間違いだと思ったときには，自分の考えを述べるようにしている	10.5	40.7	41.4	6.7	0.7
(d)　気持ちをおさえようとしても，それが顔に表れてしまう	13.7	45.4	33.3	6.8	0.8
(e)　まわりの人たちとのあいだでトラブルが起きても，それを上手に処理できる	5.1	42.8	44.1	7.2	0.8
(f)　感情を素直にあらわせる	12.8	44.1	36.9	5.3	0.8

問61　あなたが日頃親しくつきあっている友人は，それぞれ何人いますか．日頃親しくつきあっている人だけに限定してお答えください．いない場合は「0」とご記入ください．　N=1452

(a)　こちらから会いに行くのに1時間以内で会える友人　（　平均　5.71　）人　NA2.8%
(b)　こちらから会いに行くのに1時間より多くかかる友人（　平均　3.69　）人　NA4.5%
(c)　(a)と(b)のうちで親友とよべる人　（　平均　2.91　）人　NA4.3%

問 62　**同居しているご家族以外で**，あなたにとって親しい人を，**親しい順に最大３人まで**挙げて，名前（あだ名・イニシャルでも可）を書いてください．３人以下でもかまいません．仮にそれぞれを，「Ａ」さん，「Ｂ」さん，「Ｃ」さんとした上で，それぞれの人について(a)〜(h)にお答えください．回答が終わったら，名前の部分は消していただいてもけっこうです．（M.T.=241.0）（単位％）

	あだ名やイニシャルでもけっこうです．回答後は消してもかまいません．	相手の名前		
		※「Ａ」さんとします↓	※「Ｂ」さんとします↓	※「Ｃ」さんとします↓
(a)　性　別	男　性	44.0		
	女　性	49.7		NA6.2
(b)　年　齢	（おおよそでかまいません．わからない場合は「×」を記入してください．）	9歳以下(0.1)，10〜19歳(11.7)，20〜29歳(12.3)，30〜39歳(17.4)，40〜49歳(16.4)，50〜59歳(14.7)，60〜69歳(16.2)，70〜79歳(4.3)，80歳以上(0.8)　DK4.6　NA1.5		
(c)　相手との間柄（1つだけ○）	家族（同居以外の）	10.6		
	親せき	6.0		
	恋　人	2.4		
	友　人	75.5		
	その他	5.1		NA0.4
(d)　直接会う回数（1つだけ○）	ほぼ毎日	15.3		
	週に数回	12.9		
	週に１回くらい	11.5		
	月に数回〜１回	30.5		
	それ以下	29.2		NA0.6
(e)　連絡・やりとりに使うもの（いくつでも○）	固定電話の通話	24.3		
	携帯電話の通話	63.3		
	携帯電話のメール	57.4		
	パソコンのメール	5.0		
	パソコンのチャット・ビデオ通話	1.3		
	SNS・ブログ	4.0		
	ファックス	0.6		
	手　紙	3.6		
	この中にあてはまるものはない	5.0		NA0.5
(f)　連絡する回数（1つだけ○）	ほぼ毎日	8.3		
	週に数回	21.3		
	週に１回くらい	14.8		
	月に数回〜1回	33.9		
	それ以下	21.2		NA0.5
(g)　相手とのつきあい（いくつでも○）	政治や社会についての話をする	15.9		
	お金やものの貸し借りをする	7.3		
	悩みを相談する	42.5		
	一緒の趣味や娯楽がある	52.7		
	家族ぐるみのつきあいである	25.6		
	この中にあてはまるものはない	15.5		NA0.7
(h)　相手の住まい	（交通機関も含めて，相手の住まいまで行くのにかかる時間を記入してください．）	平均 87.48 分		NA2.6

問62-1　AさんとBさんとCさんのお互いの関係についてお尋ねします．次の中からあてはまるものいくつでも○をつけてください．　N=1452

1. AさんとBさんは知り合いである	47.7%	3. AさんとCさんは知り合いである	31.9%	
2. BさんとCさんは知り合いである	34.6%	4. この中にあてはまるものはない	27.2%	NA10.1%

問63　次の(a)～(j)について，あなたの友だちづきあいは1，2のどちらに近いですか．(a)～(j)のそれぞれについて，どちらか1つに○をつけてください．　N=1452

(a)	1. たいていの場合，同じ友人と行動をともにすることが多い	50.2%	
	2. 場合に応じて，いろいろな友人とつきあうことが多い	45.3%	NA4.5%
(b)	1. 友人であっても，互いのプライベート（私的なこと）には深入りしたくない	67.4%	
	2. 友人とはプライベート（私的）なことも含めて，深くかかわりたい	28.4%	NA4.2%
(c)	1. 今の友人も含めて，さらに友人の輪を広げたい	41.7%	
	2. 新しい友人を作るよりは，今の友人とさらに仲良くしたい	53.7%	NA4.6%
(d)	1. 話す友人によって，相手に対する自分の性格が変わることがよくある	21.4%	
	2. どんな友人と話しても，相手に対する自分の性格はほとんど変わらない	74.7%	NA3.9%
(e)	1. 友人とは互いを傷つけないようにできるだけ気を使う	63.5%	
	2. 友人とは互いに傷つくことがあっても思ったことを言い合う	32.4%	NA4.1%
(f)	1. 親友であっても自分のすべてをさらけ出すわけではない	68.0%	
	2. 親友とはお互い性格の裏の裏まで知っている	27.9%	NA4.1%
(g)	1. 友人になるのに長い時間がかかる	56.6%	
	2. 知り合ってすぐに友人になることができる	39.0%	NA4.4%
(h)	1. あなたの友人の多くは互いに知り合いである	63.2%	
	2. あなたの友人の多くは互いに知り合いではない	32.6%	NA4.2%
(i)	1. 友人のフルネームは必ず知っておきたい	61.8%	
	2. 友人のフルネームを知らなくても気にならない	34.2%	NA4.0%
(j)	1. 友人の職業や所属は必ず知っておきたい	41.9%	
	2. 友人の職業や所属を知らなくても気にならない	53.4%	NA4.7%

問64　あなたが，休みの日に洋服を買いに出かけるとしたら，主に利用するのは，以下のうち，どのような場所ですか．もっともよく行く場所に1つだけ○をつけてください．　N=1452

1. 地元の商店街	5.9%	5. 駅ビル・駅近のショッピングセンター	8.1%	
2. スーパー	13.5%	6. 郊外のロードサイド店	4.1%	
3. デパート・百貨店	23.6%	7. ショッピングモール	32.7%	
4. 中心市街地の専門店	9.4%	8. その他（具体的に　　）	1.4%	NA1.4%

問 65　あなたが日常的に食料品・日用品を買いに出かけるとき，主に利用するのは，以下のうち，どのような場所ですか．もっともよく行く場所に1つだけ○をつけてください．　N=1452

1. 地元の商店街	9.1%	6. 郊外のロードサイド店	1.7%	
2. スーパー	72.7%	7. ショッピングモール	5.6%	
3. デパート・百貨店	2.1%	8. コンビニ	5.9%	
4. 中心市街地の専門店	0.3%	9. その他	0.1%	
5. 駅ビル・駅近のショッピングセンター	1.2%	（具体的に　　　）		NA1.3%

【この調査を統計的に分析するために，あなたご自身やご家族のことについてお聞きいたします】

問 66　あなたの性別をお知らせください．（○は1つだけ）　N=1452

1. 男　性　49.4%　　2. 女　性　50.6%

問 67　あなたの年齢をお知らせください．　N=1452

満（　平均 43.81　）歳　10 代 11.8%　20 代 11.3%　30 代 15.6%　40 代 19.1%　50 代 18.5%　60 代 23.6%

問 68　あなたが最後に在籍，または現在在学中の学校は，次のどれですか．ただし，各種学校・専門学校は除いてお答えください．（○は1つだけ）　N=1452

1. 小・中学校	13.2%	4. 大学	21.9%	
2. 高校	47.8%	5. 大学院	1.3%	
3. 短大・高専	12.9%	6. その他	0.3%	NA2.6%

問 69　現在，その学校に在学中ですか．（○は1つだけ）　N=1452

1. 在学中　13.4%　　2. 在学していない（すでに卒業または中退した）　84.4%　　NA2.3%

問 70　あなたは一人暮らし（単身赴任を含む）ですか．（○は1つだけ）　N=1452

1. はい　7.1%　　2. いいえ　92.7%　　NA0.2%

問 71　あなたは現在結婚されていますか．（○は1つだけ）　N=1452　NA0.8%

1. 結婚している　61.1%　2. 結婚したことがない　29.8%　3. かつて結婚していた（離・死別を含む）8.3%

（1・3 → 問 72 へ）

問 71-1 「2. 結婚したことがない」とお答えになった方にうかがいます．現在，恋人はいますか．（**○は１つだけ**）
N=433　NA3.9%

1. いる　23.8%　　2. 今はいないがかつていたことがある　35.6%　　3. 恋人がいたことはない　36.7%

【全員の方にお聞きします】

問 72　あなたにはお子さんが何人いますか．あてはまるものに1つだけ○をつけて（　）に人数を記入してください．
N=1452

1. （　平均 1.28　）人いる　62.0%　　2. 子どもはいない　37.1%　　NA.1.0%
「子どもはいない」は「0」として集計

→（問 73 へ）

問 72-1　お子さんの年齢は何歳ですか．お子さんが２人以上の方は，一番小さい方についてお答えください．　N=900

（　平均 20.48　）歳

問 72-2　そのお子さんは現在，幼稚園・保育園や学校（小中高校，大学など）に通われていますか．　N=900（**○は１つだけ**）

1. はい　43.1%　　2. いいえ　56.4%　　NA0.4%

【全員の方にお聞きします】

問 73　あなたの現在のお仕事についておうかがいします．あなたはふだんどのような仕事をなさっていますか．（**○は１つだけ**）　N=1452

1. フルタイムで働いている　48.1%
2. パートタイム・アルバイトで働いている　15.1%
3. 専業主婦　14.5%　　4. 学生・生徒　13.2%　　5. 無職　9.0%　　NA0.1%

→（問 74 へ）

【問 73 で「1」「2」とお答えの方に】

問 73-1　あなたの雇用形態は，次のうちどれにあたりますか．（**○は１つだけ**）　N=917

1. 経営者，役員	6.2%	5. 派遣社員	1.1%
2. 正社員・正職員	51.0%	6. 自営業主，自由業者	9.5%
3. パート・アルバイト	20.6%	7. 家族従業者	3.6%
4. 契約・臨時・嘱託	7.6%	8. その他	0.1%

NA0.2%

問 73-2　あなたのお仕事の内容は，次のうち，どれに最も近いですか．（**○は１つだけ**）　N=917

1. 専門職・技術職（医師，看護師，教員，エンジニアなど専門的知識・技術を要するもの）	20.8%
2. 管理職（企業・官公庁における課長職以上，議員，経営者など）	6.9%
3. 事務職（企業・官公庁における一般事務，経理，内勤の営業など）	18.2%
4. 販売職（小売・卸売店主，店員，不動産売買，保険外交，外回りの営業・セールスなど）	17.0%
5. サービス職（理・美容師，料理人，ウェイトレス，ホームヘルパーなど）	10.8%
6. 生産現場職・技能職（製造・組立，建設作業員，大工，電気工事，食品加工など）	18.8%
7. 運輸・保安職（運転手，船員，郵便配達，警察官，消防官，警備員など）	5.6%
8. その他　1.7%	NA0.2%

【全員の方にお聞きします】

問 74　お宅の世帯年収（税込み）は，次のうちどれにあたりますか．（**○は１つだけ**）　N=1452

1. 200 万円未満	12.1%	5. 800 万円以上～1,000 万円未満	7.9%	
2. 200 万円以上～400 万円未満	25.7%	6. 1,000 万円以上～1,200 万円未満	3.9%	
3. 400 万円以上～600 万円未満	24.1%	7. 1,200 万円以上～1,400 万円未満	1.4%	
4. 600 万円以上～800 万円未満	13.4%	8. 1,400 万円以上	2.1%	NA9.4%

2001年調査・2011年調査経年比較結果

（以下，問の番号は2011年調査が基準．比較可能な問のみ掲載．
特別な場合を除いて単位は%）

問1　あなたは，現在，携帯電話・PHS・スマートフォンなどを利用していますか．また，ご利用の方は何台利用していますか．あてはまるものに<u>いくつでも○</u>をつけて，（　）内に台数をご記入ください．

2011（N=1452）	携帯電話　81.9（N=1189，1台92.9　2台6.1　3台0.3　4台0.4　5台0.3　NA0.1） PHS　2.3（N=34，1台94.1　2台2.9　NA2.9） スマートフォン（iPhoneなど）12.1（N=176，1台93.8　2台5.1　3台0.6　NA0.6） どれも利用していない　8.3　NA0.3
2001（N=1817）	携帯電話　62.1 平均1.14台 PHS　4.9 平均1.03台 どちらも利用していない　32.9　NA2.5

【問2〜問30は，携帯電話（PHS・スマートフォンなどを含む）を利用している方にお聞きします】

問2　あなたが携帯電話を使い始めたのは，西暦でいうと何年ごろからですか．

（2011 N＝1328）　2000（最頻値）年ごろから使いはじめた　NA1.3

（2001 N＝1213）　平均3年11.5カ月前くらいから

【問3〜問7については，<u>現在もっとも利用頻度の高い1台に</u>ついてお答えください】

問3　その携帯電話の利用料金は，月平均いくらくらいですか．電話，メール，ウェブ利用料金などすべてを含んだ金額でお答えください．あてはまる番号1つに○をつけ，「1」と答えた方は金額を記入してください．

2011（N=1328）	**1**．月におよそ平均　6856.03円ぐらい　**2**．よくわからない　10.2　NA0.4
2001（N=1213）	自分で払っている　84.3（月におよそ平均7100.29円くらい） 自分で払っていない　14.7　NA1.0

問4　その料金の請求書はだれを宛先に発行されていますか．下の中から1つだけ○をつけてください．

2011（N=1328）	**1**．自分　60.8　**2**．自分以外の家族など　34.5　**3**．勤務先　4.1　**4**．その他　0.5　NA0.2

問5　あなたの携帯電話には，何件の連絡先が登録されていますか．登録されてない場合は「0」と記入してください．

2011（N=1328）	平均128.8件（0を含む）　NA1.7
2001（N=1213）	平均55.6件（0を含む）　NA3.0

問6　あなたは，ご自分の携帯電話の番号を，どの範囲の人（プライベートな関係の人に限る）に教えていますか．1つだけ選んでください．

2011（N=1328）	8.4　聞かれれば誰にでも教える　70.7　必要に応じて，教えたり教えなかったりする 20.3　ごく限られた相手にしか教えない　0.3　誰にも教えない　0.2　NA
2001（N=1213）	6.0　聞かれれば誰にでも教える　58.1　必要に応じて，教えたり教えなかったりする 32.3　ごく限られた相手にしか教えない　1.2　誰にも教えない　2.5　NA

問7　ご自宅での携帯電話の利用状況は，以下のどれにもっとも近いですか．1つだけ○をつけてください．

	2011（N＝1328）	2001（N＝1213）
いつでも出られるように手元に置いておく	56.9	50.5
決まった場所に置き，いつも電源を入れておく	40.7	37.3
かかってくることがわかっている時のみ，電源を入れておく	1.7	7.3
常に電源を切っておく	0.7	4.6
NA	0.2	0.2

携帯電話（PHS・スマートフォンなどを含む）では，電話（通話），メールの送受信，ウェブ（ホームページ）閲覧などができます．
まず，電話（通話）としての利用についてお聞きします．携帯電話を複数台お持ちの方は，通話について現在もっとも利用頻度の高い1台についてお答えください．

問8　あなたは携帯電話を使って，1日に何回くらい電話をかけたり受けたりしますか．1つだけ○をつけてください．

	2011（N＝1328）	2001（N＝1213）
1日10通話以上	8.1	7.2
1日に5～9通話	8.5	11.7
1日に3～4通話	13.9	18.5
1日に1～2通話	26.4	26.5
週に5～6通話	8.4	8.0
週に2～4通話	20.1	15.7
週に1通話以下	13.1	10.1
電話はまったく使わない	1.4	1.8
NA	0.2	0.6

問9　あなたが携帯電話でかける通話のうちプライベートな通話はどのくらいですか．

	2011（N＝1308）	2001（N＝1213）
プライベートな通話は（　　）％くらい（「プライベートでは使わない」は「0」として集計）	平均65.4	平均65.0
プライベートでは使わない（→問11へ）	3.1	—
無回答	0.5	3.3

問10　あなたがふだん携帯電話を使って，プライベートでよく通話する相手はどなたですか．

2011（N=1261）MA	41.1　ふだんよく会う友人　12.5　あまり会わない友人　7.1　恋人　83.7　家族　16.5　親戚　23.4　仕事関係の人　2.8　その他　0　NA
2001（N=1213）SA 1番よくかける相手	44.9　配偶者／恋人　3.0　父親　5.6　母親　0.2　義父　0.0　義母　6.3　娘　4.9　息子　0.0　娘の配偶者　0.1　息子の配偶者　1.0　兄弟　2.0　姉妹　0.0　祖父　0.1　祖母　0.0　孫　0.4　その他の親戚　10.6　現在の学校／職場での友人　10.2　かつての学校／職場での友人　1.0　幼なじみ　2.4　近所の友人　3.5　趣味関係の友人　0.9　子どもを通じた友人　0.9　その他の友人　4.1　NA
2001（N=1213）SA 2番目に多くかける相手	10.2　配偶者／恋人　3.2　父親　10.5　母親　0.1　義父　0.4　義母　7.0　娘　4.9　息子　0.1　娘の配偶者　0.2　息子の配偶者　2.5　兄弟　3.7　姉妹　0.0　祖父　0.2　祖母　0.6　孫　1.2　その他の親戚　14.7　現在の学校／職場での友人　14.8　かつての学校／職場での友人　2.7　幼なじみ　4.0　近所の友人　6.3　趣味関係の友人　2.1　子どもを通じた友人　2.0　その他の友人　8.7　NA

問11 一般的に，携帯電話には，かかってきた相手の電話番号や名前が表示されます．あなたはその表示を見て，相手によっては電話に出ないことがありますか．1つだけ○をつけてください．

2011（N=1308）	9.6 よくある 34.4 時々ある 38.8 ほとんどない 16.4 まったくない 0.8 NA
2001（N=1213）	6.4 よくある 30.5 時々ある 37.7 ほとんどない 23.1 まったくない 2.3 NA

問12 あなたが携帯電話で電話をかける場所としてはどこが多いですか．下にあげた中であてはまる場所にいくつでも○をつけてください．

2011（N=1308）	78.5 自宅 40.1 職場 4.1 学校 12.9 駅・バス停 29.7 路上・街頭 26.5 自動車の中 1.7 電車・バスの中 5.1 飲食店・レストラン・喫茶店 4.7 その他 0.3 NA
2001（N=1213）	57.8 自宅 42.2 職場 7.1 学校 19.7 駅・バス停 46.1 路上・街頭 38.2 自動車の中 3.0 電車・バスの中 9.6 飲食店・レストラン・喫茶店 3.8 その他 2.2 NA

次に，携帯電話でメール（携帯電話同士でやりとりするショートメッセージも含む）を送受信することについてお聞きします．携帯電話を複数台お持ちの方は，メール利用について現在もっとも利用頻度の高い1台についてお答えください．

問13 あなたは，携帯電話のメールを使っていますか．

2011（N=1328）	88.2 使っている 11.7 使っていない（→問21へ） 0.1 NA
2001（N=1213）	57.7 使っている 28.8 メール機能はあるが使っていない 12.4 メール機能がなく使えない 1.1 NA

問14 あなたは，携帯電話のメールを週に何通くらい送信していますか．

2011（N=1171）	1週間に平均 23.4通くらい（「ほとんど送信しない」は「0」として集計） 8.3 メールはほとんど送信しない 0.5 NA
2001（N=700）	1週間に平均 28.23通くらい 3.1 NA

問15 省略

問16 あなたがふだん携帯電話のメールを使って，プライベートで連絡をとることが多い相手はどなたですか．

2011 （N=1131） MA	54.7 ふだんよく会う友人 29.8 あまり会わない友人 9.3 恋人 79.8 家族 13.9 親せき 18.9 仕事関係の人 2.6 その他 0 NA
2001（N=700） SA 1番多い相手	30.7 配偶者／恋人 1.6 父親 2.0 母親 0.1 義父 0.0 義母 5.7 娘 1.7 息子 0.1 娘の配偶者 0.0 息子の配偶者 1.0 兄弟 3.9 姉妹 0.0 祖父 0.0 祖母 0.0 孫 0.4 その他の親戚 19.6 現在の学校／職場での友人 16.9 かつての学校／職場での友人 2.0 幼なじみ 3.9 近所の友人 5.3 趣味関係の友人 2.4 子どもを通じた友人 1.6 その他の友人 1.1 NA
2001（N=700） SA 2番目に多い相手	9.4 配偶者／恋人 2.4 父親 3.6 母親 0.3 義父 0.1 義母 4.1 娘 2.9 息子 0.0 娘の配偶者 0.0 息子の配偶者 2.6 兄弟 3.7 姉妹 0.0 祖父 0.0 祖母 0.0 孫 0.7 その他の親戚 19.9 現在の学校／職場での友人 26.3 かつての学校／職場での友人 2.9 幼なじみ 3.9 近所の友人 6.9 趣味関係の友人 3.4 子どもを通じた友人 1.6 その他 5.4 NA

問17　あなたが現在，携帯電話のメールのやりとりをしている相手の中に，次のような人は何人くらいいますか．いない場合は0と記入してください．（すべて「0人」を含む平均値）

(1)最近はほとんど会わないが，メールで連絡を取り合っている人は

2011（N=1171）	平均2.88人　42.5　いない　2.0　NA
2001（N=700）	平均3.02人　32.9　いない　1.3　NA

(2)メールのやりとりだけで，まだ一度も会ったことがない人は

2011（N=1171）	平均0.20人　90.7　いない　4.5　NA
2001（N=700）	平均0.36人　90.9　いない　1.9　NA

(3)メールのやりとりから，直接会うようになった人は

2011（N=1171）	平均0.38人　88.3　いない　4.4　NA
2001（N=700）	平均0.21人　91.6　いない　1.9　NA

問18　あなたが携帯電話でメールする場所としてはどこが多いですか．下にあげた中であてはまる場所にいくつでも○をつけてください．

2011（N=1171）	89.0　自宅　40.4　職場　6.2　学校　17.5　駅・バス停　22.0　路上・街頭　23.6　自動車の中　22.6　電車・バスの中　16.4　飲食店・レストラン・喫茶店　1.3　その他　0.9　NA
2001（N=700）	82.3　自宅　36.4　職場　14.6　学校　21.9　駅・バス停　29.4　路上・街頭　23.9　自動車の中　20.3　電車・バスの中　13.6　飲食店・レストラン・喫茶店　2.1　その他　0.7　NA

問19　下にあげた中で，あなたにあてはまることにいくつでも○をつけてください．

2011（N=1171）	30.4　携帯電話でメールを打つのは，おっくうだ 45.5　友人からメールが来たら，すぐに返事を出すのが礼儀だと思う 13.0　毎日のように会う友人とメールをやりとりしたり，携帯電話で話をする 51.8　メールの方が，電話より相手に気兼ねせずに連絡できる 11.7　友人にメールを送ってもすぐに返事がなければ，無視されたような気がする 1.4　メールアドレスをよく変更するほうだ 11.2　あてはまるものはない 0.9　NA
2001（N=700）	21.1　携帯電話・PHSでメールを打つのは，おっくうだ 55.0　友人からメールが来たら，すぐに返事を出すのが礼儀だと思う 21.6　毎日のように会う友人とメールをやりとりしたり，携帯電話・PHSをかけ合う 64.9　メールの方が，電話より相手に気兼ねせずに連絡できる 3.4　NA

問20　省略

次に，ご自身の携帯電話（PHS・スマートフォンなどを含む）で，インターネット（ウェブ，アプリなど）を利用することについてお聞きします．携帯電話を複数台お持ちの方は，インターネット利用について現在もっとも利用頻度の高い1台についてお答えください．

問21 あなたは，自分の携帯電話でインターネットを利用していますか．

	2011（N＝1328）	2001（N＝1213）
利用している	52.3	36.1
インターネット検索機能はあるが使っていない	—	35.4
インターネット検索機能がなく使えない	—	26.4
利用していない（問28へ）	47.5	—
NA	0.2	2.1

問22 あなたは，どのくらい頻繁に，プライベートで携帯電話を使ってインターネットにアクセスしていますか．あてはまるものに1つだけ○をつけてください．

2011（N=694）	20.7 1日に10回以上 35.9 1日に数回程度 6.9 1日に1回くらい 13.5 週に数回程度 14.8 月に数回程度 5.0 月に数回以下 3.0 NA
2001（N=438）	11.0 1日に数回以上 10.7 1日に1回くらい 31.3 週に数回程度 33.6 月に数回程度 5.5 月に1回以下 7.3 ほとんどアクセスしない 0.7 NA

問23 省略

問24 あなたは携帯電話でインターネットをどのような時に利用していますか．以下の中であてはまるものにいくつでも○をつけてください．

2011（N=694）	67.1 外出中に，急に情報が知りたくなった時 56.6 自宅や職場で，情報が知りたくなった時 51.2 ひまで特にすることがない時 3.5 NA
2001（N=403）	35.2 外出中に，急に情報が知りたくなった時 45.7 自宅や職場で，情報が知りたくなった時 64.0 ひまで特にすることがない時 0.4 NA

問25 省略

問26 あなたが携帯電話でよくアクセスするのは，どのようなウェブサイトですか．以下の中であてはまるものにいくつでも○をつけてください． N=694

2011（N=694）	59.1 検索サイト 40.2 ニュース 49.0 天気予報 15.9 着メロダウンロード・サイト 14.0 音楽 13.1 スポーツ 11.5 料理・レシピ 6.2 待ち受け画面サイト 18.6 ゲーム 2.3 占い 21.5 地図 4.3 テレビ番組関連 11.0 レジャー・旅行関連 11.7 映画（館）情報 32.3 交通機関情報 8.1 チケット予約 1.3 株取引 0.9 出会い・友達 2.6 バンキング 12.4 オンラインショッピング 4.2 レストラン予約 1.7 転職・求人情報 8.4 オークション 4.5 ケータイ小説 1.9 マンガ 16.7 動画共有（投稿）サイト 1.7 アダルトサイト 22.8 SNS 17.3 ブログ，ホームページ（個人が開設しているもの） 9.7 Twitter 1.9 プロフィールサイト 6.1 ウェブメール 3.3 その他 2.9 NA
2001（N=438）	20.6 検索サイト 19.1 ニュース 23.1 天気予報 68.5 着メロダウンロード・サイト 13.9 音楽 13.2 スポーツ 2.2 料理・レシピ 35.2 待ち受け画面サイト 18.9 ゲーム・占い 5.7 地図 5.0 テレビ番組関連 7.7 レジャー・旅行関連 6.2 映画（館）情報 16.1 交通機関情報 3.2 チケット予約 2.5 株取引 3.0 出会い・友達 1.2 バンキング 2.0 オンラインショッピング 0.2 転職・求人情報 3.2 その他 8.7 NA

問27 省略

問28　あなたは，携帯電話を次のようなことに使っていますか．使っているものにいくつでも○をつけてください．

2011（N=1328）	78.3　時計　61.4　目覚まし時計　58.4　電卓　18.1　ゲーム　28.0　辞書　22.7　手帳・スケジュール管理　29.6　住所録　67.5　カメラ　18.8　画像・動画のやりとり　20.0　テレビをみる（ワンセグ）　16.7　音楽を聴く　9.7　動画ファイルを再生する　5.2　電子マネー　0.2　定期券　8.4　GPS　2.2　その他　4.2　NA
2001（N=1213）	76.4　時計　39.1　目覚まし時計　23.2　電卓　10.9　ゲーム　15.3　辞書　22.3　住所録　2.4　カメラ　0.2　個人用ホームページの開設　15.5　手帳・スケジュール管理　3.1　写メールなどの画像のやりとり　13.5　NA

問29　あなたにとって携帯電話は，どの程度必要なものですか．あてはまるものに1つだけ○をつけてください．

2011（N=1328）	36.7　なくてはならないもの　56.9　あった方がよいもの　4.5　なくてもよいもの　1.9　NA
2001（N=1213）	24.2　なくてはならないもの　67.7　あった方がよいもの　7.4　なくてもよいもの　0.7　NA

問30　あなたは携帯電話を利用していて，次のようなことを経験したり感じたりすることはありますか．次の(a)～(p)それぞれについて，最もあてはまるところに1つずつ○をつけてください．なお，携帯電話の利用には，通話やメールだけではなくウェブ等のすべての利用を含みます．

2011（N=1328）	あてはまる	ややあてはまる	あまりあてはまらない	まったくあてはまらない	無回答
(a)　趣味や関心が同じ人と出会える	6.8	11.6	22.6	56.8	2.3
(b)　ふだんから会う友人・知人と常に親密なやり取りができる	32.3	35.2	17.8	13.0	1.6
(c)　日常のわずらわしさから逃れることができる	4.5	10.1	27.4	56.1	1.9
(d)　世の中で何が起こっているかを知ることができる	18.0	24.6	21.2	34.1	2.0
(e)　考え方や意見が自分と全く違う人と出会える	3.7	7.2	20.4	66.6	2.1
(f)　ふだん会わない友人・知人とも関係を保てる	20.9	35.0	18.1	24.0	2.0
(g)　現実から離れて自由にふるまえる	2.9	5.6	21.8	67.7	2.0
(h)　いち早く新しい情報を得ることができる	18.5	25.2	20.0	34.5	1.8
(i)　自分の存在を知ってもらうことができる	4.5	11.4	26.6	55.6	1.9
(j)　家族・親戚とのやり取りができる	55.8	27.9	7.5	7.3	1.5
(k)　寂しさを紛わらわせることができる	5.1	12.7	27.3	52.9	2.0
(l)　知識を広げることができる	11.1	23.6	27.0	36.1	2.3
(m)　携帯電話が原因で，仕事や勉強，家事がおろそかになることがある	2.9	9.9	24.5	60.8	1.9
(n)　予定していたよりも多くの時間，携帯電話に触ってしまいがちだ	7.5	14.4	25.4	50.9	1.8
(o)　体や心によくないと思っても，時間に見境なく携帯電話に触ってしまいがちだ	4.3	8.0	21.5	64.3	1.9
(p)　携帯電話が原因で，睡眠不足になることがある	1.6	5.6	16.4	74.5	1.9

2001（N=1213）	よく感じる	時々感じる	あまり感じない	まったく感じない	無回答
(a) 連絡がつかずイライラすることが減った	25.0	36.4	27.6	9.6	1.4
(b) いつでも連絡できるという安心感をもてるようになった	52.6	31.6	10.5	4.4	1.0
(c) 行動が自由になった	21.1	18.1	38.9	20.8	1.0
(d) 束縛されるようになった	8.8	25.4	35.0	29.4	1.4
(e) 時間が有効に使えるようになった	16.3	24.6	37.4	20.3	1.4
(f) ついおしゃべりをして長電話になってしまう	7.9	18.2	31.2	41.0	1.7
(g) 忙しくなった	5.3	13.8	38.7	40.7	1.5
(h) 直接，人と会うことが増えた	3.2	8.8	46.7	39.4	1.8
(i) 携帯電話・PHS を忘れて外出すると不安で仕方がない	21.4	32.1	26.8	18.5	1.3
(j) ひとりでいる時間がなくなった	1.6	5.9	45.0	45.9	1.6
(k) いろいろな友人と幅広くつきあえるようになった	5.8	17.0	43.7	31.8	1.7
(l) 家族が安心するようになった	20.3	34.4	27.8	16.4	1.2
(m) 家族とのコミュニケーションが増えた	7.4	21.3	43.5	26.4	1.4
(n) 自由に使えるこづかいが減った	5.9	11.2	40.5	40.8	1.6
(o) 携帯電話だと相手が確実にでるので，電話をかける抵抗感が減った	17.1	27.1	35.2	19.1	1.4
(p) ふだんあまり会えない友人とも簡単に連絡を取れるようになった	17.7	30.8	29.9	20.2	1.3
(q) 親しい人との関係がより深まった	12.4	25.6	39.0	21.8	1.2

【全員の方にお聞きします】

次に，パソコン系機器でインターネットを利用することについてお聞きします．
ここでの，「パソコン系機器」とは，パソコン，タブレット型コンピューター（iPad など），ゲーム機などをいいます．

問 31　あなたは，パソコン系機器を使って，インターネットを利用していますか．

2011（N=1452）	58.7　利用している　41.1　利用していない（→問 40 へ）　0.1　NA
2001（N=1878）	37.5　現在利用している　9.5　かつて利用していたが　今は利用していない　27.8　利用したことはないが，利用してみたい　23.8　利用したことはなく，利用したいとも思わない　1.4　NA

問 32　省略

問 33　パソコン系機器でやりとりする電子メールについておたずねします．あなたは，1 週間に平均何通くらい電子メールを送信しますか．送信しない場合は「0」をご記入ください．（平均値はいずれも「送信しない」は「0」として集計）

2011（N=853）	1 週間に平均　9.48 通くらい　57.6　送信しない　2.3　NA

(1)自宅でパソコンを使い，送信する電子メールは

2001（N=705）	1 週間に平均　10.28 通くらい（ゼロでない人（N=376））　34.6　ゼロ　12.1　NA

(2)自宅以外の場所（職場や学校，PC バンなど）で送信するメールは

2001（N=705）	1 週間に平均　19.69 通くらい（ゼロでない人（N=258））　47.0　ゼロ　16.5　NA

問 34　省略

問 35　あなたがパソコン系機器を使って，インターネットを利用している時間は，ふだんどのくらいですか．平日と休日にわけてお答えください．利用していない場合は「0」分と記入してください．

2011（N=853）	⑴平日は平均　71.84 分くらい　⑵休日は平均　92.67 分くらい　6.4　NA
2001（N=525）	⑴平日は平均　60.30 分くらい　⑵休日は平均　77.72 分くらい　8.3　NA

問 36　あなたがパソコン系機器でよくアクセスするのは，どのようなウェブサイトですか．以下の中であてはまるものにいくつでも○をつけてください．

2011（N=853）	74.6　検索サイト　46.4　ニュース　36.2　天気予報　2.1　着メロダウンロード・サイト　18.6　音楽　17.7　スポーツ　20.6　料理・レシピ　1.8　待ち受け画面サイト　17.0　ゲーム　2.3　占い　34.0　地図　8.3　テレビ番組関連　29.0　レジャー・旅行関連　3.9　レストラン予約　15.8　映画（館）情報　27.3　交通機関情報　15.1　チケット予約　3.4　株取引　0.9　出会い・友達　7.5　バンキング　30.4　オンラインショッピング　4.1　転職・求人情報　13.8　オークション　1.3　ケータイ小説　3.3　マンガ　31.8　動画共有（投稿）サイト　3.4　アダルトサイト　12.4　SNS　19.3　ブログ・ホームページ　6.3　Twitter　0.6　プロフィールサイト　6.1　ウェブメール　2.0　その他　3.0　NA
2001（N=525）	64.8　検索サイト　30.3　ニュース　17.5　天気予報　6.9　着メロダウンロード・サイト　17.9　音楽　17.7　スポーツ　11.6　料理・レシピ　5.0　待ち受け画面サイト　20.2　ゲーム・占い　17.7　地図　11.2　テレビ番組関連　27.8　レジャー・旅行関連　2.7　レストラン予約　9.3　映画（館）情報　16.8　交通機関情報　6.7　チケット予約　3.8　株取引　2.5　出会い・友達　1.7　バンキング　19.2　オンラインショッピング　5.0　転職・求人情報　11.4　その他　1.5　NA

問 37～問 50　省略

問 51　下に携帯電話（PHS・スマートフォンなどを含む）についての一般的な意見をあげました．それぞれに対して，あなたはどう思いますか．それぞれの意見に対して１つずつ○をつけてください．

2011（N=1452） 2001（N=1878）		そう思う	まあそう思う	あまりそう思わない	そう思わない	無回答
携帯電話の普及によって犯罪は増加した	2011	40.4	39.3	16.0	3.4	1.0
	2001	51.3	32.0	12.4	3.0	1.3
災害が起こったとき，携帯電話は役立つ	2011	43.7	35.8	14.9	5.0	0.6
	2001	70.6	21.5	5.3	1.6	1.0
携帯電話の電磁波は怖い	2011	9.4	22.1	47.9	19.6	1.1
	2001	16.7	28.1	42.4	10.8	2.0
携帯電話は身の安全に役立つ	2011	23.4	50.2	19.6	5.9	1.0
	2001	31.2	41.1	20.9	4.6	2.3
携帯電話の普及によって公共のマナーが悪くなった	2011	36.0	39.7	19.8	3.6	1.0
	2001	52.9	32.2	10.4	3.0	1.5
携帯電話の普及によって人間関係が希薄になった	2011	12.4	26.4	46.1	14.3	0.9
	2001	14.4	18.4	50.2	15.1	1.9

問 52　省略

問53　あなたは，「情報化」が進むことについて，どのようにお考えですか．以下のそれぞれの考えについて，あなたのお気持ちに近いものを1つずつ選んで○をつけてください．

2011（N=1452） 2001（N=1878）		そう思う	まあそう思う	あまりそう思わない	そう思わない	無回答
情報をうまく利用できる人とできない人の差が広がる	2011	47.1	40.8	9.9	1.7	0.5
	2001	56.1	31.1	8.5	3.4	0.9
世の中のしくみがますます複雑になる	2011	31.9	40.5	23.8	3.2	0.6
	2001	40.3	33.8	19.2	5.8	1.0
必要な情報が簡単に手に入り，生活が便利になる	2011	30.4	51.0	15.3	2.5	0.8
	2001	35.5	41.9	17.1	4.5	0.9
身近な人とのつきあいやコミュニケーションが密接になる	2011	10.7	32.8	45.2	10.7	0.6
	2001	9.7	27.7	47.2	14.3	1.1
新たな人との出会いやコミュニケーションの機会が増える	2011	10.2	32.4	43.0	13.8	0.6
	2001	12.1	37.3	36.3	13.1	1.2

問54　あなたには，次のようなことがあてはまりますか．以下のそれぞれについて，あてはまるものに1つずつ○をつけてください．

2011（N=1452） 2001（N=1878）		あてはまる	ややあてはまる	あまりあてはまらない	あてはまらない	無回答
情報を集める自分なりの方法を持っている	2011	14.0	36.0	31.7	17.3	1.0
	2001	18.6	35.6	31.2	13.3	1.3
たくさんある情報の中から，自分の必要とする情報を取捨選択できる	2011	17.4	48.3	21.3	12.0	1.0
	2001	21.9	43.1	25.3	8.0	1.7
関心ある情報は多少苦労しても自分であれこれ探すのが好きだ	2011	20.5	35.1	27.8	15.4	1.2
	2001	24.4	37.4	26.6	10.0	1.7
他人とのやりとりや仕事でのやりとりで，必要なことをきちんと相手に伝えられる	2011	19.6	48.3	24.0	7.3	0.8
	2001	22.7	51.4	19.6	4.7	1.5
皆でいろいろな意見を出し合いながら新しいことを生み出すのが好きだ	2011	13.2	36.1	35.1	14.7	0.9
	2001	17.1	38.6	33.2	9.2	1.9
パソコン（2011 携帯電話）を使いながら，音楽を聞いたり，テレビを見たりすることがある	2011	14.7	19.1	21.3	43.7	1.0
	2001	9.8	13.0	17.5	57.3	2.4

問55～問56　省略

問57　あなたにとって，「自分」や「自分らしさ」とはどのようなものですか．以下のそれぞれについて，あなたのお気持ちに近いものを1つずつ選んで○をつけてください．

2011（N=1452） 2001（N=1878）		そうだ	まあそうだ	あまりそうではない	そうではない	無回答
私には自分らしさというものがある	2011	25.5	54.5	17.0	2.3	0.8
	2001	32.7	52.9	11.6	2.1	0.7
自分がどんな人間かはっきりわからない	2011	5.0	25.2	45.1	23.3	1.3
	2001	4.6	21.0	39.3	34.2	0.9
場面によって出てくる自分というものは違う	2011	11.5	38.6	34.0	14.4	1.4
	2001	14.8	36.7	30.2	16.9	1.3
本当の自分というものは１つとは限らない	2011	17.8	45.7	22.4	12.9	1.2
	2001	21.8	43.5	17.5	16.0	1.3
私には本当の自分と偽の自分とがある	2011	7.0	20.7	38.5	32.9	1.0
	2001	10.0	23.1	34.7	30.9	1.3
いくつかの自分を意識して使い分けている	2011	8.1	34.1	37.3	19.5	1.0
	2001	10.2	25.1	33.2	30.4	1.1
仲間に自分がどう思われているかが気になる	2011	10.2	35.4	41.0	12.2	1.2
	2001	10.9	29.5	38.3	20.4	0.9
世間から自分がどう思われているかが気になる	2011	6.8	26.6	47.5	17.9	1.2
	2001	8.3	23.2	42.9	24.8	0.9

問 58 ～問 60　省略

問 61　あなたが日頃親しくつきあっている友人は，それぞれ何人いますか．日頃親しくつきあっている人だけに限定してお答えください．いない場合は「0」とご記入ください．

2011（N=1452），2001（N=1878）

(a)	こちらから会いに行くのに１時間以内で会える友人	2011	平均 5.71 人	NA2.8%
		2001	平均 7.90 人	NA3.1%
(b)	こちらから会いに行くのに１時間以上かかる友人	2011	平均 3.69 人	NA4.5%
		2001	平均 6.13 人	NA3.6%

問 62　省略

問 63　次の(a)～(j)について，あなたの友だちづきあいは 1，2 のどちらに近いですか．(a)～(j)のそれぞれについて，どちらか１つに○をつけてください．

2011（N=1452），2001（N=1878）

(a)	1.	50.2（2011）	48.1（2001）	たいていの場合，同じ友人と行動をともにすることが多い
	2.	45.3（2011）	50.5（2001）	場合に応じて，いろいろな友人とつきあうことが多い
		4.5（2011）	1.3（2001）	NA
(b)	1.	67.4（2011）	70.7（2001）	友人であっても，互いのプライベート（私的なこと）には深入りしたくない
	2.	28.4（2011）	27.8（2001）	友人とはプライベート（私的）なことも含めて，深くかかわりたい
		4.2（2011）	1.5（2001）	NA
(c)	1.	41.7（2011）	50.7（2001）	今の友人も含めて，さらに友人の輪を広げたい
	2.	53.7（2011）	47.4（2001）	新しい友人を作るよりは，今の友人とさらに仲良くしたい
		4.6（2011）	1.8（2001）	NA

(d) 1. 21.4（2011） 21.0（2001） 話す友人によって，相手に対する自分の性格が変わることがよくある
2. 74.7（2011） 77.6（2001） どんな友人と話しても，相手に対する自分の性格はほとんど変わらない
3.9（2011） 1.4（2001） NA
(e) 1. 63.5（2011） 66.1（2001） 友人とは互いを傷つけないようにできるだけ気を使う
2. 32.4（2011） 32.4（2001） 友人とは互いに傷つくことがあっても思ったことを言い合う
4.1（2011） 1.5（2001） NA
(f) 1. 68.0（2011） 71.6（2001） 親友であっても自分のすべてをさらけ出すわけではない
2. 27.9（2011） 26.9（2001） 親友とはお互い性格の裏の裏まで知っている
4.1（2011） 1.5（2001） NA
(g) 1. 56.6（2011） 57.0（2001） 友人になるのに長い時間がかかる
2. 39.0（2011） 41.2（2001） 知り合ってすぐに友人になることができる
4.4（2011） 1.8（2001） NA
(h) 1. 63.2（2011） 69.7（2001） あなたの友人の多くは互いに知り合いである
2. 32.6（2011） 28.2（2001） あなたの友人の多くは互いに知り合いではない
4.2（2011） 2.1（2001） NA
(i) 1. 61.8（2011） 61.8（2001） 友人のフルネームは必ず知っておきたい
2. 34.2（2011） 37.0（2001） 友人のフルネームを知らなくても気にならない
4.0（2011） 1.2（2001） NA
(j) 1. 41.9（2011） 41.5（2001） 友人の職業や所属は必ず知っておきたい
2. 53.4（2011） 56.8（2001） 友人の職業や所属を知らなくても気にならない
4.7（2011） 1.7（2001） NA

問64～問65　省略

問66　あなたの性別をお知らせください．（○は1つだけ）

2011（N=1452）	49.4 男　性　50.6 女　性
2001（N=1878）	49.1 男　性　50.9 女　性

問67　あなたの年齢をお知らせください．

2011（N=1452）	11.8 10代　11.3 20代　15.6 30代　19.1 40代　18.5 50代　23.6 60代
2001（N=1878）	11.2 10代　15.3 20代　18.8 30代　19.2 40代　19.5 50代　15.8 60代

問68　あなたが最後に在籍，または現在在学中の学校は，次のどれですか．ただし，各種学校・専門学校は除いてお答えください．（○は1つだけ）

2011（N=1452）	13.2 小・中学校　47.8 高校　12.9 短大・高専　21.9 大学　1.3 大学院　0.3 その他　2.6 NA
2001（N=1878）	13.5 中学校（旧制尋常小学校，旧制高等小学校を含む）　49.4 高校（旧制中学校，実業学校，師範学校，女学校を含む）　15.7 短大・高専・旧制高校　18.8 大学　1.0 大学院　1.7 NA

問69　現在，その学校に在学中ですか．（○は1つだけ）

2011（N=1452）	13.4 在学中　84.4 在学していない（すでに卒業または中退した）　2.3 NA
2001（N=1878）	13.3 在学中　83.0 在学していない（すでに卒業または中退した）　3.7 NA

問70　省略

問71　あなたは現在結婚されていますか．（○は1つだけ）

2011（N=1452）	61.1　結婚している（問72へ）　29.8　結婚したことがない　8.3　かつて結婚していた（離・死別を含む）　0.8　NA
2001（N=1878）	65.9　既婚　33.4　未婚（離・死別を含む）　0.6　NA

問71-1～問72-2　省略

問73　あなたの現在のお仕事についておうかがいします．あなたはふだんどのような仕事をなさっていますか．（○は1つだけ）

2011（N=1452）	48.1　フルタイム　15.1　パートタイム・アルバイト　→問73へ 14.5　専業主婦　13.2　学生・生徒　9.0　無職　→問74へ　0.1　NA
2001（N=1878）	49.5　フルタイムで働いている　15.4　パートタイム・アルバイト　14.0　専業主婦 12.5　学生・生徒　8.0　無職　0.6　NA

【問73で「フルタイム」「パートタイム・アルバイト」とお答えの方に（2001年は「フルタイム」のみ）】

問73-1　省略

問73-2　あなたのお仕事の内容は，次のうち，どれに最も近いですか．（○は1つだけ）

2011（N=917）	20.8　専門職・技術職（医師，看護師，教員，エンジニアなど専門的知識・技術を要するもの） 6.9　管理職（企業・官公庁における課長職以上，教員，経営者など） 18.2　事務職（企業・官公庁における一般事務，経理，内勤の営業など） 17.0　販売職（小売・卸売店主，店員，不動産売買，保険外交，外回りの営業・セールスなど） 10.8　サービス業（理・美容師，料理人，ウェイトレス，ホームヘルパーなど） 18.8　生産現場職・技能職（製造・組立，建設作業員，大工，電気工事，食品加工など） 5.6　運輸・保安職（運転手，船員，郵便配達，警察官，消防官，警備員など）　1.7　その他 0.2　NA
2001（N=930）	6.0　会社団体役員（会社社長，会社役員，その他各種団体理事など）　13.7　自営業主（商店主，工場主，その他各種サービス業の事業主など）　1.5　自由業（宗教家，文筆家，音楽家，デザイナー，職業スポーツ選手など）　15.3　専門技術職（医師，弁護士，教員，技術者，看護婦など）　8.0　管理職（会社・団体などの課長以上，管理的公務員など）　20.8　事務職（一般事務系・係長以下，記者，編集者，タイピストなど）　10.3　販売・サービス職（販売員，セールスマン，理容師・美容師，調理師など）　18.6　技能・労務職（職人，工員，自動車運転手，電話交換手など）　0.9　保安職（警察官，自衛官，海上保安官，鉄道公安官など）　3.5　農林漁業　1.1　その他　0.4　NA

問74　お宅の世帯年収（税込み）は，次のうちどれにあたりますか．（○は1つだけ）

2011（N=1452）	12.1　200万円未満　25.7　200万円以上～400万円未満　24.1　400万円以上～600万円未満　13.4　600万円以上～800万円未満　7.9　800万円以上～1,000万円未満　3.9　1,000万円以上～1,200万円未満　1.4　1,200万円以上～1,400万円未満　2.1　1,400万円以上　9.4　NA
2001（N=1878）	7.8　200万円未満　19.7　200万円以上～400万円未満　23.3　400万円以上～600万円未満　17.7　600万円以上～800万円未満　10.2　800万円以上～1,000万円未満　4.1　1,000万円以上～1,200万円未満　1.4　1,200万円以上～1,400万円未満　2.4　1,400万円以上　13.5　NA

著者紹介（編者以外は執筆順）

松田美佐（まつだ　みさ）［編者］

中央大学文学部教授

主要著書に『ケータイ社会論』（共編著，有斐閣），『ケータイのある風景』（共編著，北大路書房），*Personal, Portable, Pedestrian: Mobile Phones in Japanese Life*（co-edited, MIT Press），『電話するアメリカ』（共訳，NTT 出版），『うわさの科学』（河出書房新社）など

土橋臣吾（どばし　しんご）［編者］

法政大学社会学部准教授

主要著書に『メディア環境の物語と公共圏』（共編著，法政大学出版局），『デジタルメディアの社会学』（共編著，北樹出版），『科学技術実践のフィールドワーク』（共編著，せりか書房），『なぜメディア研究か』（共訳書，せりか書房）など

辻　泉（つじ　いずみ）［編者］

中央大学文学部教授

主要著書に『デジタルメディアの社会学』（共編著，北樹出版），『「男らしさ」の快楽』（共編著，勁草書房），『文化社会学の視座』（共編著，ミネルヴァ書房），*Fandom Unbound*（共編著，Yale University Press）など

石井健一（いしい　けんいち）

筑波大学大学院システム情報系准教授

主要著書に『情報化の普及過程』（単著，学文社），『グローバル化における中国のメディアと産業』（共編著，明石書店），*Webcasting Worldwide Business Models of an Emerging Global Medium*（分担執筆，Lawrence Erlbaum Associates），*Handbook of Research in Global Diffusion of Broadband Data Transmission*（分担執筆，IGI Global）など

辻　大介（つじ　だいすけ）

大阪大学大学院人間科学研究科准教授

主要著書に『日本人の情報行動 2010』（分担執筆，東京大学出版会），『〈若者の現在〉政治』（分担執筆，日本図書センター），『テレビ・コマーシャルの考古学』（分担執筆，世界思想社）など

小寺敦之（こてら　あつし）

東洋英和女学院大学国際社会学部専任講師

主要論文に「動画共有サイトの「利用と満足」」（『社会情報学研究』第 16 巻第 1 号），「対人関係の親疎とコミュニケーションメディアの選択に関する研究」（『情報通信学会誌』第 29 巻第 3 号）など

吉井博明（よしい　ひろあき）

東京経済大学コミュニケーション学部教授

主要著書に『災害情報論入門』（共編著，弘文堂），『災害危機管理論入門』（共編著，弘文堂），『災害社会学入門』（共編著，弘文堂），『メディアエコロジーと社会』（北樹出版），『ネットワーク社会』（共編著，ミネルヴァ書房）など

浅野智彦（あさの　ともひこ）

東京学芸大学教育学部教授

主要著書に『「若者」とは誰か』（河出書房新社），『趣味縁から始まる社会参加』（岩波書店），『考える力が身につく社会学入門』（編著，中経出版），『検証・若者の変貌』（編著，勁草書房）など

羽渕一代（はぶち　いちよ）

弘前大学人文学部准教授

編著書に『どこか〈問題化〉される若者たち』（恒星社厚生閣），『若者たちのコミュニケーション・サバイバル』（共編著，恒星社厚生閣），『デジタルメディア・トレーニング』（分担執筆，有斐閣）など

岩田　考（いわた　こう）

桃山学院大学社会学部准教授

主要著書に『若者たちのコミュニケーション・サバイバル』（共編著，恒星社厚生閣），『いのちとライフコースの社会学』（分担執筆，弘文堂），『検証・若者の変貌』（分担執筆，勁草書房）など

ケータイの2000年代
成熟するモバイル社会

2014年1月10日　初　版

［検印廃止］

編　者　松田美佐・土橋臣吾・辻 泉

発行所　一般財団法人　東京大学出版会
代表者　渡辺 浩
153-0041 東京都目黒区駒場4-5-29
http://www.utp.or.jp/
電話 03-6407-1069　Fax 03-6407-1991
振替 00160-6-59964

印刷所　新日本印刷株式会社
製本所　牧製本印刷株式会社

ISBN 978-4-13-050180-4　Printed in Japan